BIM
실무프로젝트
따라하기

BIM
건축전기
설비설계

모델링스토어, 함남혁

BIM 실무프로젝트 따라하기

- 레빗프로그램 사용을 위한 인터페이스, 뷰, 기본 편집 도구 등을 학습
- 조명설비설계, 전열 및 정보통신설계, 전기설계 검토 등을 학습
- 설계모델을 바탕으로 도면을 생성하고 와이어, 상세 및 알람표 등을 이용한 도면작성 학습

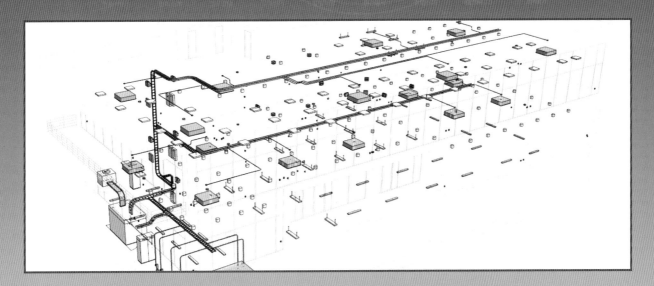

한솔아카데미 H·A·N·S·O·L·A·C·A·D·E·M·Y

| 머리말

BIM, 가벼운 마음으로 이 책과 함께 시작하세요!

이 책의 목적

이 책의 목적은 건축전기 설계 분야의 BIM을 학습하기 위한 것이며, 독자는 건축전기 설계 분야에 종사하거나 관련 학과 학생을 대상으로 합니다.
이 책은 건축전기설계 BIM의 기본편으로 BIM에 대한 기본 지식이 필요 없어 대상 독자 누구나 학습을 시작할 수 있습니다.

이 책의 구성

책의 구성은 레빗 전기, 전기 설계, 도면 작성 3개 파트와 부록으로 구성되어 있습니다.
레빗 전기 파트에서는 레빗 전기의 개요 및 특징을 살펴보고, 레빗 프로그램 사용을 위한 인터페이스, 뷰 작업, 기본 편집 도구 등을 학습합니다.
전기 설계 파트에서는 전기 프로젝트를 만들고, 조명 설비 설계, 전열 및 정보통신 설계, 전력 간선 및 동력 설계, 전기 설계 검토를 학습합니다.
도면 작성 파트에서는 전기 설계 모델을 바탕으로 시트를 이용하여 도면을 생성하고, 와이어, 상세 및 일람표, 주석 등을 이용한 도면 작성을 학습합니다.
마지막으로 부록에서는 공동주택 단위세대의 전기 설계를 학습합니다.

학습을 마친 후

이 책의 학습을 모두 마치고 나면 독자는 샘플 프로젝트의 완성된 결과물을 얻을 수 있으며, 건축전기 BIM 모델의 구축 및 활용에 대한 기본 지식을 갖게 될 것입니다.

이 책에서 사용하는 레빗 프로그램은 모두 오토캐드로 친숙한 Autodesk 회사에서 개발 및 판매하고 있으며, 국내뿐만 아니라 전 세계적으로 BIM 관련 프로그램 중 가장 많이 사용되고 있습니다.
본 책에서는 2023년 버전을 사용하고 있지만, 버전에 상관없이 학습이 가능합니다.
(예제파일은 2024~2021년 버전 제공)

BIM 관련 프로그램은 컴퓨터 그래픽을 사용하기 때문에 일정 수준 이상의 컴퓨터 사양이 요구되지만, 본 책에서 실습하는 프로젝트의 경우 파일 용량이 약 20MB 정도로 낮은 사양의 컴퓨터에서도 충분히 학습할 수 있을 것입니다. 따라서 현재 보유하고 있는 컴퓨터로 먼저 시작하세요. 그리고 진행하면서 필요에 따라 CPU, 메모리, 그래픽 카드의 성능을 높이는 것을 권장합니다.

이 책의 저자인 모델링스토어는 10여 년 전부터 건축 분야 실무에서 BIM 업무를 담당해온 전문가들의 그룹입니다. BIM에 대한 깊은 이해와 노하우를 바탕으로 프로그램 설치부터 샘플 프로젝트 완료까지 독자 여러분이 쉽고 재밌게 학습할 수 있도록 노력하였습니다.
가벼운 마음으로 이 책과 함께 시작하시길 바랍니다.

모델링스토어

❙ Contents

무료 체험판 프로그램 설치

TIP

본 학습은 2021 이상의
버전으로 학습 가능
예제파일은 2021 이상
의 버전 제공

오토데스크 홈페이지에서 최신 버전의 레빗 체험판 프로그램을 다운로드하여 설치할 수 있습니다. 체험판 프로그램은 30일간 무료로 사용할 수 있습니다.
체험판 프로그램은 일반 레빗 프로그램과 똑같이 모든 기능을 사용할 수 있습니다. 이 체험판 프로그램을 사용하여 본 교육을 학습할 수 있습니다.
설치되는 레빗 프로그램 버전은 가장 최신 버전이 설치됩니다. 본 교육에서 제공하는 예제 파일 중 버전에 맞는 파일을 사용하여 학습을 진행합니다. 만약 해당하는 버전의 예제 파일이 없다면, 하위 버전의 예제 파일을 사용하면 됩니다. 레빗 프로그램은 하위 버전의 파일을 열어서 사용할 수 있습니다. 그러나 상위 버전의 파일은 열 수 없습니다.

1 인터넷 주소 창에 'autodesk.co.kr/revit'을 입력합니다.

2 오토데스크의 레빗 홈페이지가 열리면 [무료 체험판 다운로드]를 클릭합니다.

3 무료 체험판에서 비즈니스를 선택하고 [다음]을 클릭합니다. 교육을 선택한 경우 교사 또는 학생 인증이 필요합니다.

4 로그인 합니다. 필요시 회원 가입 후 로그인합니다.

5 사용자 정보 및 회사 정보를 입력합니다. 다운로드 창에서 한국어를 선택하고 [설치]를 클릭합니다. 만약 설치를 클릭하여도 설치가 되지 않을 경우 설치 파일을 다운로드하여 설치를 진행합니다.

6 설치 창에서 설치할 위치는 그대로 유지하고, [설치]를 클릭하여 레빗 프로그램을
설치합니다.

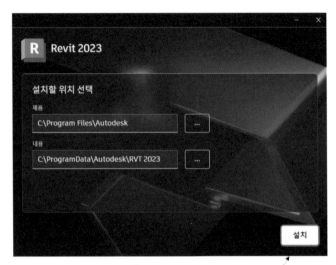

① 설치 클릭 (폴더 경로 유지)

7 프로그램의 설치가 진행됩니다.

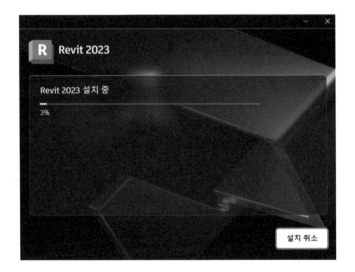

8 설치가 완료되면, 바탕화면에서 바로가기 아이콘을 확인할 수 있습니다.

Revit 2023

TIP

2021, 2022 등 사용자의 버전에 맞는 내용으로 검색

9 레빗 프로그램에서 사용할 템플릿 및 패밀리를 설치하기 위해 인터넷에서 'autodesk revit 2023 content'를 검색하여 사이트로 이동합니다. 패밀리는 라이브러리라고도 합니다

10 사이트에서 'Generic International – Korean Content for Autodesk Revit 2023' 파일을 설치합니다.

11 설치 창에서 [Install]을 클릭하여 설치를 완료합니다.

① 설치 클릭

12 설치된 파일을 확인하기 위해 먼저 제어판을 실행하고, [파일 탐색기 옵션]을 클릭합니다.

TIP

숨김 파일을 표시하지
않으면, C드라이브의
ProgramData 폴더를
사용할 수 없음

13 파일 탐색기 옵션 창에서 [보기] 탭을 클릭합니다. 고급 설정에서 숨김 파일,
폴더 및 드라이브 표시를 체크하고 [확인]을 클릭합니다.

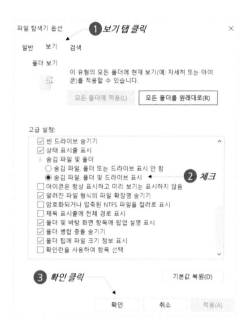

TIP

RVT2021, RVT2022
등 사용자의 버전에
맞는 폴더 열기

14 윈도우의 파일 탐색기를 열고 C 드라이브의 ProgramData 폴더를 엽니다.
Program Files 폴더와 혼동하지 않도록 주의합니다. 계속해서 Autodesk 〉
RVT2023 〉 Libraries 〉 Korean_INTL 폴더를 엽니다. 설치된 라이브러리가
표시됩니다.

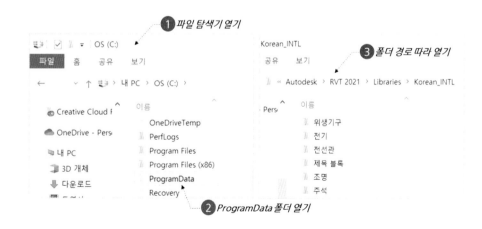

15 조명 〉 MEP 〉 내부 폴더를 엽니다. 사용할 수 있는 조명 라이브러리가 표시됩니다.

16 전기 〉 MEP 〉 전력 〉 터미널 폴더를 엽니다. 사용할 수 있는 콘센트, 스위치등의 라이브러리가 표시됩니다.

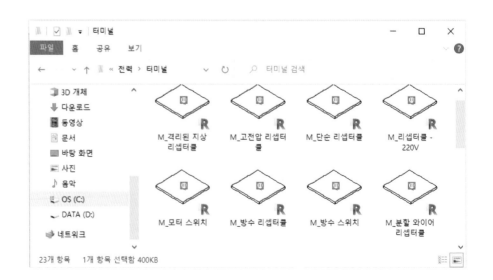

17 전기 〉 MEP 〉 정보 및 통신 〉 통신 폴더를 엽니다. 사용할 수 있는 데이터 유출구, 배선함 등의 라이브러리가 표시됩니다.

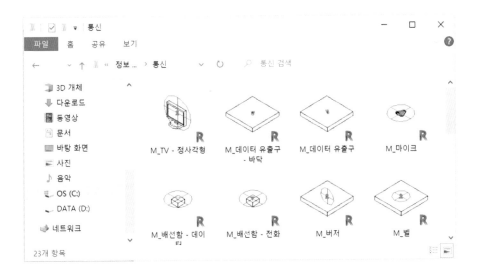

PART

01

레빗 전기

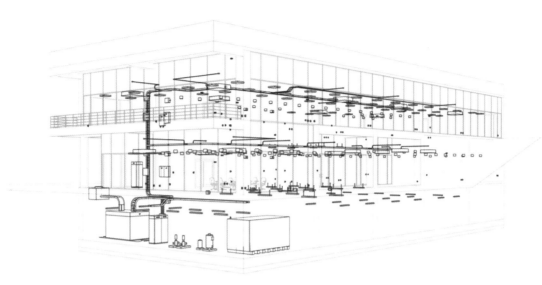

레빗전기의 개요 및 특징을 살펴보고, 레빗 프로그램 사용을 위한 인터페이스, 뷰 작업,
기본 편집 도구 등을 학습합니다.

CHAPTER

SECTION

01

레빗 전기

학습내용 ┃ 학습 목표, 레빗 전기 개요, 레빗 특징

학습 결과물 예시

학습 목표

본 학습의 목표는 레빗 프로그램을 이용하여 BIM 기반의 건축전기를 설계하는 것입니다. 학습 내용 및 최종 결과물은 아래와 같습니다.

TIP

학습에서 사용하는 예제 파일은 용량이 약 20MB 로 낮은 사양의 컴퓨터 에서도 학습 가능

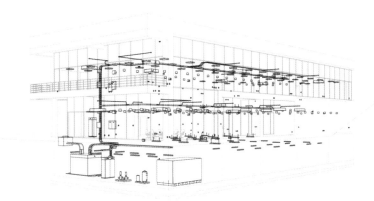

건축전기설계BIM 기본편 - 모델링스토어/한솔아카데미   ⏃ AUTODESK

Part 1. 레빗 전기
Chapter 01 레빗 전기 소개
Chapter 02 뷰 작업
Chapter 03 기본 편집 도구

Part 2. 전기 설계
Chapter 04 전기 프로젝트
Chapter 05 조명 설비 설계
Chapter 06 전열 및 정보통신 설계
Chapter 07 전력 간선 및 동력 설계
Chapter 08 전기설계 검토

Part 3. 도면 작성
Chapter 09 시트
Chapter 10 와이어
Chapter 11 상세 및 일람표
Chapter 12 주석

부록1 - 단위세대 공동주택 설계
부록2 - 한국전기기술인협회 KEBIM

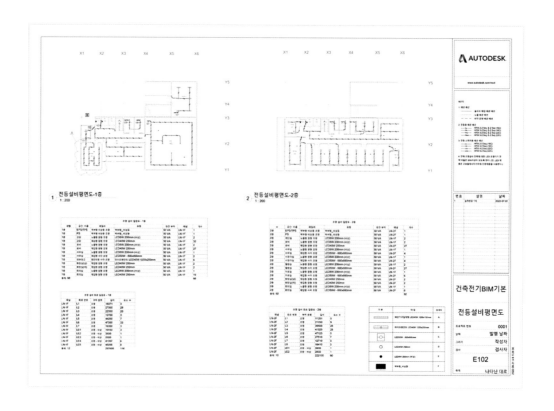

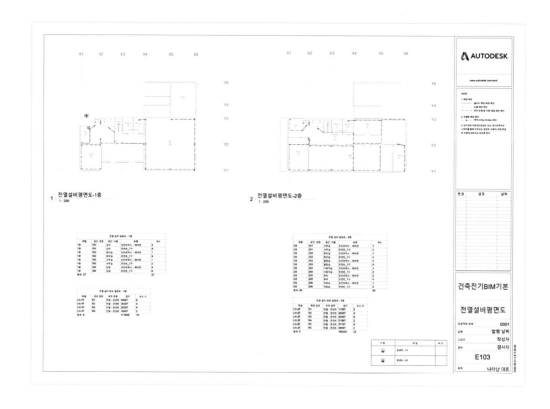

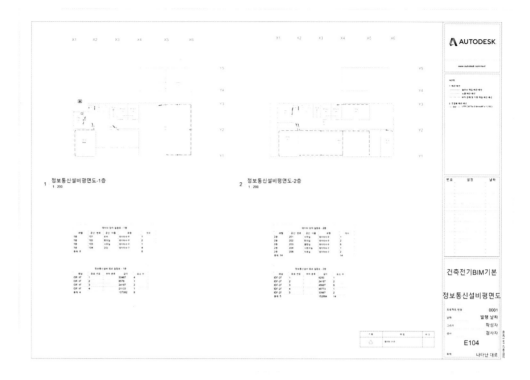

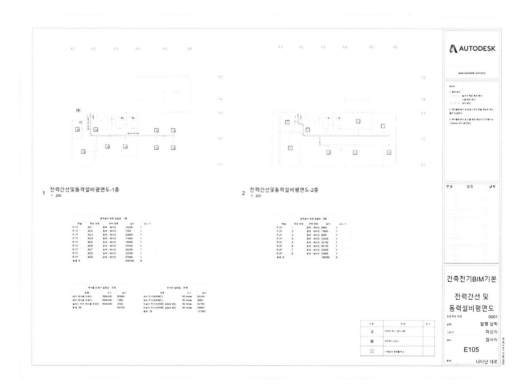

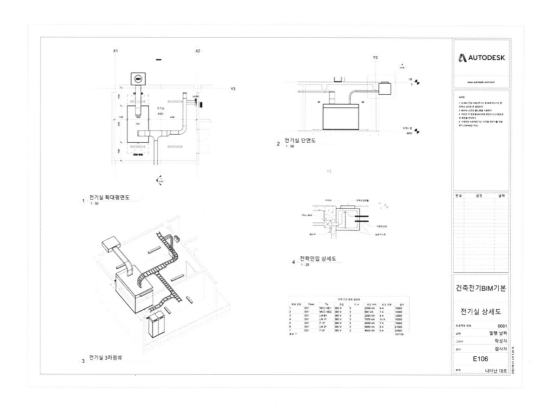

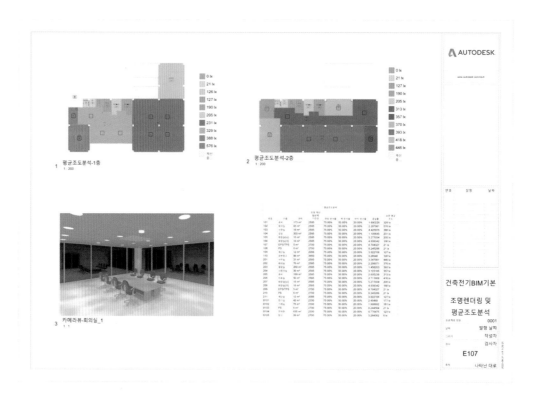

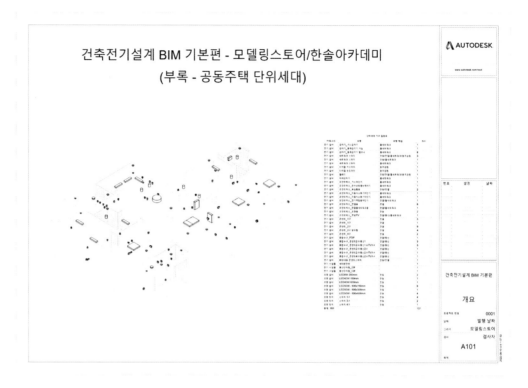

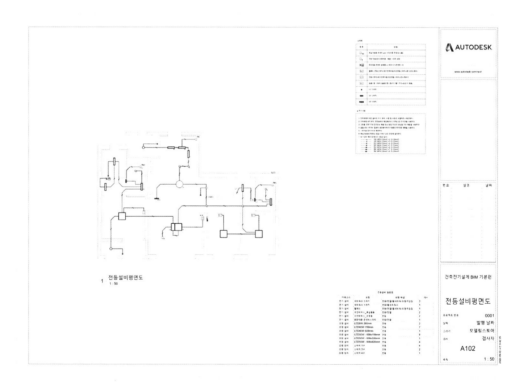

레빗 전기 개요

레빗은 BIM(Building Information Modeling) 모델을 만들 수 있는 3차원 모델 및 도면 작성 프로그램입니다. 건축, 구조, 기계, 전기, 토목, 조경 등 각 분야의 스마트한 건물 모델을 만들고, 이러한 모델로부터 도면을 작성할 수 있습니다.

레빗 전기는 수배전반, 분전반, 조명 설비, 각종 기구, 케이블트레이, 전선관 등의 3차원 전기 및 통신 모델을 만들고, 와이어, 주석 등을 이용하여 모델로부터 조명설비 평면도, 전력간선 및 동력설비 평면도 등의 도면을 작성할 수 있습니다.

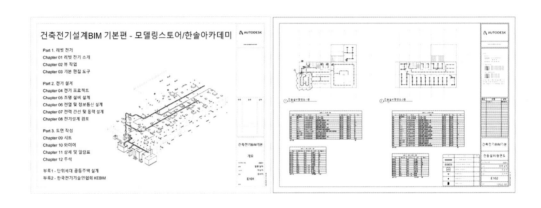

레빗 특징

레빗의 특징은 **파라메트릭**과 **즉시 업데이트**입니다.

파라메트릭은 건물을 구성하는 요소들이 서로 관계를 갖고 있어서 어떤 요소가 변경되면 이와 관련된 다른 요소도 함께 변경되는 것을 말합니다. 예를 들어 케이블트레이의 위치가 변경되면 연결된 전선관도 함께 변경됩니다. 조명 설비의 부하 정보가 변경되면, 이와 연결된 분전반에도 연결된 부하 정보가 업데이트됩니다.

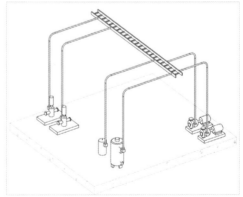

즉시 업데이트는 3차원 모델이 변경되면 모든 뷰에 즉시 반영된다는 것입니다. 3차원 뷰, 평면도, 입면도 등 모든 뷰는 하나의 3차원 모델로부터 만들어 지기 때문에, 이 3차원 모델에 변경이 생기면 즉시 관련된 모든 뷰에 변경이 반영됩니다. 모델의 변경은 3차원 뷰, 평면도, 입면도 등 대부분의 뷰에서 할 수 있습니다.

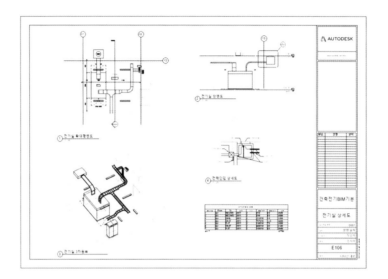

MEMO

인터페이스

학습내용 | 프로그램 실행, 홈, 파일 이름, 명령, 프로젝트 탐색기, 뷰, 뷰 조정, 요소 선택, 요소 선택 옵션, 특성, 옵션, 프로젝트 단위, 스냅, 가는선, 도움말

학습 결과물 예시

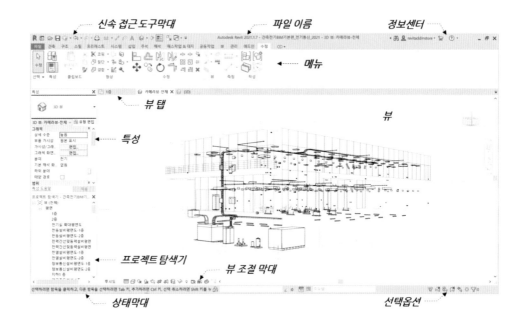

프로그램 실행

레빗 프로그램의 실행은 바탕화면에서 바로가기 아이콘을 클릭하거나, 윈도우의 시작버튼에서 실행할 수 있습니다

TIP

2021, 2022, 2023 등 사용자의 버전에 맞는 프로그램 실행

01

바탕화면에서 레빗 아이콘을 더블 클릭하여 실행합니다.

02

또는 윈도우의 [시작] 버튼을 누르고, 오토데스크 폴더에서 [Revit 2023]을 클릭하여 실행합니다. Revit Viewer는 프로그램 설치 시 함께 설치되는 프로그램으로 작성 및 편집이 불가능하며, 모델 및 도면을 볼 수만 있습니다.

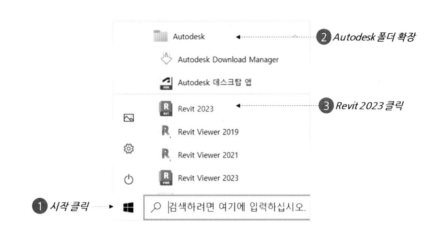

홈

홈은 레빗 프로그램의 시작화면으로 파일을 새로 작성 및 열기를 할 수 있으며, 최근 파일이 미리보기로 표시됩니다. 이 미리보기를 클릭하여 파일을 열 수도 있습니다.

01

홈 화면의 왼쪽에서 [열기] 버튼을 클릭합니다.

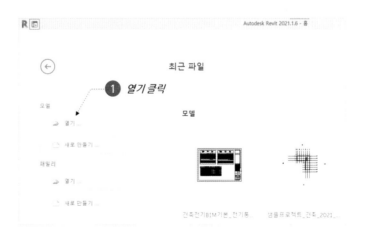

TIP

레빗은 하위 버전의 파
일은 열 수 있으며,
상위 버전의 파일은
열 수 없음

02

열기 창에서 예제 파일의 'Chapter 01. 레빗 전기 소개 시작' 파일을 선택하고, [열기]를
클릭합니다.

03

파일이 열리면 화면 왼쪽 위의 홈 버튼(🔳)을 클릭합니다. 이 버튼을 클릭하면 다시 홈
으로 이동할 수 있습니다. 홈 화면으로 이동하여도 파일이 종료되지 않습니다.

04

홈 화면에서 다시 왼쪽 위의 뒤로 버튼(←)을 클릭합니다. 다시 파일로 이동할 수 있습
니다.

파일 이름

화면의 위쪽 가운데에 파일 이름이 표시됩니다. 파일 이름은 레빗 프로그램의 버전, 파일 이름, 활성 뷰 이름이 함께 표시됩니다.

레빗은 여러 파일을 동시 열어서 작업할 수 있기 때문에 파일 이름을 통해 이를 구별합니다.

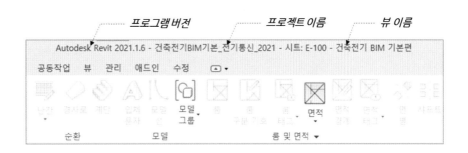

명령

01

명령은 탭과 패널로 구분되어 있습니다. 탭은 시스템, 주석, 관리, 수정 등으로 구분되어 있고, 각 탭을 클릭하여 이동합니다. 시스템은 전기 및 기계 분야를 말합니다.

각 탭 안에는 관련 명령이 패널로 구분되어 있고, 명령은 아이콘으로 표시되어 있습니다. 이 아이콘을 클릭하며 명령을 실행합니다.

패널에는 설정 버튼이 포함되어 있는 패널도 있습니다.

02

아이콘 위에 마우스를 위치하면 명령에 대한 설명인 툴팁이 표시됩니다. 만약 명령에 단축키가
설정되어 있다면 명령의 이름 옆에 괄호로 단축기가 표시됩니다. 단축기를 이용하면 명령에
신속하게 접근할 수 있습니다.

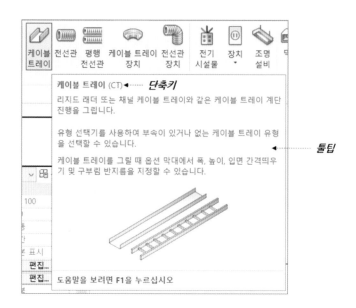

03

수정 탭은 상황에 맞는 메뉴가 표시됩니다. 명령을 실행하거나 요소를 선택하면 관련 명령이
추가로 표시됩니다.
옵션바는 명령 실행 시 사용할 수 있으며, 명령에 따라 내용이 다르게 표시됩니다.

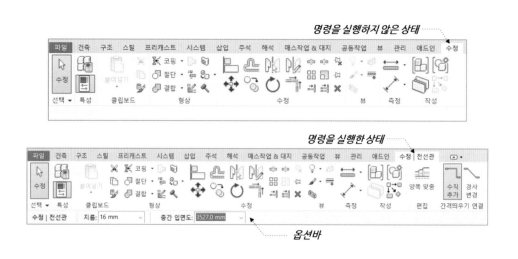

프로젝트 탐색기

프로젝트 탐색기는 해당 프로젝트의 모든 뷰, 범례, 일람표/수량, 시트, 패밀리, 그룹, Revit 링크를 표시합니다. 프로젝트 탐색기에서 원하는 뷰를 더블클릭하여 열 수 있으며, 뷰, 패밀리 등을 관리할 수 있습니다.

01

메뉴에서 뷰 탭의 창 패널에서 사용자 인터페이스를 확장하여 프로젝트 탐색기가 체크되어 있는 것을 확인합니다. 만약 체크 되어 있지 않다면 체크합니다.

02

화면에서 프로젝트 탐색기를 확인합니다. 프로젝트 탐색기의 제목에 활성화된 파일의 이름이 표시됩니다.

03

프로젝트 탐색기의 **제목을 드래그**하여 화면의 오른쪽에 배치합니다. 마우스의 위치에 따라 창의 미리보기 및 배치 위치가 달라집니다.

마우스 위치

미리보기

04

TIP

창의 위치는 학습의 편의를 위해 설정하는 것으로 정해진 위치가 아님

창의 경계를 드래그하여 크기를 조정할 수 있습니다.

창 경계선 드래그

05

프로젝트 탐색기의 빈 곳을 우클릭하여, [검색]을 클릭합니다. 검색을 이용하면 원하는 내용을 빠르게 찾을 수 있습니다. [닫기]를 클릭하여 창을 닫습니다.

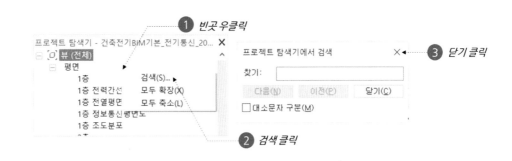

뷰

뷰는 모델 또는 도면을 표시하고, 작업하는 부분입니다. 레빗은 동시에 여러 뷰를 열 수 있으며, 이러한 뷰는 탭으로 정렬하거나, 타일로 정렬할 수 있습니다. 해당 프로젝트 의 열려 있는 모든 뷰를 닫으면 프로젝트가 종료됩니다.

01

프로젝트 탐색기에서 뷰(전체)의 평면에서 [1층]을 더블 클릭하여 엽니다. 뷰가 탭으로 정렬 됩니다.

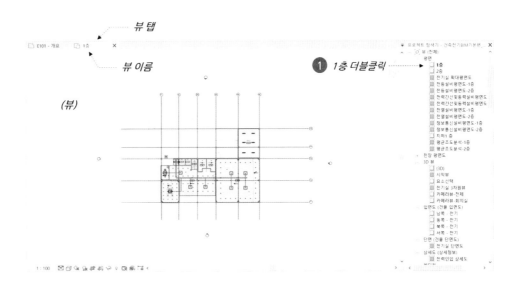

02

프로젝트 탐색기에서 뷰를 우클릭하여 열기를 클릭하여 뷰를 열 수도 있습니다. 우클릭 메뉴에는 열기, 복제, 이름 바꾸기 등이 있습니다.

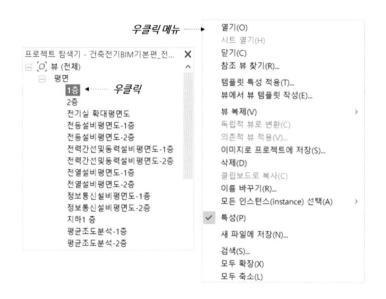

03

뷰의 이름을 클릭하면 뷰를 전환할 수 있습니다. 'E-101 - 개요'를 클릭하여 활성화합니다.

04

메뉴에서 뷰 탭의 창 패널에서 [타일]을 클릭합니다. 열려 있는 모든 뷰가 타일로 정렬됩니다.

05

뷰 이름 옆에 X를 클릭하여 모든 뷰를 닫습니다. 모든 뷰가 닫히면 프로젝트가 종료됩니다.
만약 저장 창이 표시되면 [아니요]를 클릭합니다.

❶ 닫기 클릭

06

모든 프로젝트가 종료되면 홈 화면이 표시됩니다.

뷰 조정

모든 뷰는 확대, 축소, 이동을 할 수 있으며, 3차원 뷰는 회전할 수 있습니다.

01

홈 화면의 미리보기에서 앞서 종료한 'Chapter 01. 레빗 전기 소개 시작 파일'을 클릭하여 엽니다. 또는 [열기]를 클릭하고 예제파일에서 파일을 열 수도 있습니다.

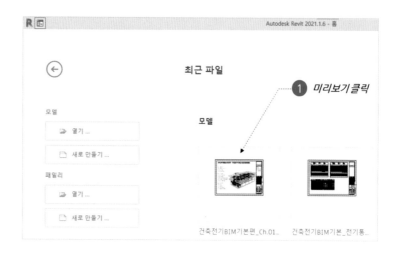

TIP

마우스의 위치가 뷰의 확대 또는 축소의 기준 위치가 됨

02

파일을 열면 해당 파일에서 가장 최근에 작업한 뷰 또는 시작뷰로 지정한 뷰가 열립니다. 뷰에서 마우스 휠을 스크롤하여 확대 또는 축소합니다.

03

뷰의 이동은 마우스의 휠을 누른 상태로 마우스를 이동합니다.

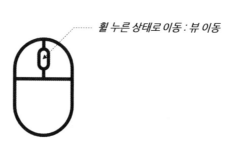

04

탐색 막대에서 줌 메뉴를 확장하여 [창에 맞게 전체 줌]을 클릭합니다. 뷰에 보이는 모든 요소가 보이도록 확대 또는 축소됩니다. 창에 맞게 전체 줌은 자주 사용하는 기능으로 단축키 Z + A 를 이용하면 편리합니다.

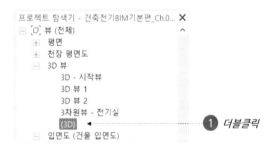

05

프로젝트 탐색기에서 {3D}를 더블 클릭하여 엽니다. {3D} 뷰는 기본 3차원 뷰입니다.

TIP

마우스 우클릭 대신 휠 을 눌러도 됨

06

3차원 뷰의 회전은 키보드의 shift 를 누르고, 마우스 우클릭한 상태로 마우스를 움직이면 회전됩니다.

우클릭과 Shift를 같이 누른 상태로 이동 : 3차원 뷰 회전

⬆ SHIFT

07

3차원 뷰에서는 뷰의 오른쪽 위에 있는 **뷰큐브**를 이용할 수 있습니다. 뷰큐브는 미리 정해진 각도로 이동할 수 있는 도구입니다. 뷰큐브의 하이라이트 된 부분을 클릭하면 뷰의 각도 및 줌이 변경됩니다.

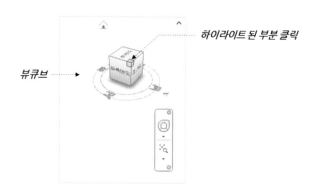

하이라이트 된 부분 클릭

뷰큐브

요소 선택

3차원 모델 및 도면을 구성하는 모든 것을 요소라고 합니다. 요소의 선택은 마우스로 클릭하거나 드래그하여 선택할 수 있습니다. 마우스로 클릭하여 선택하기 위해서는 요소의 모서리 부분을 클릭해야 합니다. 요소의 내부는 클릭해도 선택이 안됩니다. 드래그 선택은 마우스로 드래그하여 한번에 여러 요소들을 선택할 수 있습니다. 드래그 방향에 따라 완전히 포함된 모든 요소들을 선택하거나, 걸치는 모든 요소들을 선택할 수 있습니다. 선택의 취소는 esc 를 누르거나 뷰의 빈 곳을 클릭합니다.

01

프로젝트 탐색기에서 3D 뷰의 [요소 선택] 뷰를 더블 클릭하여 엽니다.

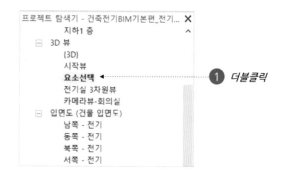

① 더블클릭

02

뷰에서 분전반의 모서리에 마우스를 위치합니다. 해당 요소의 모서리가 파란 선으로 하이라이트되고, 툴팁이 표시됩니다. 같은 내용이 화면의 왼쪽 아래 상태막대에도 표시됩니다.

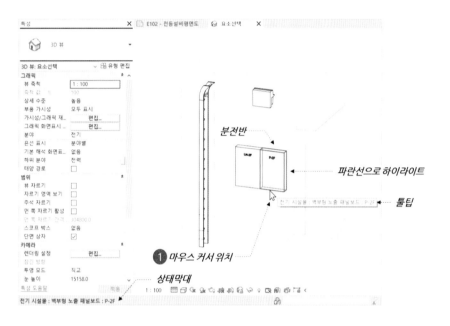

03

마우스의 위치를 요소의 내부에 위치하면 하이라이트 되지 않고, 요소를 선택할 수 없습니다. 분전반의 모서리를 클릭하여 요소를 선택합니다. 선택된 요소는 **반투명 파란색**으로 표시됩니다.

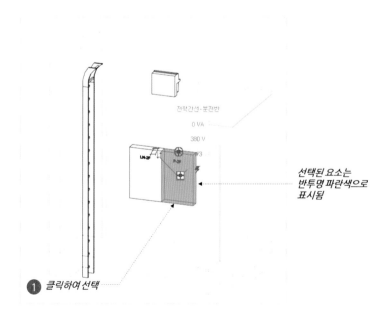

04

키보드에서 ctrl 를 누른 상태로 다른 분전반을 클릭합니다. ctrl 를 누른 상태로 요소를 클릭하면 선택을 추가할 수 있습니다. 커서에는 +가 표시됩니다.

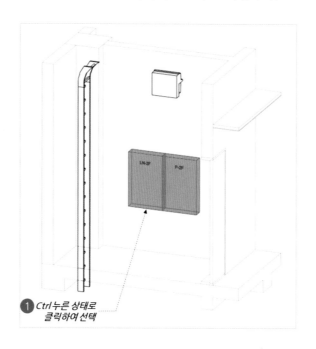

① Ctrl 누른 상태로 클릭하여 선택

05

특성 창과 화면의 오른쪽 아래에 선택한 요소의 개수가 표시됩니다.

선택한 요소 개수

06

메뉴에서 수정 | 전기 시설물 탭의 선택 패널에서 [필터]를 클릭합니다.

필터 클릭 ①

07

필터 창에는 선택한 요소에 대한 카테고리별 개수가 표시되고, 체크를 해제하면 선택에서 제외할 수 있습니다. [확인]을 클릭하여 필터 창을 닫습니다.

확인 클릭 ❶

08

키보드에서 shift 를 누른 상태로 이미 선택한 분전반을 클릭합니다. shift 를 누른 상태로 요소를 클릭하면 선택을 제외할 수 있습니다.

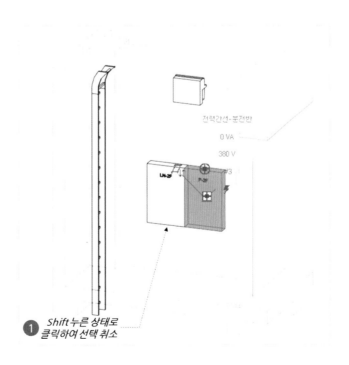

❶ Shift 누른 상태로 클릭하여 선택 취소

09

분전반이 선택된 상태로 우클릭합니다. 우클릭 메뉴에서는 유사 작성, 모든 인스턴스 선택, 삭제 등을 사용할 수 있습니다. 이러한 내용은 뒤에서 학습합니다.

TIP

선택 취소 방법은 esc 누름 또는 뷰의 빈 곳 클릭

10

esc를 눌러 모든 선택을 취소합니다.

11

뷰에서 오른쪽 방향으로 마우스를 드래그하여 완전히 포함된 모든 요소들을 선택합니다.
마우스 드래그 시 뷰의 빈 곳을 클릭하는 것에 주의합니다.

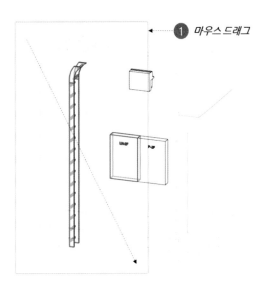

❶ 마우스 드래그

12

esc를 눌러 선택을 취소합니다. 다시 뷰에서 왼쪽 방향으로 마우스를 드래그하여 걸치는
모든 요소들을 선택합니다. esc를 눌러 선택을 취소합니다.

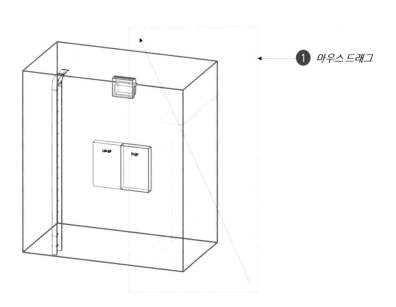

❶ 마우스 드래그

요소 선택 옵션

화면의 오른쪽 아래에 요소 선택 옵션이 표시되어 있습니다. 옵션은 링크 선택, 언더레이 요소 선택, 핀 요소 선택, 면별 요소 선택, 선택 요소 끌기가 있습니다.

이 옵션을 클릭하여 활성화 또는 비활성화할 수 있습니다. 비활성화된 상태에서는 해당 요소를 선택할 수 없습니다.

TIP

각 아이콘의 X는 선택
할 수 없다는 표시

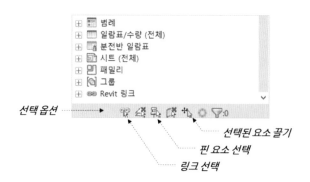

특성

특성 창은 선택한 요소의 정보가 표시됩니다. 만약 선택한 요소가 없을 경우는 활성화 된 뷰의 특성이 표시됩니다. 특성 창은 유형선택기, 유형편집, 특성으로 구성됩니다. 유형선택기는 요소의 패밀리 및 유형을 선택할 수 있는 창입니다. 유형 편집은 유형 특성을 설정할 수 있는 버튼입니다. 특성은 요소의 인스턴스 특성을 설정할 수 있는 창입니다. 패밀리, 유형, 인스턴스에 대해서는 뒤에서 다시 학습할 것입니다.

01

프로그램 화면에서 특성 창을 확인합니다.

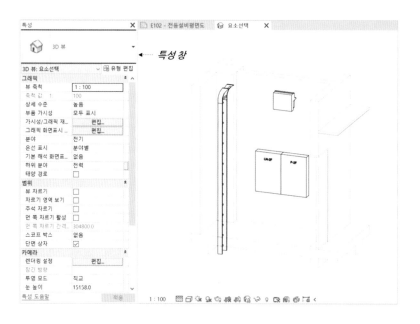

02

특성 창은 메뉴에서 수정 탭의 **특성(▣)**을 클릭하여 표시할 수 있습니다. 또는 뷰 탭의
창 패널에서 사용자 인터페이스를 확장하여 표시할 수도 있습니다.

03

뷰에서 분전반을 선택하고, 유형선택기를 확장합니다. 선택한 요소의 패밀리 및 유형이 표시
되고, 사용할 수 있는 패밀리 및 유형 리스트가 표시됩니다. 유형선택기를 다시 한번 클릭
하여 리스트를 닫습니다.

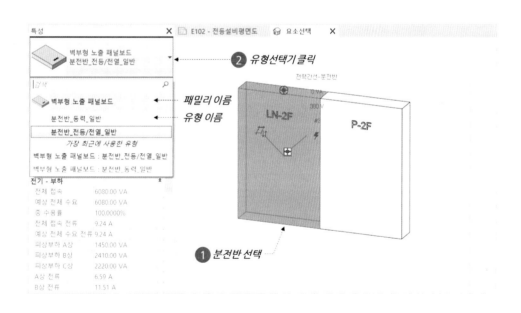

04

[유형 편집] 버튼을 클릭합니다. 선택한 요소의 유형에 대한 크기, 재료 등을 설정할 수 있는
유형 설정 창이 표시됩니다. [확인]을 클릭하여 닫습니다.

TIP

입력한 1000은 분전반
의 중심으로부터 레벨
까지의 거리임
특성에서 회색으로 표
시되는 내용은 프로그
램에서 자동으로 입력
하는 내용으로 수정
할 수 없음

05

특성 창에는 선택한 요소의 레벨, 높이 등을 설정할 수 있습니다. 높이를 1000으로 입력하고,
아래의 [적용] 버튼을 클릭합니다. 또는 [적용] 버튼을 누르지 않아도 1~2초 후에 자동으로
적용됩니다.

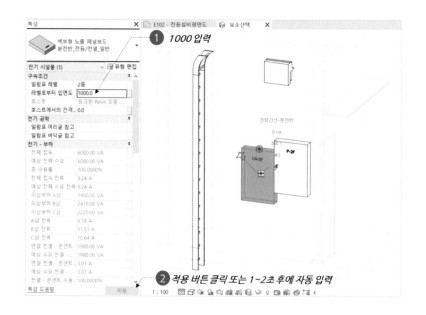

06

뷰에서 분전반의 높이가 변경된 것을 확인합니다. ctrl 를 누르고 다른 분전반을 같이 선택합니다. 특성 창에는 선택된 요소들의 공통된 정보는 표시되고, 값이 다른 경우는 비어있게 됩니다. 1200을 입력하고 [적용]을 클릭합니다.

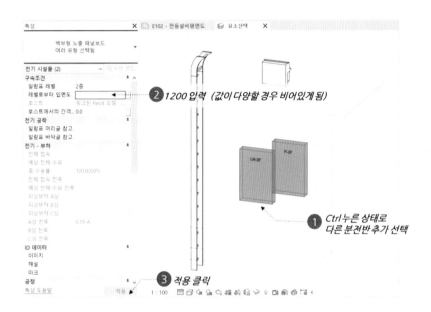

MEMO

옵션

옵션은 파일의 저장 간격, 템플릿 파일 위치, 그래픽 표시 등을 설정할 수 있습니다.

01

메뉴에서 파일 탭의 [옵션] 버튼을 클릭합니다. [옵션] 버튼은 파일 메뉴의 맨 아래에 있습니다.

02

[일반]을 클릭하고, 알림에서 저장 알림 간격을 30분으로 설정되어 있는 것을 확인합니다.

03

프로젝트에서 작업을 하며 설정한 시간 간격 동안 파일을 저장하지 않으면, 저장 알림 창이 표시됩니다. 만약 저장 알림 창이 표시되면, [프로젝트 저장]을 클릭하여 저장합니다.

04

[그래픽]을 클릭하고, 그래픽 모드에서 모든 뷰에 적용을 체크합니다. 이는 앤티앨리어싱이 모든 뷰에 적용되어, 요소의 모서리가 부드럽게 표시되는 그래픽 기능입니다.

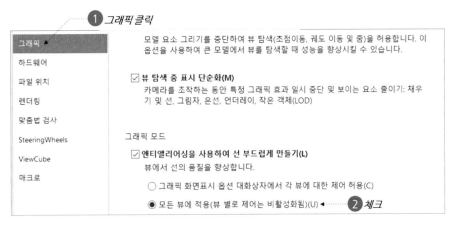

05

[파일 위치]를 클릭하고, '전기 템플릿'의 경로를 클릭합니다. 축소 버튼(⋯)이 표시되면, 축소 버튼을 클릭합니다. 축소 버튼은 평소에는 표시되지 않고, 해당 내용을 클릭해야 표시됩니다.

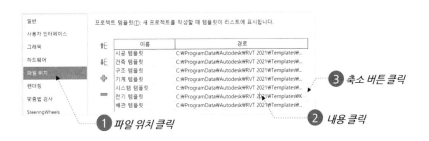

TIP

옵션 설정 내용은 모
든 프로젝트 및 패밀
리에 적용됨

06

템플릿 파일 찾아보기 창에서 'Electrical-DefaultKORKOR' 파일이 선택된 것을 확인합니다.
취소를 클릭하여 창을 닫습니다.

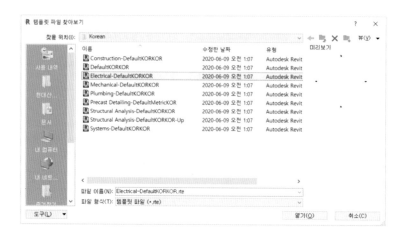

07

만약 파일 위치의 설정이 되어 있지 않다면 무료 체험판 프로그램 설치 부분의 템플릿 및
패밀리 설치를 해주어야 합니다. 옵션의 [확인]을 클릭하여 옵션 설정을 완료합니다.

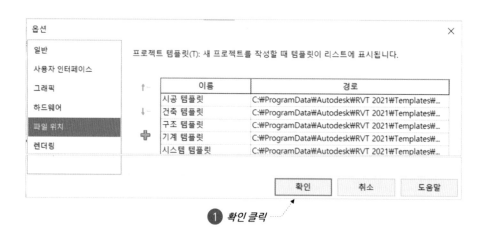

프로젝트 단위

프로젝트 단위는 길이, 면적, 부피 등에 대한 단위를 말합니다. 단위 설정은 템플릿에 의해 기본 설정이 되고, 필요에 따라 변경할 수 있습니다.

01

메뉴에서 관리 탭의 설정 패널에서 [프로젝트 단위]를 클릭합니다.

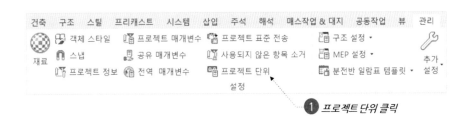

1 프로젝트 단위 클릭

02

프로젝트 단위 창에서 설정된 단위 내용을 확인 및 변경할 수 있습니다. 설정된 내용을 그대로 사용합니다. [확인]을 눌러 창을 닫습니다.

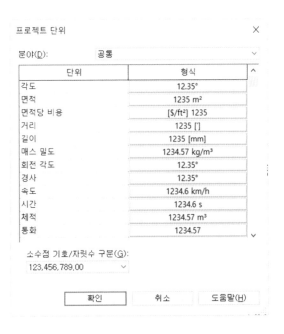

스냅

스냅은 요소 작성 및 수정에서 이미 작성되어 있는 요소의 위치를 참고할 때 사용됩니다. 끝점, 중간점, 교차점 등이 있습니다.

01

메뉴에서 관리 탭의 설정 패널에서 [스냅]을 클릭합니다.

02

스냅 창에서 설정된 내용을 확인합니다. 설정된 내용을 그대로 사용합니다. [확인]을 눌러 창을 닫습니다.

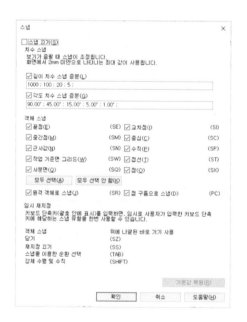

가는선

스냅은 요소 작성 및 수정에서 이미 작성되어 있는 요소의 위치를 참고할 때 사용됩니다. 끝점, 중간점, 교차점 등이 있습니다.

01

프로젝트 탐색기에서 전기실 3차원 뷰를 엽니다. 메뉴에서 뷰 탭의 그래픽 패널에서 [가는선]을 클릭합니다. 뷰에서 선의 굵기가 변경되는 것을 확인합니다.

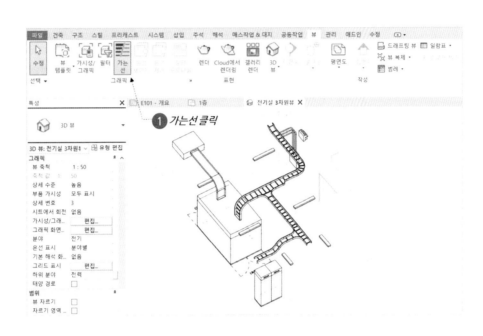

도움말

스냅은 요소 작성 및 수정에서 이미 작성되어 있는 요소의 위치를 참고할 때 사용됩니다. 끝점, 중간점, 교차점 등이 있습니다.

01

화면의 오른쪽 위에 도움말(⑦) 버튼을 클릭합니다

02

도움말 목차에서 [MEP 엔지니어링] 〉 [전기 시스템]을 클릭합니다. 전기 시스템에 전기 관련 내용이 포함되어 있습니다. 도움말 화면의 오른쪽 위에 키워드 입력을 활용하면 원하는 내용을 찾는데 도움이 됩니다.

학습 완료

Chapter 01.레빗 전기 소개 학습이 완료되었습니다. 열려 있는 모든 뷰를 닫아 프로젝트를 종료합니다. 저장은 하지 않습니다.

01 뷰 종류

학습내용 | 3차원뷰, 평면도 및 천장평면도, 입면도 및 단면도, 콜아웃, 드래프팅 뷰, 범례, 일람표 및 패널 일람표, 뷰 복제

학습 결과물 예시

3차원뷰

3차원 뷰는 모델을 3차원의 형태로 볼 수 있는 뷰입니다. 3차원 뷰에서는 3차원의 형상을 가진 요소들이 표시됩니다.

01

홈 화면에서 [열기]를 클릭하여 'Chapter 02. 뷰 작업 시작' 파일을 엽니다.

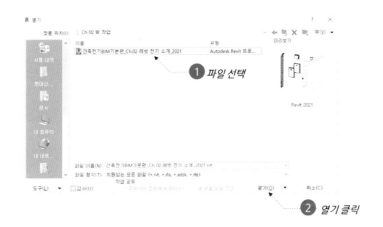

02

프로젝트 탐색기에서 3D 뷰의 {3D}를 더블 클릭하여 엽니다.

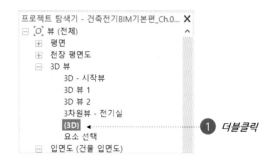

03

뷰에 건물의 전체 모습이 표시됩니다. 바닥, 벽, 창과 같은 건축 관련 요소는 하얀색의 배경으로 표현됩니다. 이는 뷰의 특성에서 설정할 수 있으며, 뒤에서 학습합니다.

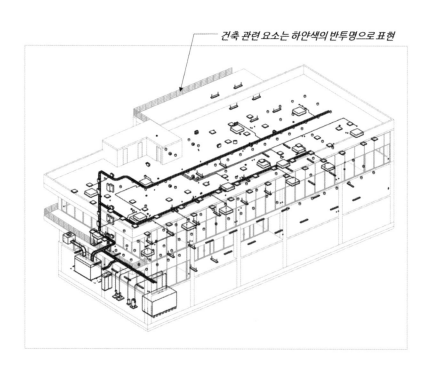

04

특성에 3차원 뷰의 특성이 표시됩니다. 선택한 요소가 없어야 뷰의 특성이 표시됩니다.

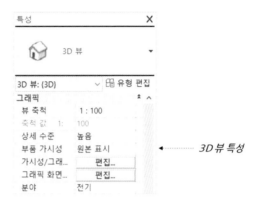

3D 뷰 특성

05

특성의 범위에서 **단면 상자**를 체크합니다. 뷰에서 단면 상자가 표시됩니다. 단면 상자는 3차원 뷰에서만 사용할 수 있습니다.

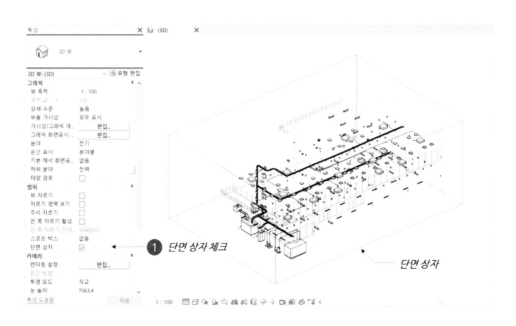

① *단면 상자 체크*

단면 상자

06

단면 상자를 선택하면 크기를 조정할 수 있는 **컨트롤**이 표시됩니다. 위쪽 컨트롤을 아래로 드래그하여 지하1층 내부가 보이도록 조정합니다.

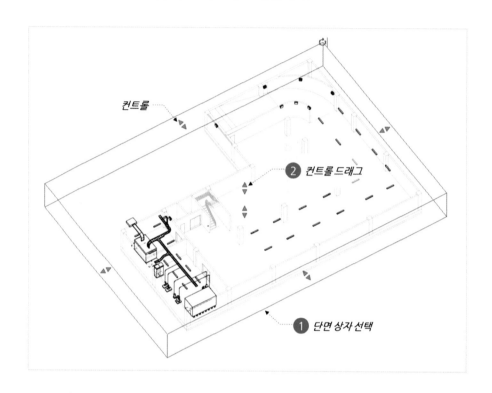

07

뷰큐브의 평면도를 클릭합니다. 뷰가 회전 및 확대/축소 되는 것을 확인합니다.

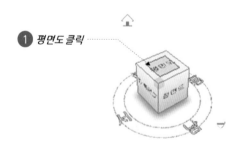

08

뷰큐브를 우클릭하여 [뷰로 조정] 〉 [단면] 〉 [전기실]을 클릭합니다.

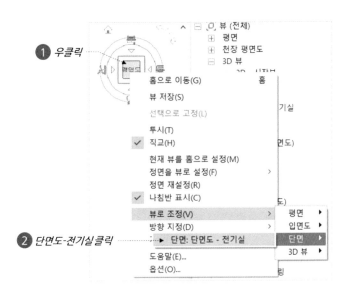

09

전기실 단면도에 설정된 범위에 맞게 단면 상자가 자동으로 만들어집니다.

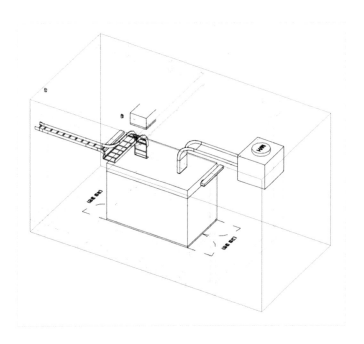

평면도 및 천장 평면도

평면도는 평면도, 반사된 천장평면, 구조 평면, 평면 영역, 면적 평면도가 있습니다. 전기 설계에서는 평면도와 반사된 천장평면도가 주로 사용됩니다. 평면도는 바닥이 보이도록 위에서 아래로 내려본 모습이고, 천장평면도는 천장이 보이도록 아래에서 위를 올려본 모습입니다.

평면도는 요소를 작성할 때 가장 많이 사용하는 뷰입니다. 평면에서 요소를 배치하고, 3차원 뷰에서 요소의 높이를 확인 및 수정할 수 있습니다.

평면도는 수직 및 수평의 범위를 가집니다. 이 범위 따라 요소가 표시 또는 표시되지 않습니다.

01

프로젝트 탐색기에서 평면의 '전력간선및동력설비평면도-1층'과 3D 뷰의 {3D}를 더블 클릭하여 엽니다. 다른 뷰는 모두 닫습니다. 메뉴에서 뷰 탭의 창 패널에서 [타일 뷰]를 클릭하여 모든 뷰를 정렬합니다.

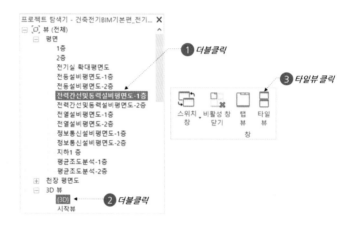

TIP

공간은 뒤에서 다시 학습

02

평면에서 EPS/TPS실 부분을 확대합니다. EPS/TPS실의 모서리에 마우스를 위치하면 미리보기가 표시됩니다. 미리보기를 클릭하여 공간을 선택합니다.

TIP

선택상자는 선택한 요
소의 범위에 맞게 단
면 상자를 적용하는
기능으로 3차원 뷰의
단면 상자와 같음

03

메뉴에서 수정 | 공간 탭의 뷰 패널에서 선택 상자(🖱)를 클릭합니다. 3차원 뷰에 선택한 EPS/TPS 공간 주위에 단면상자가 적용됩니다. esc 를 눌러 공간의 선택을 취소합니다.

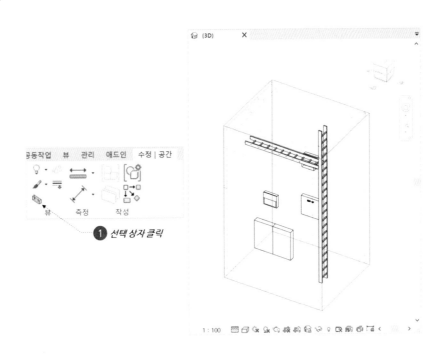

04

평면도를 활성화하고, 특성에서 뷰 범위의 [편집] 버튼을 클릭합니다. 뷰 범위 창에서 아래의 표시 버튼을 클릭합니다. 뷰 범위에 대한 설명이 나와 있습니다. 이 범위의 설정에 따라 뷰에서 요소가 표시되거나 표시되지 않습니다.

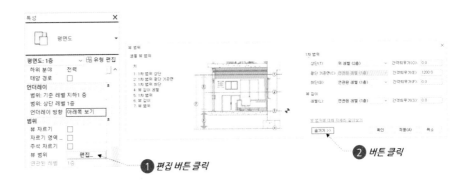

05

뷰 범위 창에서 [숨기기] 버튼을 클릭합니다. 상단의 간격 띄우기 값에 –2000으로 변경하고, [적용]을 클릭합니다. 평면뷰에서 케이블트레이가 표시되지 않는 것을 확인합니다.

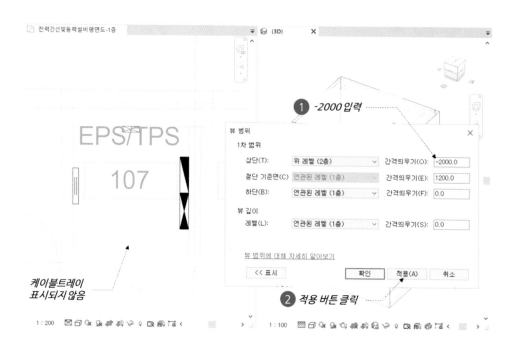

06

다시 상단 간격띄우기 값을 0으로 입력하고, [확인]을 클릭하여 창을 닫습니다. 뷰에 케이블 트레이가 표시되는 것을 확인합니다.

뷰 작업 | 뷰 특성 및 뷰 조절 막대

07

{3D}뷰를 닫고 평면뷰를 전체 줌합니다. 특성에서 **자르기 영역 보기**를 체크하고 [적용]을 클릭합니다. 뷰의 자르기 범위가 표시된 것을 확인합니다. 뷰 자르기는 평면뷰의 수평 범위입니다.

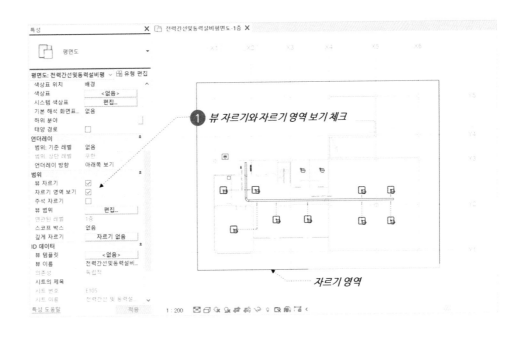

08

뷰 자르기 선을 선택하고, 컨트롤을 드래그하면 뷰의 범위를 조정할 수 있습니다. 메뉴에서 '편집 자르기'를 이용하면 직사각형이 아닌 다양한 형태를 작성할 수 있습니다.

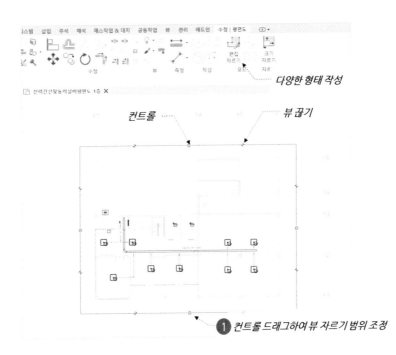

09

뷰 조절 막대에서 **자르기 영역 숨기기()**를 클릭합니다. 특성 창에서 자르기 영역 보기가 체크 해제된 것을 확인합니다. 뷰 자르기 및 자르기 영역 보기는 특성과 뷰 상태 막대가 같은 기능을 합니다.

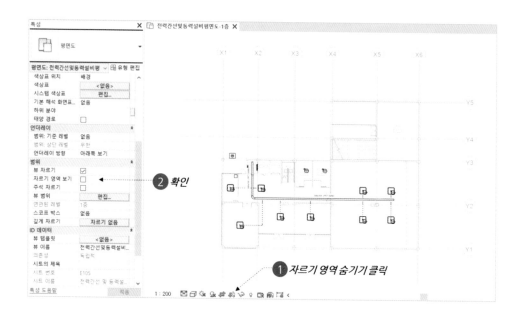

입면도 및 단면도

입면도 및 단면도는 건물 모델을 수직으로 바라본 모습의 뷰입니다. 레빗은 원하는 곳에서 여러 입면도 및 단면도를 만들 수 있습니다. 입면도 및 단면도는 평면도에서 만들며, 수직 및 수평 범위를 가집니다. 이 범위에 따라 요소가 표시 또는 표시되지 않을 수 있습니다.

축척에 따라 평면에서 입면도 및 단면도 기호가 표시 또는 표시되지 않을 수 있습니다. 이 기능은 도면화 작업에 유용하게 사용할 수 있습니다. 작성한 입면도 및 단면도를 이동 및 회전할 수도 있습니다.

01

프로젝트탐색기에서 '전기실 확대평면도'를 더블 클릭하여 엽니다. 다른 뷰는 모두 닫습니다.

02

평면도에 단면도 기호가 표시되어 있는 것을 확인할 수 있습니다. 단면도 기호의 헤드 부분을
우클릭하고, [뷰로 이동]을 클릭합니다

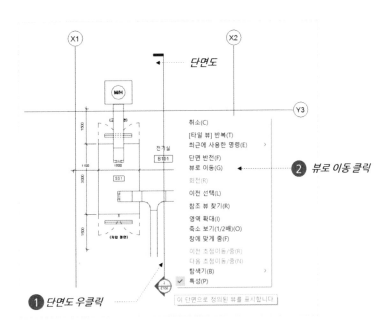

03

전기실 확대 평면도와 단면도를 **타일로 정렬**합니다. 타일 정렬은 메뉴에서 뷰 탭의 창 패널
에서 [타일 뷰]를 클릭합니다. 탐색막대에서 [창에 맞게 전체 줌]을 클릭합니다.

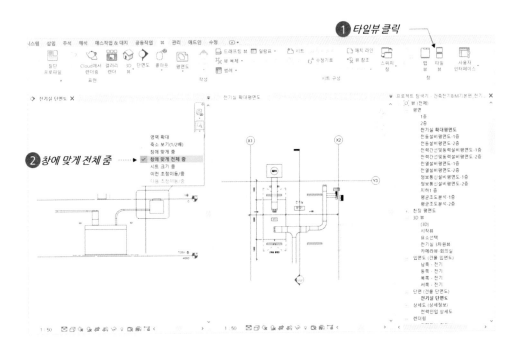

04

전기실 확대 평면도에서 **단면도의 몸체 부분**을 선택합니다. 단면도는 뷰 범위, 반전, 헤드/테일 순환, 세그먼트 간격 등으로 구성됩니다.

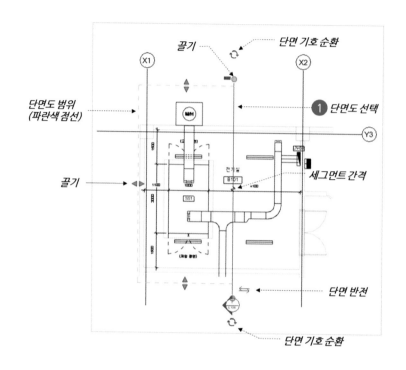

05

단면도의 **뷰 범위 끌기**를 오른쪽으로 드래그합니다. 전력인입맨홀이 포함되지 않도록 범위를 조정합니다. 단면도에서 전력인입맨홀이 표시되지 않는 것을 확인합니다.

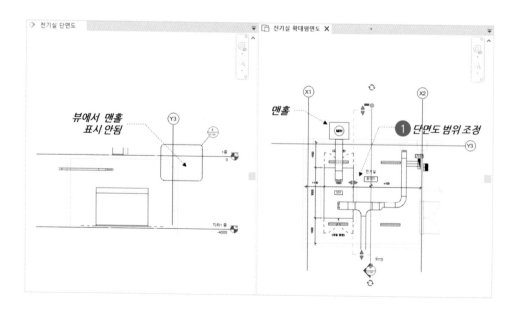

TIP

실행 취소는 화면 왼쪽
위의 명령 취소 버튼(↩)
클릭 또는 ctrl + z
누름

06

특성에서 먼 쪽 자르기 값을 확인합니다. 이 값을 직접 입력하여 범위를 조절할 수도 있습니다. 명령 취소 버튼(↩)을 눌러 실행을 취소합니다.

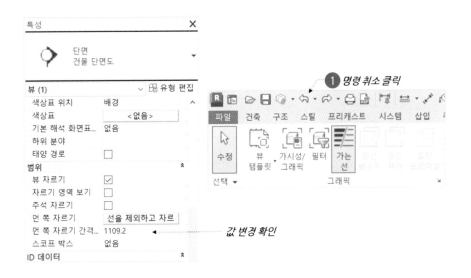

TIP

자르기 영역 표시 및
숨기기 아이콘의 전구
에 불이 들어오면 표시
상태, 전구에 불이 들
어오지 않으면 숨겨
진 상태임

07

단면도 뷰를 활성화하고, 뷰 조절 막대에서 자르기 영역 표시(🔳)를 클릭합니다. 뷰에 자르기 영역이 표시됩니다. 앞선 평면도와 같이 자르기 영역을 수정할 수 있습니다. 입면도는 단면도와 비슷한 특성을 가집니다.

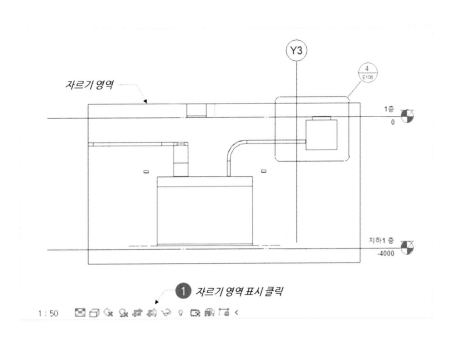

콜아웃

콜아웃 뷰는 확대 및 상세도 뷰를 말합니다. 평면도, 단면도, 입면도 등의 뷰에서 특정 부분을 확대하여 새로운 콜아웃 뷰를 작성할 수 있습니다. 콜아웃은 뒤에서 다시 설명합니다.

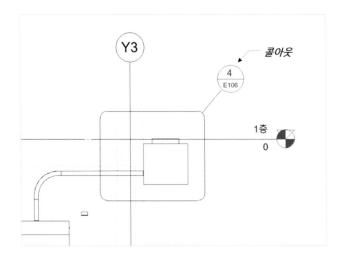

드래프팅 뷰

드래프팅 뷰는 도면화 작업에서 노트, 상세 등을 작성하는 뷰입니다. 작성한 드래프팅 뷰는 여러 시트에 반복적으로 사용할 수 있습니다. 드래프팅 뷰는 뒤에서 다시 학습합니다.

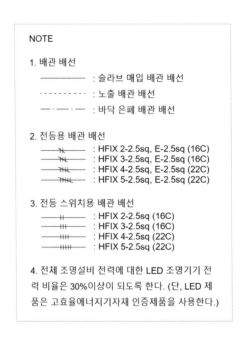

범례

범례는 전등, 전열 기구 등 각종 요소의 타입을 설명하는데 사용할 수 있습니다. 요소의 타입별 기호는 직접 작성하는 것이 아닌, 프로젝트에 포함된 요소를 배치합니다. 범례는 뒤에서 다시 학습합니다.

기 호	타 입	상세도
	배선기구일체형 LED40W 1200x150mm	A
	파이프펜던트 LED40W 1200x250mm	B
	LED50W - 600x600mm	C
	LED40W 250mm	D
	LED8W 200mm (비상)	E
	벽부형_비상등	F

일람표 및 패널 일람표

일람표는 프로젝트에 사용된 요소들을 리스트로 표시하는 뷰입니다. 리스트에는 요소의 유형 이름, 레벨 등 요소가 가진 정보들을 표시할 수 있습니다. 요소가 가진 정보는 특성에 나타나는 내용과 유형 특성에 나타나는 내용을 말합니다.

전기 프로젝트에서는 일람표 외에 패널 일람표를 사용할 수 있습니다. 패널 일람표는 저압반, 분전반 등의 패널에 연결된 부하 정보를 리스트로 표시할 수 있습니다.

일람표 및 패널 일람표는 모델이 변경되면, 자동으로 업데이트됩니다. 일람표는 뒤에서 다시 학습합니다.

				<평균조도분석>				
A	**B**	**C**	**D**	**E**	**F**	**G**	**H**	**I**
번호	이름	면적	조명 계산 발광체 기준	천장 반사율	벽 반사율	바닥 반사율	공실률	표준 평균 조도
101	로비	173 m²	2595	75 00%	50 00%	20 00%	1 690228	329 lx
102	회의실	65 m²	2595	75 00%	50 00%	20 00%	2 287981	576 lx
103	사무실	18 m²	2595	75 00%	50 00%	20 00%	4 425976	388 lx
104	강당	303 m²	2595	75 00%	50 00%	20 00%	1 109645	231 lx
105	화장실(남)	15 m²	2595	75 00%	50 00%	20 00%	5 277034	205 lx
106	화장실(여)	16 m²	2595	75 00%	50 00%	20 00%	4 939342	190 lx
107	EPS/TPS	5 m²	2700	75 00%	50 00%	20 00%	8 704327	21 lx
108	PS	6 m²	2700	75 00%	50 00%	20 00%	8 245286	21 lx
109	계단실	12 m²	2056	75 00%	50 00%	20 00%	3 922706	127 lx
110	외부창고	98 m²	3850	75 00%	50 00%	20 00%	3 28946	126 lx
201	사무실	31 m²	2595	75 00%	50 00%	20 00%	3 347061	446 lx
202	회의실	76 m²	2595	75 00%	50 00%	20 00%	2 206071	370 lx
203	열람실	250 m²	2595	75 00%	50 00%	20 00%	1 458203	393 lx
204	시청각실	39 m²	2595	75 00%	50 00%	20 00%	3 123165	357 lx
205	로비	169 m²	2595	75 00%	50 00%	20 00%	2 635236	313 lx
206	자료실	50 m²	2595	75 00%	50 00%	20 00%	2 711958	418 lx
207	화장실(남)	15 m²	2595	75 00%	50 00%	20 00%	5 277034	205 lx
208	화장실(여)	16 m²	2595	75 00%	50 00%	20 00%	4 939342	190 lx
209	EPS/TPS	5 m²	2700	75 00%	50 00%	20 00%	8 704327	21 lx
210	PS	6 m²	2700	75 00%	50 00%	20 00%	8 245286	21 lx
211	계단실	12 m²	2056	75 00%	50 00%	20 00%	3 922706	127 lx
B101	전기실	42 m²	2330	75 00%	50 00%	20 00%	2 45469	177 lx
B102	기계실	76 m²	2330	75 00%	50 00%	20 00%	1 908692	151 lx
B103	PS	6 m²	2700	75 00%	50 00%	20 00%	8 244564	21 lx
B104	주차장	635 m²	2330	75 00%	50 00%	20 00%	0 776875	123 lx
B105	창고	39 m²	2700	75 00%	50 00%	20 00%	3 264362	6 lx

CKT	회로 설명	트립	극	A	B	C
L1	조명 사무실 103	20 A	1	100 VA		
L2	조명 로비 101	20 A	1		1350 VA	
L3	조명 회의실 102	20 A	1			950 VA
LE1	조명 - 비상 룸 109, 211	20 A	1	150 VA		
L4	조명 화장실(남) 105	20 A	1		100 VA	
LE2	조명 - 비상 EPS/TPS 107	20 A	1			50 VA
LE3	조명 - 비상 PS 108	20 A	1	50 VA		
L5	조명 외부창고 110	20 A	1		300 VA	
L6	조명 당방 104	20 A	1			1600 VA
L7	조명 화장실(여) 106	20 A	1	100 VA		
LE4	조명 - 비상 룸 103, 102, 101, 104	20 A	1		300 VA	
LE5	조명 - 비상 룸 205, 203, 204, 202, 201, 206	20 A	1			400 VA
R1	리셉터클 당방 104	20 A	1	720 VA		
R2	리셉터클 로비 101	20 A	1		360 VA	
R3	리셉터클 회의실 102	20 A	1			360 VA
R4	리셉터클 사무실 103	20 A	1	180 VA		
				총 부하: 1300 VA	2410 VA	3360 VA

뷰 복제

뷰 복사는 현재 프로젝트의 뷰를 복사하는 기능으로 뷰 복제, 상세 복제, 의존적으로 복제가 있습니다. 모델만 포함하거나, 모델과 뷰 특정 요소를 함께 포함하거나, 뷰의 의존적 사본을 포함하는 뷰의 사본을 작성할 수 있습니다.

뷰 복제는 현재 뷰에서 모델 형상만 포함하는 뷰를 작성합니다. 새 뷰에서는 주석, 치수 및 상세정보와 같은 뷰 특정 요소가 삭제됩니다. 뷰 특정 요소를 포함하는 뷰의 사본을 작성하려면 상세 복제 도구를 사용합니다.

상세 복제는 현재 뷰에서 모델 형상 및 뷰 특성 요소를 포함하는 뷰를 작성합니다. 뷰별 요소에는 주석, 치수, 상세 구성요소, 상세 선, 반복 상세정보 및 채워진 영역이 포함됩니다.

의존적으로 복제는 원본 뷰에 의존적인 뷰를 작성합니다. 원본 뷰와 사본은 동기화된 상태로 유지됩니다. 한 뷰에서 변경한 사항은 다른 뷰에서도 사동으로 변경됩니다. 축척 또는 뷰 특성이 여기에 해당됩니다. 여러 의존적 사본을 사용하여 확장된 평면의 세그먼트를 표시합니다.

SECTION
02
뷰 특성 및 뷰 조절 막대

학습내용 | 뷰 특성, 그래픽, ID 데이터 및 공정, 범위, 축척, 상세 수준, 비주얼 스타일, 분야, 임시 숨기기/분리

학습 결과물 예시

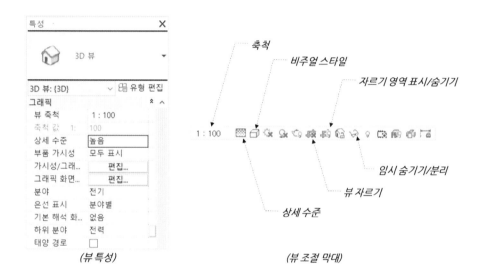

(뷰 특성)

(뷰 조절 막대)

뷰 특성

뷰에서 아무것도 선택하지 않은 상태에서는 특성 창에 뷰의 특성이 표시됩니다. 뷰의 특성은 그래픽, 언더레이, 범위, ID데이터, 공정 등이 있으며, 이는 평면도, 단면도 등의 뷰 종류에 따라 다르게 표시됩니다.

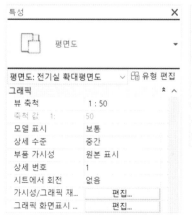

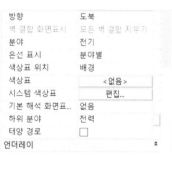

그래픽

그래픽은 뷰에서 요소의 가시성과 그래픽을 설정합니다. 가시성은 뷰에서 요소를 표시 또는 표시하지 않음이고, 그래픽은 요소의 선, 표면, 단면의 색상, 패턴 등을 설정하는 것입니다.

01

프로젝트 탐색기에서 {3D}를 더블 클릭하여 엽니다. 만약 3D 뷰에 단면상자가 적용되어 있다면 특성에서 단면 상자를 체크 해제합니다. 다른 뷰는 모두 닫습니다.

TIP

가시성/그래픽 설정의 단축키는 V + G 또는 V + V

02

메뉴에서 뷰 탭의 그래픽 패널에서 [가시성/그래픽]을 클릭합니다. 가시성/그래픽은 뷰에서 요소들의 가시성과 그래픽을 설정하며, 설정한 내용은 현재 뷰에만 적용됩니다.

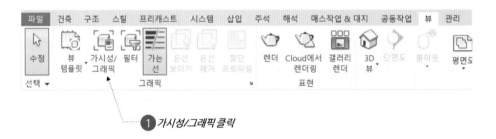

03

가시성/그래픽 재지정 창은 탭으로 구분되어 있습니다. 모델, 주석, 해석 모델, 가져온 카테고리, 필터, Revit 링크 등이 있습니다.

04

모델 카테고리에서 [케이블 트레이 및 케이블 트레이 부속류]를 체크해제 합니다. ctrl 를 누르면 여러 카테고리를 선택할 수 있습니다. 두 카테고리가 선택된 상태에서 체크 박스를 클릭하면 선택된 모든 카테고리에 적용됩니다. [확인]을 클릭하여 창을 닫습니다.

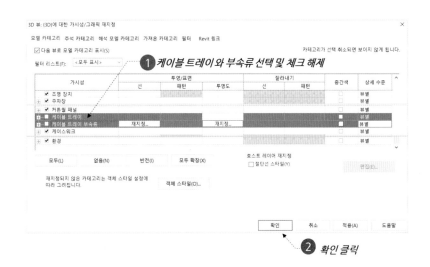

05

뷰에서 케이블 트레이 및 케이블 트레이 부속류가 표시되지 않는 것을 확인합니다.

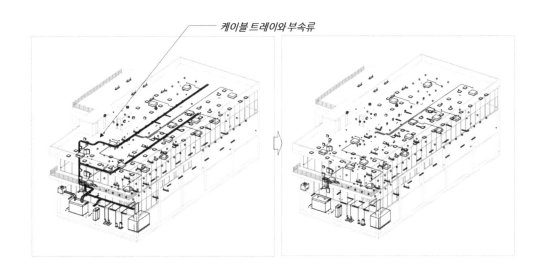

케이블 트레이와 부속류

06

가시성/그래픽은 특성 창의 **가시성/그래픽 재지정**의 [편집] 버튼을 클릭하여 실행할 수도 있습니다. [편집] 버튼을 클릭합니다. 가시성/그래픽은 자주 사용하는 기능으로 단축기 $\boxed{V} + \boxed{G}$ 를 이용하면 편리합니다.

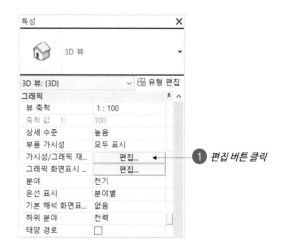

① 편집 버튼 클릭

07

전기 시설물 카테고리를 선택하고, 패턴의 [재지정] 버튼을 클릭합니다.

① 전기 시설물 선택 및 재지정 버튼 클릭

가시성	투영/표면		
	선	패턴	투명도
⊞ ☑ 일반 모델			
⊞ ☑ 전기 설비			
⊞ ☑ 전기 시설물	재지정...	재지정...	재지정...
⊞ ☑ 전선관			
⊞ ☑ 전선관 부속류			

TIP

패턴 재지정은 전경과 배경 2가지 패턴 적용 가능하며, 전경은 맨 앞에 보이는 패턴임

08

채우기 패턴 그래픽 창에서 전경의 패턴을 〈솔리드 채우기〉로 선택합니다.

① 〈솔리드 채우기〉 선택

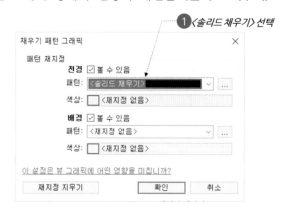

09

전경의 색상에서 〈재지정 없음〉 버튼을 클릭합니다. 색상 창에서 파란색을 선택하고 [확인]을 클릭합니다.

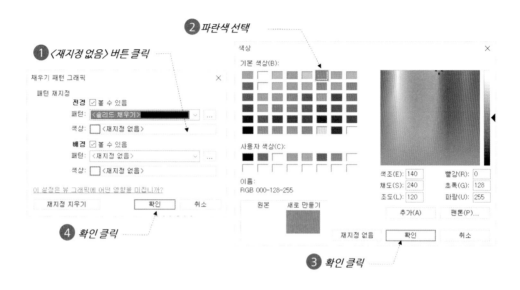

10

가시성/그래픽 재지정 창도 [확인]을 클릭하여 닫습니다. 뷰에서 저압반, 분전반 등 모든 전기 시설물의 색상이 파란색으로 변경된 것을 확인할 수 있습니다. 명령 취소 버튼(↶)을 두 번 눌러, 전기 시설물의 색상 적용과 케이블 트레이 및 부속의 가시성 설정을 취소합니다.

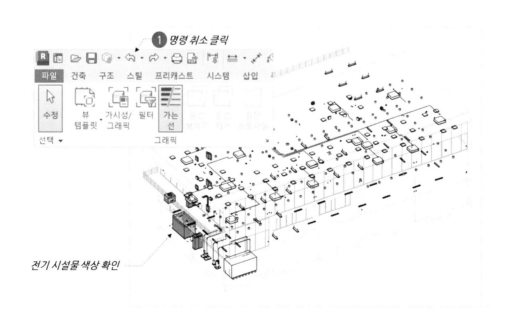

ID 데이터 및 공정

ID 데이터는 뷰의 이름, 템플릿 등을 설정할 수 있습니다. 뷰 템플릿에 템플릿이 설정되면 뷰의 가시성/그래픽이 템플릿을 통해서만 설정할 수 있습니다. 따라서 뷰에 템플릿을 〈없음〉으로 설정하고, 필요할 경우 일시적으로 템플릿을 적용하는 것이 편리합니다. 뷰의 템플릿은 뷰 탭 〉 그래픽 패널 〉 뷰 템플릿에서 작성, 적용, 관리할 수 있습니다. 뷰 템플릿은 뒤에서 학습합니다.

공정은 한 프로젝트에서 기존 건물을 철거하고, 새로 건물을 만드는 경우에 사용합니다. 기존 건물 없이 새로 건물을 만드는 일반적인 프로젝트에서는 사용하지 않으며, 공정 필터와 공정 모두 기본 값인 '모두 표시'와 '새 시공'을 사용합니다.

간혹 공정을 '새 시공'이 아닌 다른 시공으로 설정하여 작업 한 경우 공정 필터에 따라 요소가 표시되지 않을 수 있습니다. 이럴 경우 공정 필터를 '모두 표시'로 변경하고, 필요한 경우 요소의 공정 특성을 '새 시공'으로 변경합니다. '새 시공'으로 변경은 요소(들)을 선택하고, 특성에서 '새 시공'을 선택하고 [적용]을 클릭하면 됩니다.

범위

뷰 자르기는 뷰에 대한 경계(자르기 영역)를 말합니다. 자르기 영역 밖에 있는 모델 요소(또는 요소의 일부)는 뷰에 표시되지 않습니다.

자르기 영역 보기는 자르기 영역의 경계를 표시합니다. 자르기 영역을 선택하고 그립을 사용하여 크기를 조정하거나 수정 탭의 도구를 사용하여 자르기 영역을 편집, 재설정 또는 크기를 조정합니다.

주석 자르기는 주석 자르기 영역의 경계를 표시합니다. 경계의 일부에 주석이 닿으면 주석이 표시되지 않습니다. 주석 자르기 영역은 모든 그래픽 프로젝트 뷰에 표시할 수 있습니다. 투시도 및 3D 뷰는 주석 자르기 영역을 지원하지 않습니다.

뷰 범위는 각 뷰에서 요소의 가시성을 제어하는 일련의 수평 기준면입니다. 뷰 범위를 정의하는 수평 기준면은 상단, 절단 기준면 및 하단이 있습니다. 이 수평 기준면에 의해 뷰에서 요소가 표시 또는 표시되지 않으며, 표시되는 요소는 절단 또는 투영에 따라 다르게 표시됩니다. 자세한 내용은 뒤에서 다시 학습니다.

스코프박스는 뷰의 자르기 영역을 정의하는 것으로 여러 뷰에 적용하여 사용할 수 있습니다. 뷰에는 스코프 박스에 포함 또는 교차되는 요소만 표시됩니다.

깊게 자르기는 요소의 모서리가 뷰의 자르기 기준면에 따라 표시되는 방법을 정의합니다. 자르기 없음, 선을 제외하고 자르기, 선을 포함하여 자르기가 있습니다.

축척

축척은 뷰에서 요소를 나타내는데 사용되는 비율 시스템입니다. 축척에 따라 시트에 배치되는 뷰의 크기가 달라지며, 뷰에 표시되는 치수, 문자 등 주석의 크기가 달라집니다. 각 뷰에 축척을 설정할 수 있으며, 사용자 축척을 설정할 수도 있습니다.

01

프로젝트 탐색기에서 '전력간선및동력설비평면도–1층'을 더블 클릭하여 엽니다. 만약 1층 전력간선 및 동력설비평면도가 최대화 되어 있지 않다면, 뷰 탭의 창 패널에서 [탭 뷰]를 클릭합니다.

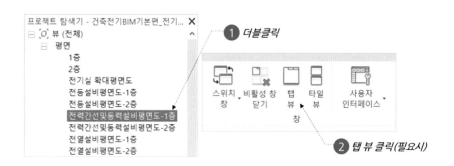

TIP

축척은 뷰 특성에서 설정할 수도 있음

02

뷰 조절 막대에서 뷰 축척을 1 : 100으로 변경합니다.

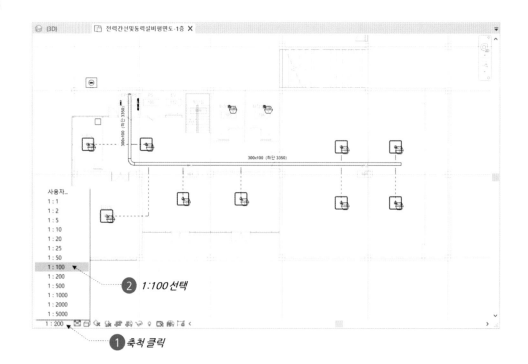

03

뷰에서 각종 문자의 크기가 작아진 것을 확인합니다. 모델 요소의 크기는 변경되지 않는 것을 확인할 수 있습니다. 축척을 다시 1 : 200으로 변경합니다.

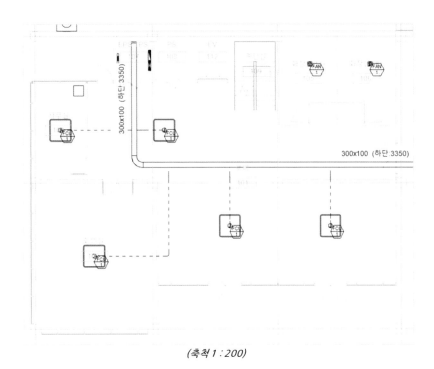

(축척 1 : 200)

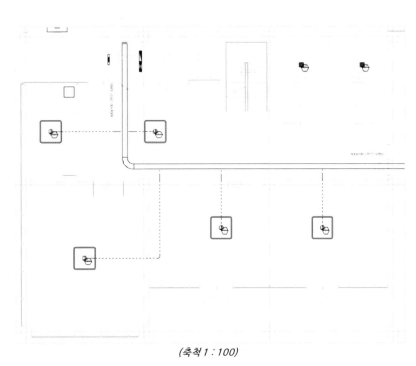

(축척 1 : 100)

상세 수준

상세 수준은 요소의 형상을 단순하게 표시하거나 정밀하게 표시하는 기능으로, 낮음, 중간, 높음의 3단계로 구분됩니다. 보통 3차원 뷰에서는 상세 수준을 높음으로 사용하고, 평면도, 단면도 등에서는 상세 수준을 중간으로 사용합니다.

TIP

상세 수준은 뷰 특성에서 설정할 수도 있음

01

뷰에서 강당 부분을 확대하고, 상세 수준(▣)을 클릭하여 중간인 것을 확인합니다. 상세 수준의 중간에서는 케이블트레이는 2줄로 표시되고, 전선관은 1줄로 표시됩니다.

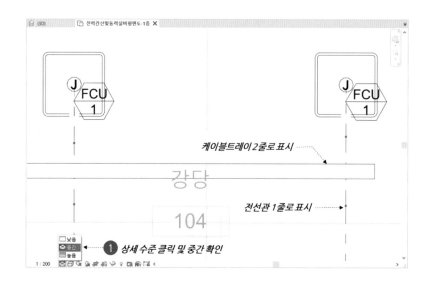

02

상세 수준을 높음으로 변경합니다. 케이블트레이는 사다리형태로 표시되고, 전선관은 2줄로 표시됩니다.

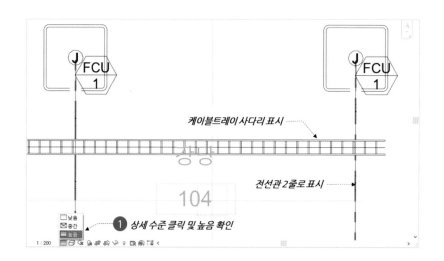

비주얼 스타일

비주얼 스타일은 요소의 재질을 표현하는 방식으로, 와이어프레임, 은선, 음영처리, 색상일치, 사실적이 있습니다.

TIP

비주얼 스타일은 뷰 특성에서 그래픽 화면 표시 옵션의 [편집] 버튼을 클릭하여 설정할 수도 있음

01

3차원 뷰를 활성화합니다. 뷰 조절 막대에서 비주얼 스타일(⊟)을 클릭하여 은선으로 되어 있는 것을 확인합니다. 은선은 요소를 흰색으로 표시합니다.

① 비주얼 스타일 클릭 및 은선 선택

02

뷰 조절 막대에서 비주얼 스타일을 클릭하여 음영처리로 변경합니다. 음영처리는 요소의 재료 색상 중 그래픽 설정 색상 및 패턴이 표시됩니다.

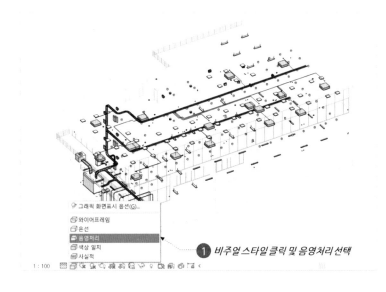

① 비주얼 스타일 클릭 및 음영처리 선택

분야

분야는 건축, 구조, 기계, 전기, 위생기구, 좌표가 있으며, 선택한 분야에 따라 뷰가 다르게 표시됩니다.

01

3차원 뷰를 활성화합니다. 특성 창의 분야를 확장하여 **좌표**를 선택합니다. 좌표는 모든 분야를 실제 모습으로 표현합니다.

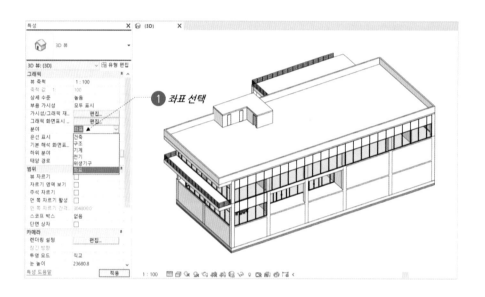

02

특성 창에서 분야를 다시 전기로 선택합니다. 전기는 건축, 구조 등의 다른 분야를 흰색의 배경으로 표시하여 모든 전기 요소가 표시되도록 합니다.

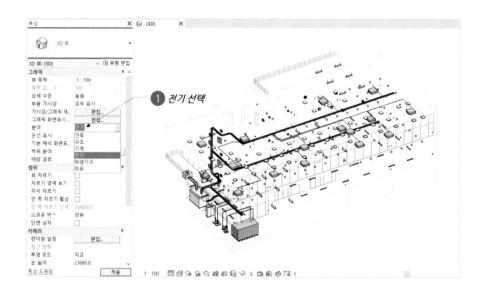

임시 숨기기/분리

임시 숨기기/분리는 선택한 요소를 현재 뷰에서 임시 숨기는 기능입니다. 숨기기는 현재 뷰에만 적용이 되고, 다른 뷰에는 적용되지 않습니다. 숨겨진 요소는 해당 뷰를 닫았다 다시 열어도 유지가 됩니다. 그러나 프로그램 또는 파일을 종료하면 기능이 해체됩니다.

CHAPTER 02
뷰 종류 ㅣ 뷰 특성 및 뷰 조절 막대

TIP

임시 숨기기 및 분리 기능은 자주 사용하는 기능으로 단축키 H+H (선택한 요소 숨기기), H+I (선택한 요소 분리), H+R (임시 숨겨진 요소 분리)를 사용하면 편리

01

3차원 뷰에서 수배전반을 선택합니다. 뷰 조절 막대에서 임시 숨기기/분리(🐷)를 클릭하고, 요소 숨기기를 클릭합니다.

수배전반 선택

뷰에 숨기기/분리 적용(A)
카테고리 분리
카테고리 숨기기
요소 분리(I)
요소 숨기기(H)
임시 숨기기/분리 재설정

❶ 임시 숨기기/분리 클릭 및 요소 숨기기 선택

TIP

임시 숨기기/분리는 3차원 뷰에서 모델 작업 시 자주 사용하는 편리한 기능

02

선택한 요소가 뷰에서 숨겨집니다. 뷰의 왼쪽 위에 임시 숨기기/분리 문자와 테두리 선이 표시됩니다. 이 표시를 통해 임시로 숨겨진 요소가 있다는 것을 확인할 수 있습니다.

임시 숨기기/분리 문자 및 테두리 선 확인

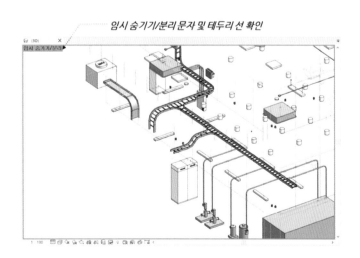

03

임시 숨겨진 요소를 표시하기 위해 뷰 상태 막대에서 **임시 숨기기/분리**(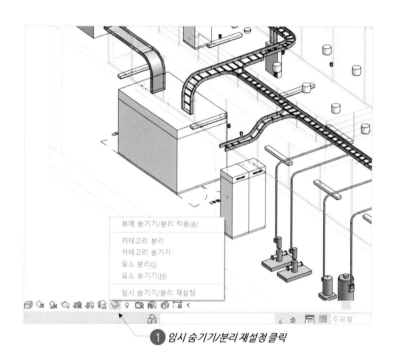)를 클릭하고, [**임시 숨기기/분리 재설정**]을 클릭합니다. 임시로 숨겨진 요소가 다시 표시됩니다. 임시 숨기기/분리에서 요소 분리는 선택한 요소만 표시되고, 다른 모든 요소가 숨겨집니다.

1 임시 숨기기/분리 재설정 클릭

학습 완료

Chapter 02.뷰 작업 학습이 완료되었습니다. 열려 있는 모든 뷰를 닫아 프로젝트를 종료합니다. 저장은 하지 않습니다.

MEMO

SECTION 01 요소

학습내용 | 카테고리, 패밀리, 유형, 인스턴스, 유형 특성 및 인스턴스 특성 수정, 요소 작성 방식

학습 결과물 예시

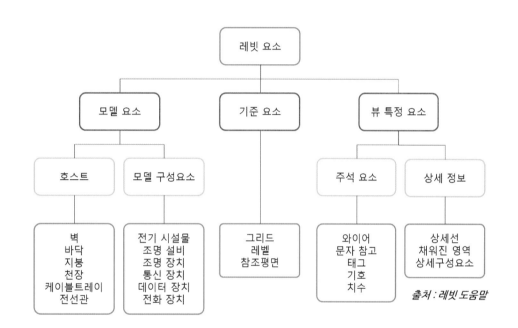

출처 : 레빗 도움말

카테고리

TIP

전기시설물은 수배전반, 분전반 등, 전기설비 장치는 콘센트, 조명 장치는 스위치, 와이어는 배선을 말함

레빗의 요소는 모델 요소와 기준 요소, 뷰 특정 요소로 구분됩니다.

모델 요소는 3차원 형상을 표현하는 것으로 전기 분야의 경우 전기시설물, 조명 설비, 전기 설비장치, 통신장치, 데이터장치, 화재경보장치, 조명장치, 간호사호출장치, 보안장치, 케이블트레이 및 부속, 전선관 및 부속이 있습니다. 이러한 구분을 카테고리라고 합니다.

뷰 특정 요소는 도면을 표현하는 것으로 와이어, 문자, 태그, 치수, 상세 선 등의 카테고리가 있습니다. 뷰 특정 요소는 작성한 뷰에서만 표시되고, 다른 뷰에는 표시되지 않습니다.

기준 요소는 모델 요소 및 뷰 특정 요소의 작성 기준이 되는 요소로 그리드, 레벨, 참조 평면 카테고리가 있습니다.

패밀리

패밀리는 각 카테고리에서 비슷한 형상과 특징을 가진 집합을 말합니다. 전기시설물의 경우 수배전반 패밀리, 노출형 분전반 패밀리 등이 있습니다. 조명 설비의 경우 팬던트형 조명 패밀리, 매입형 사각 조명 패밀리 등이 있습니다. 케이블트레이의 경우 장치가 있는 케이블 트레이 패밀리와 장치가 없는 케이블트레이 패밀리가 있습니다.

패밀리는 카테고리에 따라 시스템 패밀리와 컴포넌트 패밀리로 구분됩니다. 시스템 패밀리는 레빗 프로그램에서 제공하는 형상만을 사용할 수 있는 것으로 케이블트레이와 전선관, 와이어 등이 있습니다. 그 외 대부분의 패밀리는 컴포넌트 패밀리로 자유롭게 형상과 특성을 만들어 사용할 수 있습니다. 컴포넌트 패밀리는 별도의 외부 파일로 저장하여 다른 프로젝트에서도 사용할 수 있습니다.

유형

유형은 패밀리 안에서 형상과 특성을 다양하게 만든 것입니다. 매입형 사각 조명 패밀리의 경우 크기에 따라 450X450, 600X600 등의 다양한 형상을 가진 유형을 만들어서 사용할 수 있습니다. 케이블트레이의 경우 래더 케이블트레이, 솔리드형 케이블트레이 등의 유형을 사용할 수 있습니다.

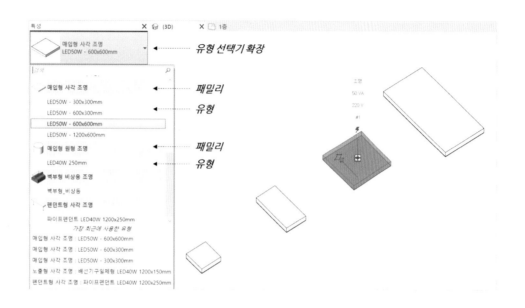

유형은 유형 선택기에서 변경할 수 있습니다. 유형 선택기는 선택한 요소와 같은 카테고리의 모든 패밀리 및 유형을 표시합니다.

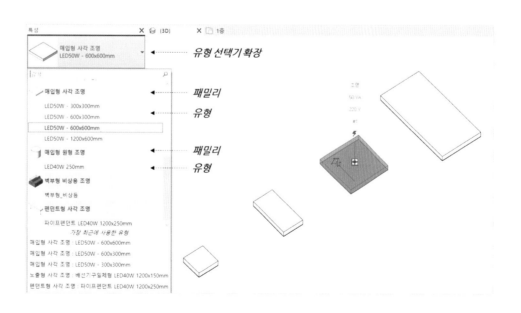

유형의 특성은 유형 선택기의 [유형 편집]을 클릭하여 확인할 수 있습니다. 유형 특성은 치수, 재료, 전기적 성질 등이 있습니다.

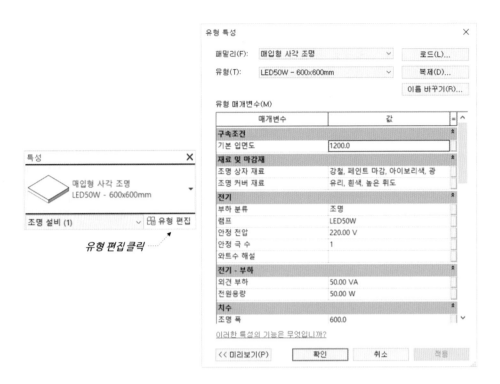

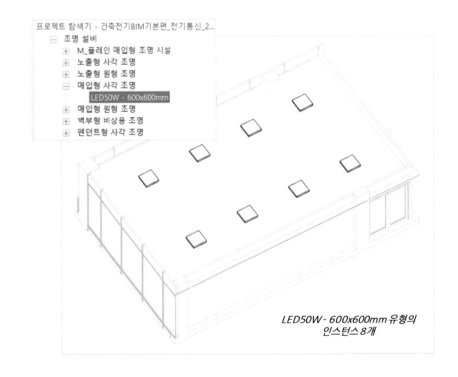

인스턴스

인스턴스는 패밀리의 특정 유형이 모델 또는 도면에 직접 작성된 것으로 요소와 같은 말입니다. 모델에서 어느 실에 매입형 사각 조명 패밀리의 LED50W 600X600mm 유형이 8개 배치되었다면, 8개의 인스턴스(요소)가 작성된 것입니다.

LED50W - 600x600mm 유형의
인스턴스 8개

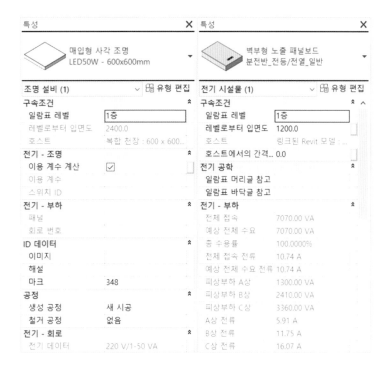

인스턴스는 위치, 높이 등의 정보를 갖습니다. 이러한 정보는 특성 창에서 확인할 수 있으며, 요소를 작성하는 중이나, 작성 후에도 수정할 수 있습니다.

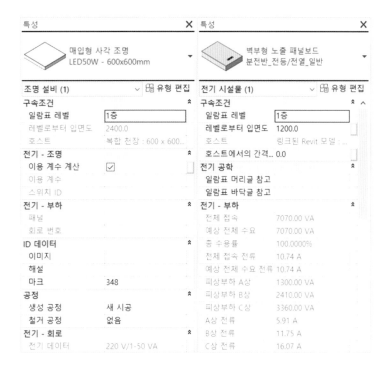

MEMO

유형 특성 및 인스턴스 특성 수정

레빗은 요소의 유형 특성 및 인스턴스 특성을 언제든 편리하게 수정할 수 있습니다. 즉 레빗은 요소를 정해진 형상이나 특성으로 고정하지 않고, 필요에 따라 자유롭게 형상과 특성을 수정할 수 있습니다.

요소의 유형 특성은 요소를 선택하고, [유형 편집]을 클릭하여 유형 특성 창에서 수정할 수 있습니다. 유형 특성에서 수정된 내용은 모델 또는 도면에 작성되어 있는 전체 요소에 영향을 미칩니다. 즉 매입형 사각 조명 패밀리의 600X600 유형의 이름과 크기를 650X650으로 변경한다면, 모델에 작성된 모든 600X600 유형의 요소의 이름과 크기가 변경됩니다. 또한 선택한 요소들을 유형 선택기에서 다른 유형으로 변경할 수 있습니다.

요소의 인스턴스 특성은 요소를 선택하고, 특성 창에서 수정 할 수 있습니다. 특성 창에서 높이, 크기 등을 수정할 수 있으며, 수정한 내용은 선택한 요소에만 변경됩니다. 단 케이블트레이나 전선관의 경우 요소들이 서로 연결되어 있기 때문에 높이를 변경하면 연결된 요소들의 높이도 함께 변경됩니다. 인스턴스의 특성 수정은 여러 요소를 선택해서 한 번에 수정할 수도 있습니다.

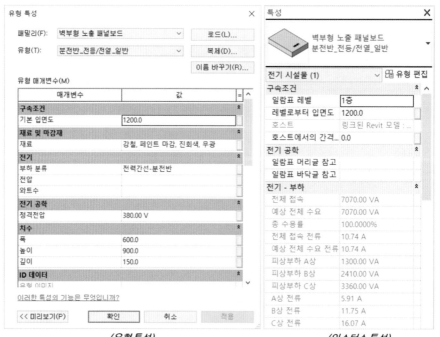

(유형특성)   (인스턴스특성)

요소 작성 방식

요소의 작성 방식은 카테고리에 따라 점 방식, 선 방식, 영역 방식으로 구분됩니다. 점 방식은 뷰에서 요소를 배치할 위치를 클릭하는 방식입니다. 전기 요소의 대부분이 점 방식에 속합니다. 선 방식은 뷰에서 시작점과 끝점을 클릭하여 배치하는 방식으로 케이블트레이, 전선관, 와이어가 해당됩니다. 영역 방식은 닫힌 경계선을 스케치하는 방식으로 주로 바닥, 지붕, 천장 등의 건축 요소가 해당됩니다.

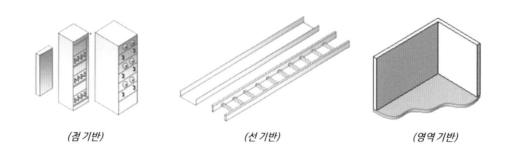

(점 기반)   *(선 기반)*   *(영역 기반)*

점 방식은 다시 패밀리의 작성 방법에 따라 수평면 기반, 수직면 기반, 레벨 기반으로 구분할 수 있습니다. 수평면 기반은 천장, 바닥, 지붕, 보 등의 수평면에 요소를 배치하는 것으로 조명 패밀리가 해당됩니다. 수직면 기반은 벽, 기둥 등에 요소를 배치하는 것으로 전기설비장치(콘센트), 조명장치(스위치) 등의 대부분 장치가 여기에 해당합니다. 레벨 기반 작성은 수평면 또는 수직면의 기반 없이 작성하는 것으로 수배전반, MCC반 등이 여기에 해당합니다.

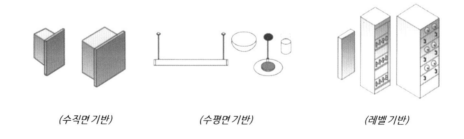

(수직면 기반)   *(수평면 기반)*   *(레벨 기반)*

02 지원 도구

학습내용 | 정렬 선, 임시 치수, 스냅, 커넥터

학습 결과물 예시

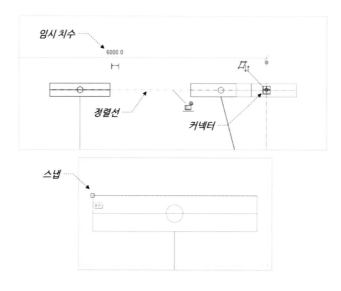

정렬 선

임시 숨기기/분리는 선택한 요소를 현재 뷰에서 임시 숨기는 기능입니다. 숨기기는 현재 뷰에만 적용이 되고, 다른 뷰에는 적용되지 않습니다. 숨겨진 요소는 해당 뷰를 닫았다 다시 열어도 유지가 됩니다. 그러나 프로그램 또는 파일을 종료하면 기능이 해체됩니다.

01

홈 화면의 [열기]를 클릭하고, 예제파일의 'Chapter 03. 기본 편집 도구 시작' 파일을 엽니다. 프로젝트 탐색기에서 '전등설비평면도-1층' 뷰를 더블 클릭하여 엽니다. 다른 뷰는 모두 닫고, 뷰에서 외부 창고 부분을 확대합니다.

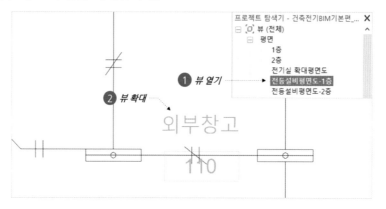

02

뷰에서 전등을 선택하고, 전등을 왼쪽 수평으로 드래그합니다. 왼쪽 전등의 중심으로부터 **파란색 점선**이 표시됩니다. 이 파란색 점선이 정렬 선으로 왼쪽 전등의 위치가 수평적으로 같은 위치를 표시합니다.

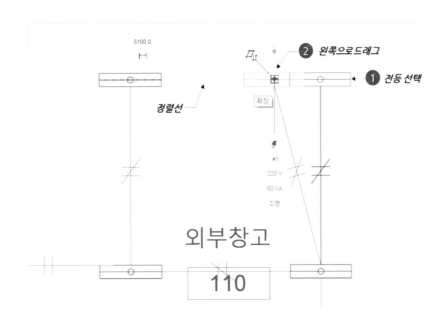

03

선택한 전등을 다시 오른쪽으로 드래그 합니다. 왼쪽 및 아래 전등으로부터 정렬선이 표시되는 것을 확인합니다.

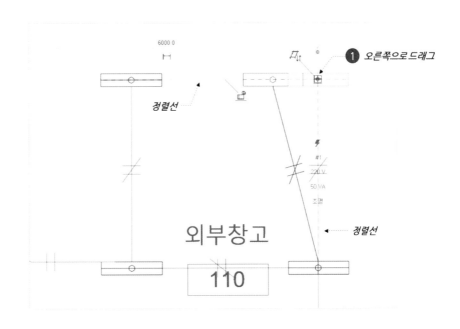

임시 치수

임시 숨기기/분리는 선택한 요소를 현재 뷰에서 임시 숨기는 기능입니다. 숨기기는 현재 뷰에만 적용이 되고, 다른 뷰에는 적용되지 않습니다. 숨겨진 요소는 해당 뷰를 닫았다 다시 열어도 유지가 됩니다. 그러나 프로그램 또는 파일을 종료하면 기능이 해체됩니다.

TIP

뷰에서 그리드가 보이지 않으면 임시치수가 표시되지 않음

01

뷰에서 외부 창고 부분을 그리드 3개가 함께 보이도록 확대 또는 축소합니다. 아래쪽 그리드는 보이지 않도록 합니다.

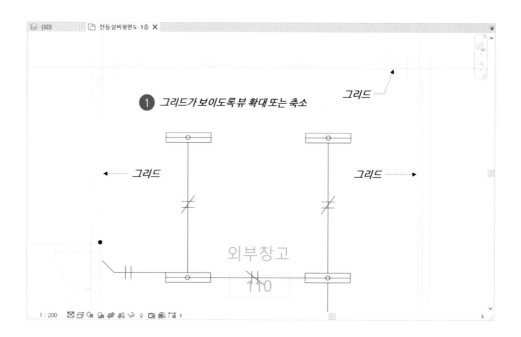

02

뷰에서 요소를 선택합니다. 선택한 요소와 그리드 사이에 **임시 치수**가 표시됩니다. 반드시 그리드가 뷰에서 표시되어야 임시 치수가 표시됩니다.

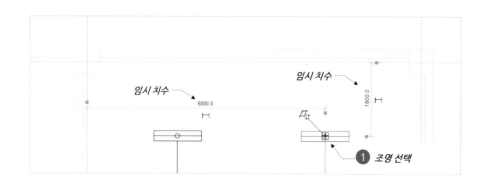

03

임시 치수는 문자, 치수선, 치수 보조선, 치수 보조선 이동, 영구 치수 변환으로 구성됩니다.

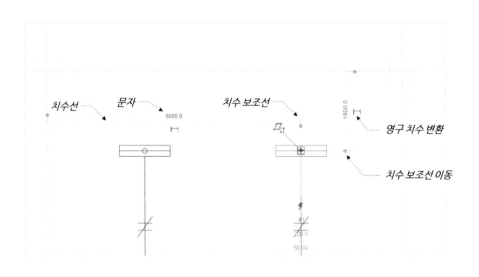

04

임시 치수 문자를 클릭합니다. 값에 1000을 입력한 후 enter를 누릅니다. 선택한 요소의 위치가 변경된 것을 확인합니다.

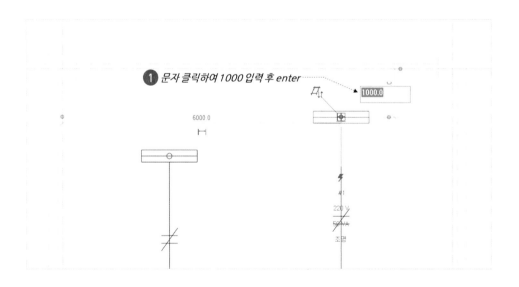

05

치수 보조선 이동은 치수 보조선을 원하는 위치로 변경할 수 있습니다. 치수 보조선 이동을 드래그하여 전등 요소의 중심으로 이동합니다.

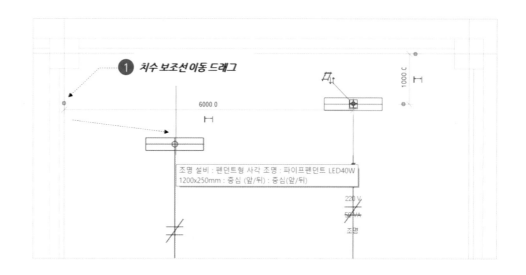

06

임시 치수의 위치가 변경된 것을 확인합니다.

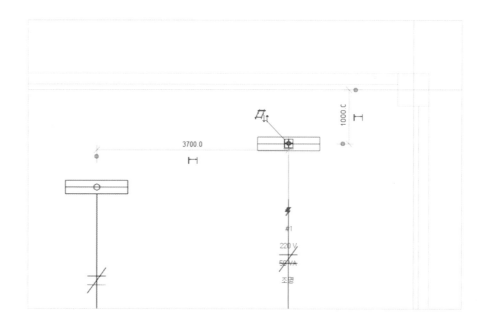

스냅

스냅은 요소를 작성 또는 수정할 때 정확하게 할 수 있도록 도와줍니다. 끝점, 중간점, 교차점 등의 다양한 스냅을 사용할 수 있습니다. 스냅의 종류를 변경하기 위해 [tab]키를 사용할 수 있습니다.

01

뷰에서 요소를 선택하고, 메뉴에서 수정 탭의 수정 패널에서 이동(✛)을 클릭합니다.

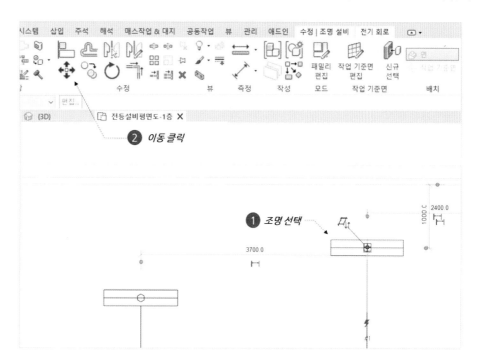

02

뷰에서 요소의 모서리에 커서를 위치합니다. 사각형의 스냅이 표시되고 끝점이라는 스냅의 툴팁이 표시됩니다. 계속해서 커서의 위치를 옮겨서 스냅의 종류가 달라지는 것을 확인합니다.

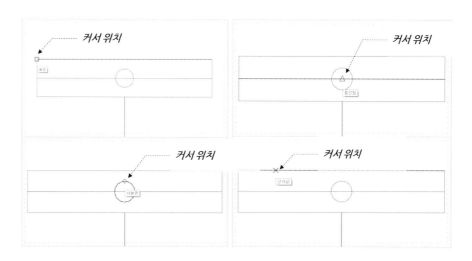

03

커서의 위치를 전등의 위쪽 중간에 위치합니다. 끝점 스냅이 표시되는 것을 확인합니다. 키보드에서 tab 키를 누릅니다. 스냅의 종류가 변경되는 것을 확인합니다. 사용 가능한 스냅이 여러 개일 경우 tab 키를 이용하여 변경할 수 있습니다.

04

중간점 스냅을 클릭하고, 마우스를 아래 수직 방향으로 이동합니다. 정렬선과 임시 치수가 표시되는 것을 확인합니다. 키보드에서 800 입력 후 enter 를 눌러 이동을 완료합니다.

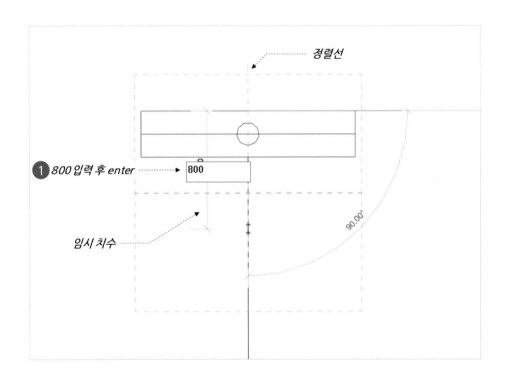

커넥터

커넥터는 전기 및 설비 요소만의 특징으로 요소들을 연결해주고, 자동으로 부속을 작성할 수 있게 해줍니다. 또는 커넥터를 이용하여 전선관, 케이블트레이 등을 편리하게 작성할 수 있습니다.

01

프로젝트 탐색기에서 '전력간선및동력설비평면도-1층' 뷰를 더블 클릭하여 엽니다. 뷰에서 강당 부분을 확대하고, 뷰 조절 막대에서 상세 수준을 높음으로 선택합니다.

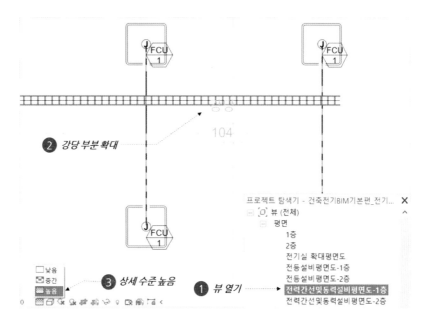

02

뷰에서 케이블 트레이를 선택합니다. 트레이의 끝 부분에 커넥터가 표시되는 것을 확인합니다.

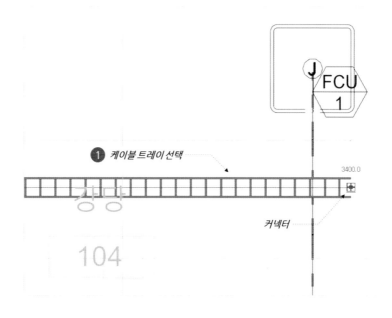

03

커넥터를 우클릭하고, 우클릭 메뉴에서 [케이블 트레이 그리기]를 클릭합니다.

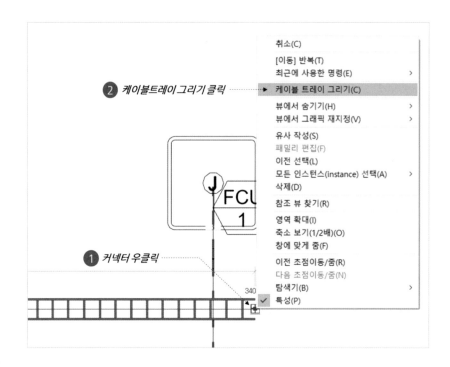

04

뷰에서 마우스를 오른쪽 수평 방향으로 이동합니다. 정렬 선 및 임시 치수가 표시되는 것을 확인합니다. 임의의 위치를 클릭하여 **케이블 트레이를 작성**합니다.

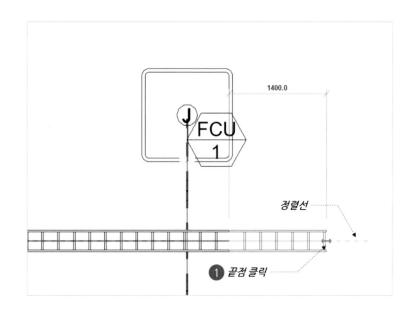

TIP

명령을 완료하기 위해 [esc]를 사용하며, 상황에 따라 1번 또는 2번을 눌러야함

05

뷰에서 마우스를 위쪽의 수직 위치로 이동합니다. 임의의 위치를 클릭하여 케이블 트레이를 작성하고, [esc]를 두 번 눌러 완료합니다. 작성된 내용을 확인합니다.

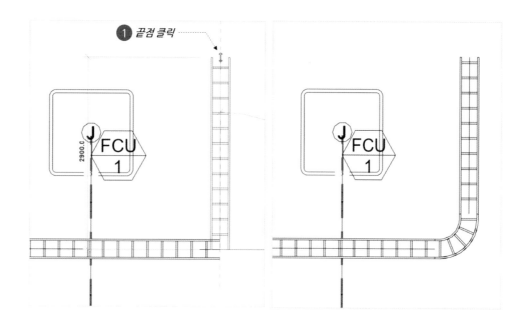

① 끝점 클릭

MEMO

수정 도구

학습내용 | 이동, 복사, 삭제, 코너로 자르기/연장, 단일요소 자르기/연장, 정렬, 명령 취소 및 복구, 클립보드, 기타 수정도구, 그룹, 형상 절단 및 결합

학습 결과물 예시

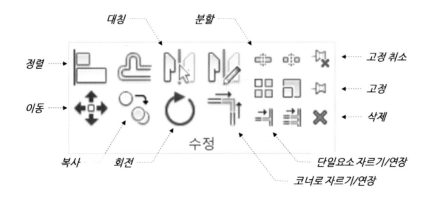

이동

이동은 선택한 요소들의 위치를 변경합니다. 이동하고자 하는 요소들을 먼저 선택하고, 리본 메뉴에서 이동을 클릭한 다음, 뷰에서 이동의 시작점과 끝점을 클릭하여 이동할 수 있습니다. 또는 시작점을 클릭하고, 치수를 입력할 수도 있습니다.

01

프로젝트 탐색기에서 '전력간선및동력설비평면도-1층' 뷰를 활성화합니다. 뷰에서 강당의 앞서 작성한 케이블트레이 부분을 확대합니다.

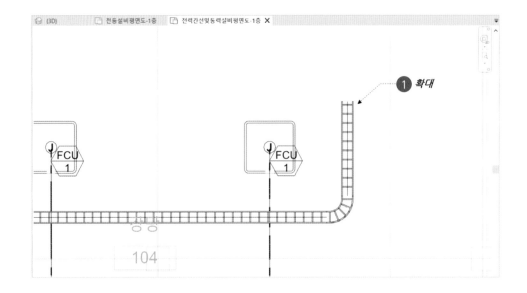

TIP

이동의 단축키 M + V

02

뷰에서 앞서 작성한 케이블 트레이를 선택합니다. 메뉴에서 수정 탭의 수정 패널에서 이동
(✥)을 클릭합니다.

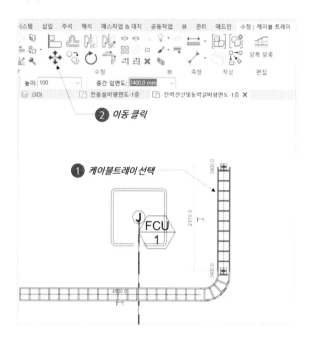

TIP

옵션바의 구속은 이
동 방향을 수직 또는
수평으로 제한, 분리는
이동시 연결된 요소(케
이블트레이   부속)과
분리하는 기능 (다중
은 복사에서 사용 가
능)

03

옵션바에서 구속, 분리 등을 사용할 수 있습니다. 뷰에서 이동의 **시작점**을 클릭합니다. 임시
치수를 참고하여 오른쪽 수평방향으로 2000이 되는 위치를 클릭합니다.

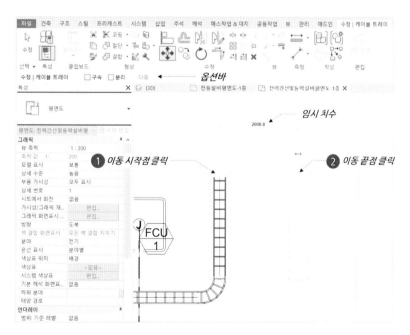

04

뷰에서 이동이 완료된 모습을 확인합니다. 케이블 트레이를 연결하는 부속도 함께 이동되는 것을 확인합니다.

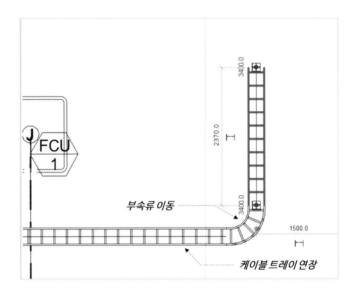

05

뷰에서 케이블 트레이 위에 마우스를 위치합니다. 케이블 트레이가 **하이라이트** 되는 것을 확인합니다.

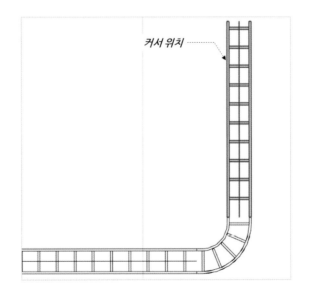

06

케이블 트레이를 드래그하여 왼쪽으로 이동합니다. 정확한 위치는 중요하지 않습니다. 요소 선택 후 키보드의 방향 키를 이용하여 요소를 이동할 수도 있습니다.

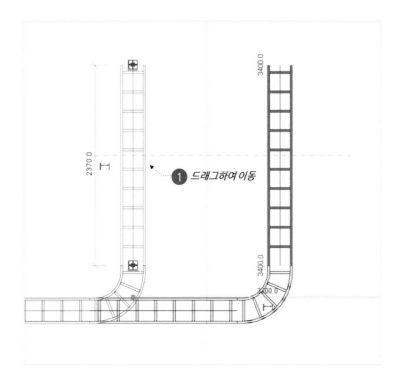

복사

복사는 선택한 요소들을 한번 또는 여러 번 복사할 수 있습니다. 복사하고자 하는 요소들을 먼저 선택하고, 메뉴에서 복사를 클릭합니다. 뷰에서 복사의 시작점과 끝점을 클릭하여 복사할 수 있습니다. 또는 시작점을 클릭하고, 치수를 입력할 수도 있습니다.

TIP

복사의 단축키 Ⓒ+Ⓞ

01

뷰에서 케이블 트레이를 선택하고, 메뉴에서 수정 탭의 수정 패널에서 복사(　)를 클릭합니다.

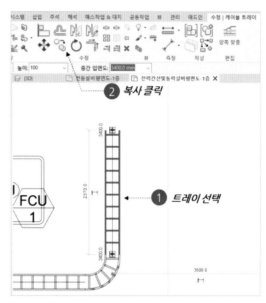

TIP

옵션바의 다중은 선택한 요소를 연속해서 여러 번 복사하는 기능

02

옵션바에서 구속, 다중 등을 사용할 수 있습니다. 뷰에서 복사의 **시작점**을 클릭합니다. 임시 치수를 참고하여 2000 되는 위치를 클릭하여 복사를 완료합니다.

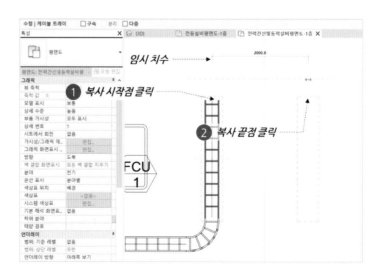

TIP

ctrl 키를 누른 상태로 드래그하면 요소를 복사할 수 있고, shift 를 누른 상태로 드래그하면 수직 및 수평 방향으로 구속할 수 있음

03

복사한 케이블트레이를 선택하거나 또는 선택된 상태에서, shift 와 ctrl 를 누른 상태로 복사한 케이블트레이를 오른쪽에 드래그하여 복사합니다.

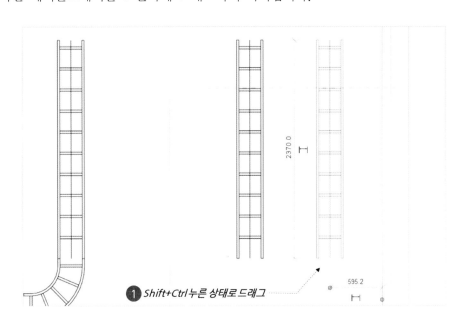

❶ *Shift+Ctrl 누른 상태로 드래그*

삭제

01

뷰에서 복사한 케이블 트레이를 선택합니다. 메뉴에서 수정 탭의 수정 패널에서 삭제 (✖)를 클릭합니다.

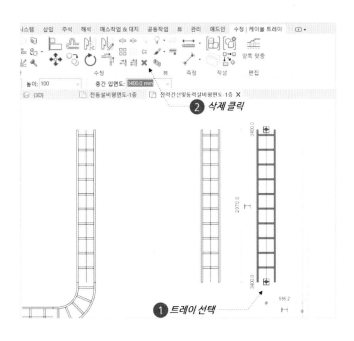

❷ *삭제 클릭*

❶ *트레이 선택*

TIP

요소의 삭제 방법은
메뉴의 삭제 버튼 클
릭 또는 키보드에서
delete 누름

02

뷰에서 케이블 트레이 부속을 선택합니다. 키보드에서 delete 버튼을 누릅니다.

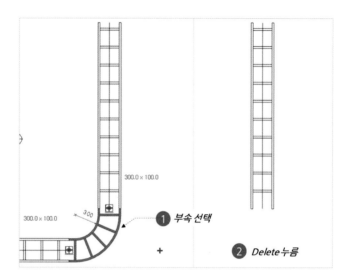

코너로 자르기/
연장

코너로 자르기/연장은 케이블트레이, 전선관 등 선 기반의 두 요소를 연장하여 코너를
형성합니다. 메뉴에서 코너로 자르기/연장 명령을 먼저 실행하고, 뷰에서 연장하고자 하는
요소를 차례로 클릭합니다.

TIP

코너로 자르기/연장의
단축키 T + R

01

뷰에서 강당 부분의 케이블 트레이 부분을 확대합니다. 메뉴에서 수정 탭의 수정 패널에서
코너로 자르기/연장(⌐.)을 클릭합니다.

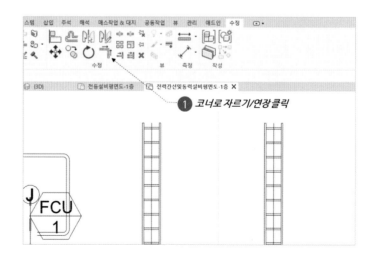

02

뷰에서 수평 케이블 트레이와 수직 케이블 트레이를 **차례로 선택**합니다.

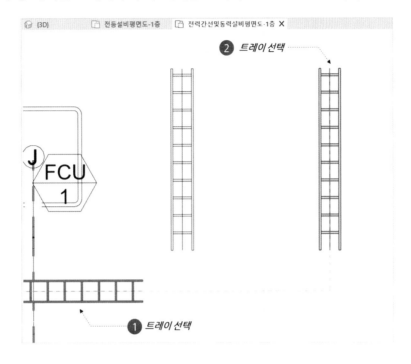

03

뷰에서 케이블 트레이가 연결된 내용을 확인합니다. 부속류가 자동으로 작성됩니다.

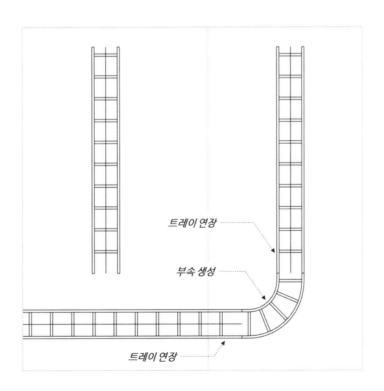

**단일요소 자르기/
연장**

하나의 요소를 다른 요소에 의해 정의된 경계까지 자르거나 연장합니다. 요소 자르기/
연장은 단일 요소와 다중 요소 명령이 있습니다.

01

메뉴에서 수정 탭의 단일 요소 자르기/연장(ᅴ)을 클릭합니다.

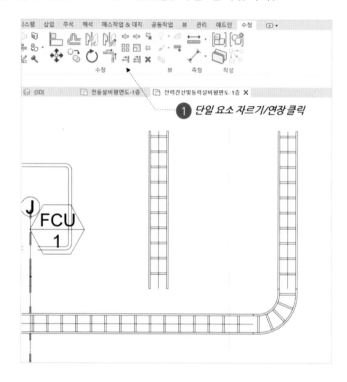

02

뷰에서 수평 케이블 트레이의 중심선을 클릭합니다. 계속해서 수직 케이블 트레이를 클릭합니다.

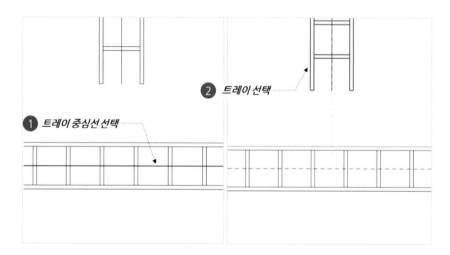

03

뷰에서 연결된 내용을 확인합니다.

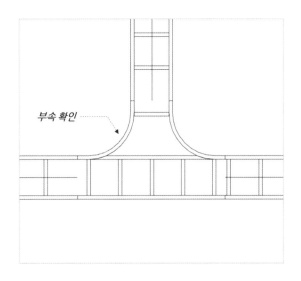

부속 확인

정렬

정렬은 한 요소를 기준으로 다른 요소들의 위치를 정렬시키는 것입니다. 메뉴에서 정렬을 먼저 클릭하고, 뷰에서 정렬의 기준이 되는 요소와 정렬하고자 하는 요소를 차례로 클릭합니다. 정렬에서는 요소의 모서리, 중심선 등을 사용할 수 있습니다.

TIP

정렬의 단축키 A + L

01

메뉴에서 수정 탭의 정렬(┗)을 클릭합니다.

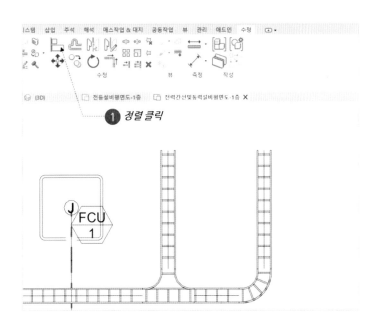

❶ 정렬 클릭

02

뷰에서 정렬의 기준으로 **수직 그리드를 선택**합니다. 정렬의 대상으로 **케이블 트레이의 모서리를 선택**합니다. 케이블 트레이의 중심선을 선택해도 됩니다.

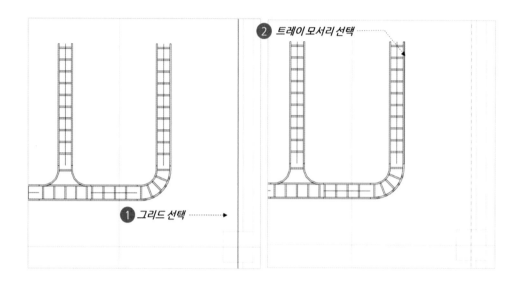

03

뷰에서 정렬된 내용을 확인합니다. 중심선을 선택했다면 중심선이 그리드에 위치할 것입니다.

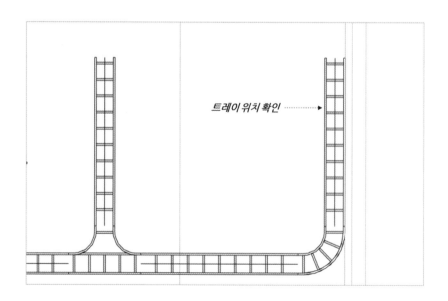

명령 취소 및 복구

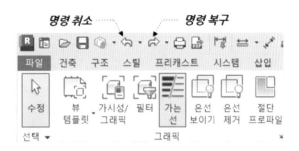

명령 취소(↺)는 가장 최근 작업을 취소합니다. 아래쪽 화살표를 클릭하여 최근 작업을 선택하고 선택한 작업을 포함하여 현재까지의 모든 작업을 취소할 수 있습니다.

명령 복귀(↻)는 가장 최근 작업을 복원합니다. 아래쪽 화살표를 클릭하여 최근 작업을 선택하고 선택한 작업을 포함하여 현재까지의 모든 작업을 복원합니다.

클립보드

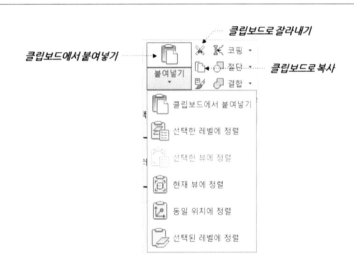

클립보드로 잘라내기는 선택한 요소를 제거하고 클립보드에 배치합니다. 요소를 클립보드에 배치한 후 붙여넣기 도구 또는 정렬로 붙여넣기 도구를 사용하여 요소를 현재 뷰, 다른 뷰 또는 다른 프로젝트에 붙여 넣을 수 있습니다.

클립보드로 복사는 선택한 요소를 클립보드에 복사합니다. 요소를 클립보드에 복사한 후 붙여넣기를 사용하여 복사한 요소를 현재 뷰, 다른 뷰 또는 다른 프로젝트에 붙여 넣습니다.

클립보드에서 붙여넣기는 클립보드에서 현재 뷰로 요소를 붙여 넣습니다. 클릭하여 요소를 원하는 위치에 배치합니다. 그런 다음 이동, 회전, 정렬 및 기타 도구를 사용하여 위치를 조정합니다. 붙여넣기는 클립보드에 복사된 요소가 있어야만 활성화됩니다. 종류는 클립보드에서 붙여넣기, 선택한 레벨에 정렬, 선택한 뷰에 정렬, 현재 뷰에 정렬, 동일 위치에 정렬, 선택된 레벨에 정렬이 있으며, 자세한 내용은 뒤에서 학습합니다.

유형 일치 특성은 동일한 뷰에 있는 다른 요소의 유형과 일치하도록 하나 이상의 요소의 유형을 일치시킵니다. 유형 일치는 하나의 뷰에서만 작동합니다. 프로젝트 뷰 사이에서 유형을 일치시킬 수 없습니다. 선택한 요소는 동일한 카테고리에 속해야 합니다.

기타 수정도구

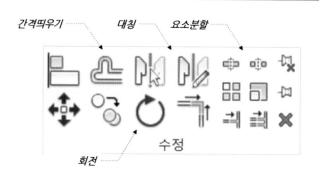

간격띄우기는 선, 케이블트레이, 전선관과 같은 선택한 요소를 해당 길이에 수직으로 지정된 거리만큼 이동하거나 복사합니다.

대칭은 축 선택과 축 그리기가 있습니다. 축 선택은 기존 선이나 모서리를 대칭 축으로 사용한 선택한 요소의 위치를 반전합니다. 축 그리기는 대칭 축으로 사용할 임시선을 그립니다. 대칭 도구를 사용하여 선택된 요소를 반전하거나 한 번에 요소 사본을 만들고 위치를 반전합니다.

요소 분할은 선택한 점에서 케이블트레이나 전선관과 같은 요소를 절단하거나 두 점 사이의 세그먼트를 제거합니다. 요소를 분할한 경우 결과 부분은 개별 요소가 됩니다. 각 요소를 다른 요소와 관계 없이 수정할 수 있습니다.

회전은 선택한 요소를 축을 중심으로 회전합니다. 평면도, 천장평면도, 입면도 등에서 요소는 뷰에 직각인 회전 축을 중심으로 회전합니다. 전등, 콘센트 등 요소의 작성 시 미리보기 상태에서 스페이스바를 누르면 90도씩 미리보기를 회전할 수 있습니다. 또한 전등, 콘센트 등의 작성된 요소를 선택하고 스페이스바를 누르면 90도씩 회전할 수 있습니다.

그룹

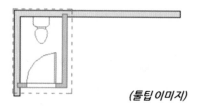

(툴팁 이미지)

그룹은 재사용하기 쉽게 요소 그룹을 작성합니다. 프로젝트나 패밀리에서 배치를 여러 번 반복해야 하는 경우 그룹을 사용합니다. 그룹은 호텔 객실, 아파트 또는 반복되는 층과 같은 많은 건물 프로젝트에 공통적인 요소들을 작성할 때 유용합니다.

그룹을 작성하거나 배치 후에 그룹을 수정할 수 있습니다. 그룹 편집기를 사용하여 프로젝트 또는 패밀리 내에서 그룹을 수정하거나 외부에서 편집할 수 있습니다. 수정 및 편집된 내용은 배치된 동일 그룹에 반영됩니다.

작성된 그룹은 프로젝트 탐색기의 그룹에서 확인 및 관리할 수 있습니다. 원하는 그룹을 우 클릭하고 복제, 모든 인스턴스 선택, 인스턴스 작성, 편집, 그룹 저장 등을 할 수 있습니다.

형상 절단 및 결합

형상 절단은 솔리드 요소에서 솔리드 요소를 절단하거나 솔리드 요소에서 보이드를 절단하는 경우처럼 형상을 절단하고자 할 때 유용합니다.

형상 결합은 벽 및 바닥과 같은 공통 면을 공유하는 두 개 이상의 호스트 요소 사이에서 결합 마무리를 작성합니다. 결합된 요소 사이에서 보이는 모서리를 제거합니다. 그러면 결합된 요소가 동일한 선 두께와 채우기 패턴을 공유합니다. 이러한 기능은 주로 건축 및 구조 모델링에 사용됩니다.

학습 완료

Chapter 03. 기본 편집 도구 학습이 완료되었습니다. 열려 있는 모든 뷰를 닫아 프로젝트를 종료합니다. 저장은 하지 않습니다.

PART

02

전기 설계

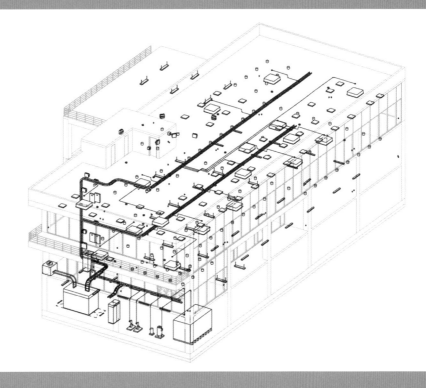

전기 프로젝트를 만들고, 조명 설비 설계, 전열 및 정보통신 설계, 전력 간선 및
동력 설계, 전기설계 검토를 학습합니다.

CHAPTER

SECTION

01 전기 프로젝트 만들기

학습내용 | 실습 프로젝트 건축 개요, 새 프로젝트 만들기, 전기 설정, 프로젝트를 시작하기 전에, 템플릿, 공유작업(팀으로 작업)

학습 결과물 예시

	예제파일	2022-06-07 오후 7:59	파일 폴더	
이미지 작업 - 피피티	2022-06-07 오후 7:53	파일 폴더	
참고자료	2022-06-06 오후 9:12	파일 폴더	
패밀리	2022-03-19 오전 1:11	파일 폴더	
건축전기 BIM 기본편 교재	2022-06-07 오후 8:00	Microsoft Word 문서	805KB
건축전기BIM기본편_건축구조_2021	2022-03-29 오후 8:44	Autodesk Revit 프로젝트	25,984KB
건축전기BIM기본편_전기통신_2021	2022-06-07 오후 8:05	Autodesk Revit 프로젝트	7,708KB

새 프로젝트 만들기

실습 프로젝트 건축 개요

실습 프로젝트는 지하1층, 지상2층의 소규모 도서관 건물입니다. 본 프로젝트는 실제 전기 및 통신 설계가 아닌 레빗 프로그램 학습을 위해 설계한 내용입니다.

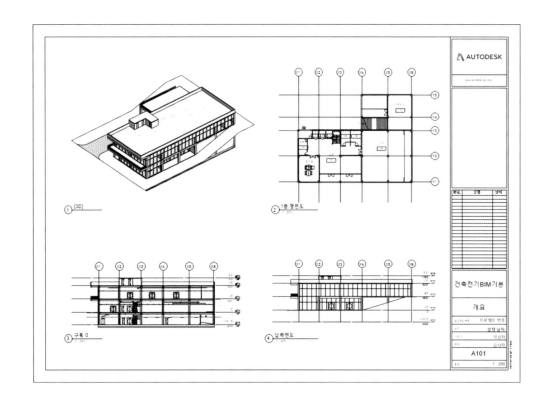

새 프로젝트 만들기

프로그램설치 시 제공되는 전기 템플릿을 이용하여 새 전기 프로젝트를 만듭니다.

01

프로그램을 실행하고, 홈 화면에서 모델의 [새로 작성]을 클릭합니다.

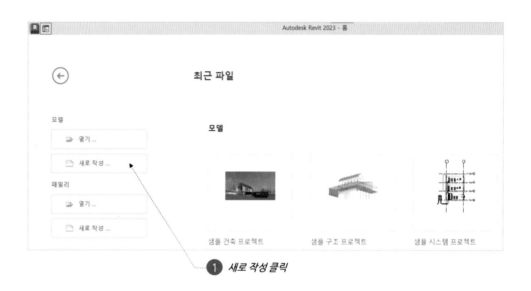

① 새로 작성 클릭

02

새 프로젝트 창에서 템플릿 파일을 '전기 템플릿'으로 선택합니다. 만약 전기 템플릿을 찾을 수 없다면, [찾아보기]를 클릭하고 예제파일을 선택합니다.

① 전기 템플릿 선택

전기 템플릿이 없다면 예제파일 사용

03

새로 작성은 기본으로 선택되어 있는 프로젝트를 그대로 사용합니다. 프로젝트 템플릿은 템플릿 파일을 만들 때 사용합니다. [확인]을 클릭합니다.

04

전기 프로젝트가 만들어지면, 1-조명 뷰가 자동으로 열립니다. 1-조명 뷰는 템플릿에 미리 작성되어 있는 뷰입니다.

05

파일을 저장하기 위해 메뉴에서 파일 탭의 [저장]을 클릭합니다.

TIP

백업 파일은 자동으로
파일이 저장된 위치에
생성되며, 이름 뒤에
0001, 0002가 붙음

06

다른 이름으로 저장 창에서 저장할 위치를 선택하고, 이름을 건축전기BIM기본편_전기
통신_2023로 입력합니다. **파일명은 프로젝트 이름, 분야, 버전을 표시합니다.** [옵션]을 클릭
하고, 파일 저장 옵션 창에서 최대 백업 수를 1로 입력하고 [확인]을 클릭합니다. 다른
이름으로 저장 창에서 [저장]을 클릭합니다.

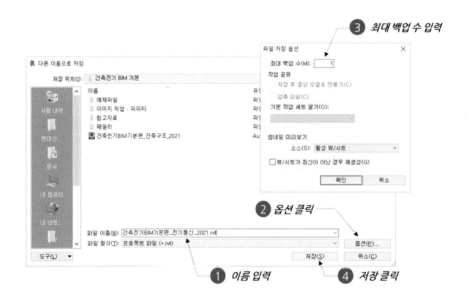

07

파일 탐색기를 열어 파일이 저장된 위치를 확인합니다. 파일 유형이 Revit 프로젝트인 것을 확인합니다.

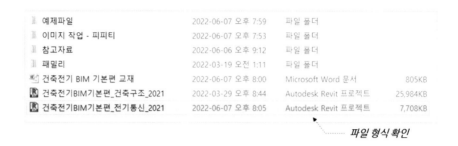

예제파일	2022-06-07 오후 7:59	파일 폴더
이미지 작업 - 피피티	2022-06-07 오후 7:53	파일 폴더
참고자료	2022-06-06 오후 9:12	파일 폴더
패밀리	2022-03-19 오전 1:11	파일 폴더
건축전기 BIM 기본편 교재	2022-06-07 오후 8:00	Microsoft Word 문서 805KB
건축전기BIM기본편_건축구조_2021	2022-03-29 오후 8:44	Autodesk Revit 프로젝트 25,984KB
건축전기BIM기본편_전기통신_2021	2022-06-07 오후 8:05	Autodesk Revit 프로젝트 7,708KB

······ 파일 형식 확인

08

프로젝트 탐색기에서 뷰의 전기를 확장하고, 전력과 조명을 확장합니다. 뷰가 전력과 조명으로 구성되어 있습니다. 이러한 구성은 분야별로 구분되는 것으로, 전체가 한번에 표시되도록 변경합니다. 프로젝트 탐색기에서 뷰(분야)를 우클릭하고, [탐색기 구성]을 클릭합니다.

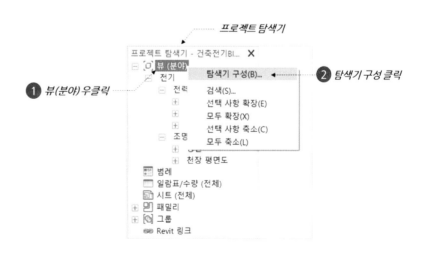

프로젝트 탐색기

① 뷰(분야) 우클릭

② 탐색기 구성 클릭

09

탐색기 구성 창에서 분야를 **전체로 체크**하고 확인을 클릭합니다. 프로젝트 탐색기가 평면, 천장 평면도, 3D뷰, 입면도로 구성되어 있는 것을 확인합니다.

TIP

레벨은 프로젝트의 층을 말함

10

프로젝트 탐색기에서 입면도를 확장하여 [남쪽-전기] 뷰를 더블 클릭하여 엽니다. 템플릿에 2개의 레벨이 미리 작성되어 있습니다.

11

뷰에서 2개의 레벨을 선택하고, 메뉴에서 수정탭의 수정 패널에서 **삭제(✖)**를 클릭합니다. 레벨을 삭제하면 해당 레벨로부터 작성된 평면도 및 천장 평면도가 함께 삭제된다는 경고가 표시됩니다. [확인]을 클릭합니다. 레벨은 건축구조 모델을 링크하여 복사할 것 입니다.

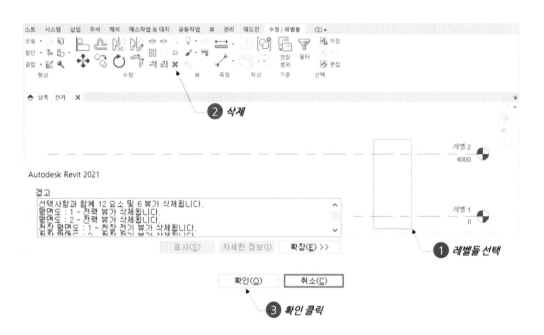

12

프로젝트 탐색기에서 평면도 및 천장 평면도가 삭제된 것을 확인할 수 있습니다. 평면도 및 천장 평면도는 레벨을 복사한 후에 다시 만들 것입니다.

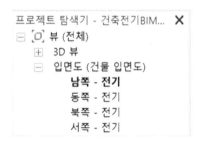

전기 설정

레빗의 전기 프로젝트는 은선, 일반, 각도, 배선, 전압, 배전 시스템, 케이블트레이, 전선관, 부하 계산, 분전반 일람표, 회로 이름 지정 등을 설정할 수 있습니다. 배전 시스템은 전기 방식으로 전등 부하는 220[V]를 사용하고 동력 부하는 380[V]를 사용하는 220/380V 방식을 설정합니다. 배선은 Part3의 전기 도면에서 설정할 것입니다.

TIP

전기 설정은 관리 탭의 설정 패널에서 MEP 설정을 확장하여 전기 설정을 클릭해도 됨

01

메뉴에서 시스템 탭의 전기 패널에서 **전기 설정**(↘)을 클릭합니다.

02

전기 설정 창의 왼쪽 구성에서 [전압 정의]를 클릭합니다. [추가]를 클릭하고 이름 220, 값 220, 최소 210, 최대 230을 입력합니다.

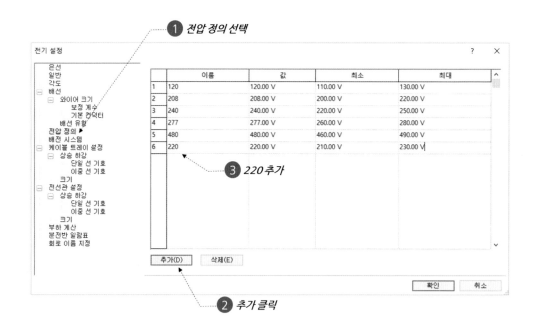

03

다시 [추가]를 클릭하고 이름 380, 값 380, 최소 370, 최대 390을 입력합니다.

	이름	값	최소	최대
1	120	120.00 V	110.00 V	130.00 V
2	208	208.00 V	200.00 V	220.00 V
3	240	240.00 V	220.00 V	250.00 V
4	277	277.00 V	260.00 V	280.00 V
5	480	480.00 V	460.00 V	490.00 V
6	220	220.00 V	210.00 V	230.00 V
7	380	380.00 V	370.00 V	390.00 V

① *380 추가*

04

왼쪽 구성에서 [배전 시스템]을 클릭합니다. [추가]를 클릭하고 이름에 220/380 3상4선식을 입력합니다. 공정 3, 구성 와이, 와이어 4, L-L전압 380, L-G전압 220을 선택합니다.

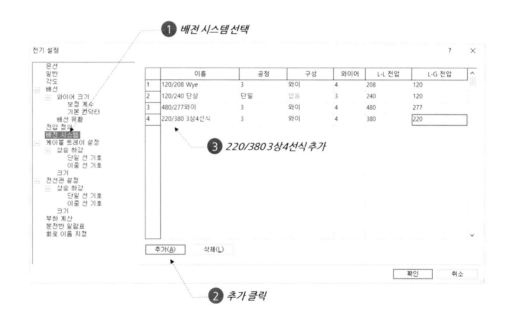

① *배전 시스템 선택*

③ *220/380 3상4선식 추가*

② *추가 클릭*

TIP

L은 사용자가 설정한 부하 분류의 약어, 1은 프로그램에서 자동으로 생성하는 회로 번호

05

회로의 이름을 L1, L2와 같이 표시되도록 설정하기 위해 [회로 이름 지정]을 클릭하고, 새 구성표(📄)를 클릭합니다.

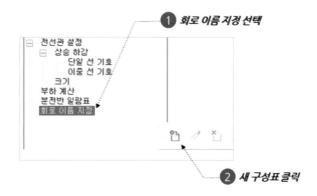

06

회로 이름 지정 체계 창에서 이름을 **부하 분류 약어**로 입력하고, 회로 매개변수에서 부하 분류 약어와 회로 이름 색인을 차례로 추가하고 [확인]을 클릭합니다.

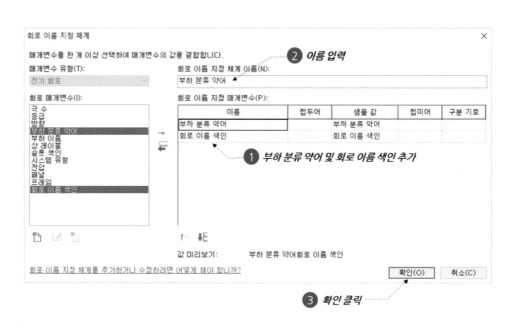

07

전기 설정 창에서 프로젝트별 – 회로 이름 지정 체계에서 앞서 만든 **부하 분류 약어**를 선택합니다. [확인]을 클릭하여 전기 설정을 완료합니다.

① 부하 분류 약어 선택

② 확인 클릭

프로젝트를 시작 하기 전에

이름	수정한 날짜	유형	크기
Ⓡ 건축전기설계BIM기본편_건축구조_2023	2022-09-1...	Autodesk Revit 프로젝트	19,952KB
Ⓡ 건축전기설계BIM기본편_기계_2023	2022-09-1...	Autodesk Revit 프로젝트	9,016KB
Ⓡ 건축전기설계BIM기본편_전기통신_2023	2022-09-1...	Autodesk Revit 프로젝트	7,984KB

레빗의 프로젝트는 3차원의 건물 모델 및 2차원의 도면 세트를 말합니다. 프로젝트를 시작하기 전에 건물의 규모에 맞게 프로젝트의 구분, 프로그램 버전 등을 미리 확인합니다. 규모에 맞는 프로젝트의 구분은 여러 건물로 구성된 프로젝트의 경우 건물 별로 프로젝트 파일을 만들거나, 대규모 건물의 경우 지상, 지하와 같이 프로젝트를 구분하여 만드는 것이 좋습니다.

레빗 프로젝트의 파일은 용량이 200MB를 넘지 않도록 권장하고 있습니다. 프로젝트 파일의 용량이 200MB를 넘을 경우 파일이 느려져 작업의 효율이 떨어집니다. 따라서 건물의 규모에 따라 프로젝트 파일을 적절히 구분하여 시작하거나, 프로젝트를 진행하면서 파일을 구분해도 됩니다.

프로그램의 버전은 상위 버전에서 작성된 프로젝트 파일을 사용할 수 없기 때문에, 프로젝트에 참여하는 모든 사용자가 같은 버전을 사용해야 합니다. 따라서 프로젝트를 시작하기 전에 건축, 구조 등의 관련 분야와 꼭 협의를 해야합니다.

템플릿

템플릿은 프로젝트의 파일을 새로 만들기 위한 시작점으로 사용됩니다. 프로그램에서 제공하는 기본 템플릿을 사용하거나 사용자 템플릿을 정의하여 회사의 표준을 적용합니다.

템플릿에는 뷰 템플릿, 로드된 패밀리, 정의된 설정 및 원하는 경우 형상을 포함할 수 있습니다. 정의된 설정은 단위, 채우기 패턴, 선 스타일, 선 두께, 뷰 축척 등을 말합니다.

템플릿 파일의 확장자는 RTE입니다. 템플릿 파일은 새 프로젝트 만들기 창에서 템플릿 파일을 선택하여 만들거나, 현재 프로젝트를 다른 이름으로 저장하기에서 템플릿을 선택하여 만들 수 있습니다.

템플릿 파일의 내용은 템플릿 파일에서 직접 작성할 수도 있으며, 특정 프로젝트에서 메뉴의 관리 탭에서 프로젝트 표준 전송 기능을 이용하여 내용을 작성할 수 있습니다.

**공유작업
(팀으로 작업)**

팀으로 작업은 여러 사용자가 하나의 레빗 프로젝트 파일을 서로 다른 부분에서 동시에 작업할 수 있는 기능입니다.

하나의 레빗 프로젝트 파일을 중앙 모델이라고 부르며, 이 중앙 모델은 네트워크(LAN, WAN 등)로 연결된 컴퓨터에 저장하거나 클라우드에 저장합니다.

모델의 서로 다른 부분은 작업 세트에서 정의합니다.
작업 세트는 외부마감, 내부마감, 가구 등과 같이 하나의 레빗 모델을 구분하여 사용자들이 해당 부분의 모델 작성합니다.

사용자들은 중앙 모델로부터 자신의 컴퓨터에 로컬 모델을 만들고, 이 로컬 모델에서 작업하며, 다른 사용자가 작성한 모델은 수정할 수 없습니다. 권한 요청을 통해서만 수정 가능합니다.
동기화는 사용자들이 작업한 모델을 중앙 모델에 반영하고, 다른 사용자에 의해 중앙 모델이 업데이트 된 경우 이러한 내용이 자신의 로컬 모델에 반영됩니다.
중앙 모델 및 로컬 모델을 만드는 것은 최초 한번만 하면 되며, 필요시 다시 만들 수 있습니다.

레빗 및 CAD 링크

학습내용 | 레빗 건축구조 모델 링크, 링크 모델의 요소 선택, 레벨 복사, 새 평면도 작성 및 입면도 위치 이동, 그리드 복사, 레빗 기계 모델 링크, CAD 링크 (가구도면), 링크 관리, 링크 메뉴, 라이브러리에서 로드

학습 결과물 예시

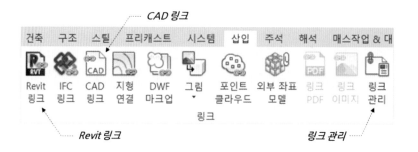

레빗 건축구조 모델 링크

전기 프로젝트는 건축, 구조, 설비 등의 모델을 링크하여 참고할 수 있습니다. 전기 장비, 장치 등 대부분의 전기 요소는 건축 및 구조 모델의 바닥, 벽, 천장 등의 요소를 참고합니다.

TIP

Revit 링크는 평면도, 3차원뷰, 입면도 등의 뷰에서 할 수 있음

01

전기 - 남쪽 뷰를 활성화합니다. 건축구조 모델을 링크하기 위해 메뉴에서 삽입 탭의 링크 패널에서 [Revit 링크]를 클릭합니다.

TIP

예제파일에서 사용자의
버전에 맞는 건축구조
모델 링크

02

RVT 가져오기/링크 창에서 예제파일의 '건축전기BIM기본편_건축구조_2023' 파일을 선택합니다. 위치에서 **자동 – 내부 원점 대 내부 원점**이 선택된 것을 확인하고, [열기]를 클릭합니다. 내부 원점은 좌표 시스템의 0,0,0인 위치입니다. 뷰의 확대 또는 축소 상태에 따라 링크한 모델이 보이지 않을 수도 있습니다.

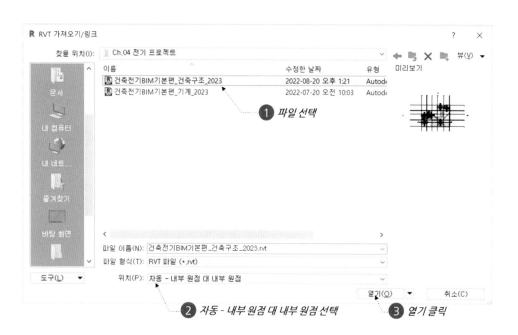

03

프로젝트 탐색기에서 3차원 뷰를 더블 클릭하여 열고, 뷰를 타일로 정렬합니다. 창에 맞게 줌( )을 클릭하여 뷰의 줌을 조정합니다.

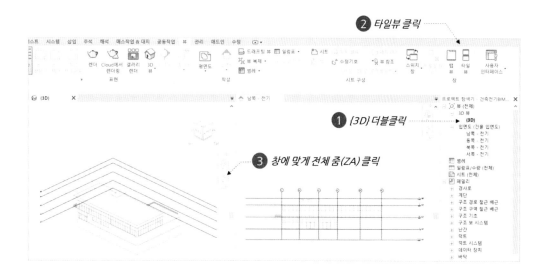

04

건축 모델이 움직이지 않도록 위치를 고정하기 위해 3차원 뷰에서 건축구조 모델을 선택합니다. 메뉴에서 수정탭의 수정 패널에서 **고정**(♛)을 클릭합니다. 뷰에서 핀이 표시되는 것을 확인합니다.

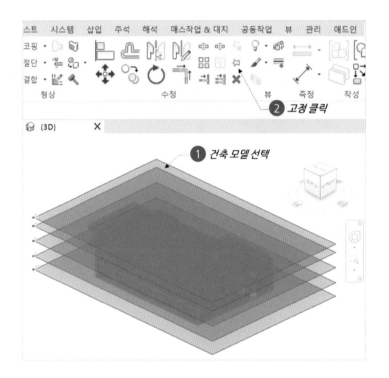

05

3차원 뷰에서 레벨들을 표시하지 않기 위해 메뉴에서 뷰 탭의 가시성 패널에서 [**가시성/그래픽**]을 클릭하고, 재지정 창에서 [주석 카테고리] 탭을 클릭합니다. 단면 상자는 체크, 레벨들은 체크 해제하고 [확인]을 클릭합니다.

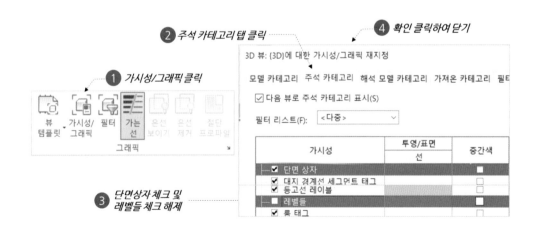

06

3차원 뷰의 특성에서 분야를 전기에서 **좌표**로 변경하고, **단면 상자**를 체크합니다.

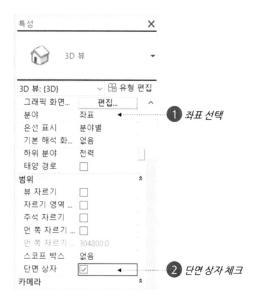

07

뷰에서 단면상자를 선택하고, 컨트롤을 조정하여 건축구조모델의 내부가 보이도록 합니다. 내부를 탐색하고 다시 3차원 뷰의 특성에서 분야를 전기로 변경하고, 단면 상자를 체크 해제합니다.

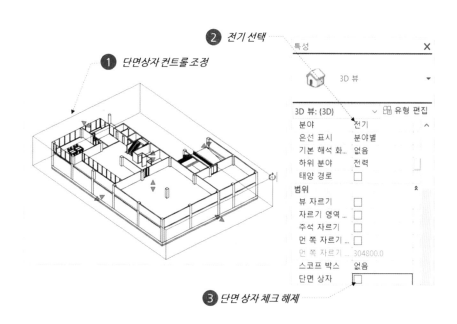

링크 모델의 요소 선택

링크된 모델의 요소는 [tab]키를 이용하여 선택할 수 있으며, 유형 특성 및 인스턴스 특성을 확인할 수 있습니다.

01

3차원 뷰에서 건축구조 모델의 기둥 위에 마우스를 위치하고 [tab]키를 누릅니다. 필요시 기둥이 하이라이트 될 때까지 [tab]키를 여러 번 누릅니다. 기둥이 하이라이트 되면 클릭하여 선택합니다. 특성 창에서 인스턴스 특성을 확인합니다.

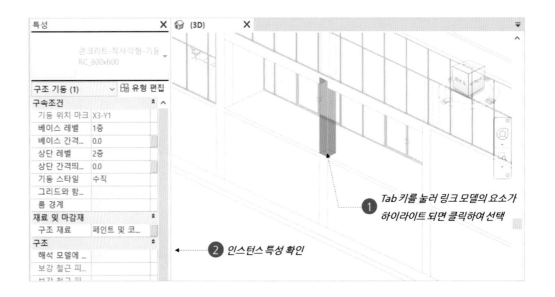

02

[유형 편집] 버튼을 클릭합니다. 유형 특성 내용을 확인할 수 있습니다. [확인]을 클릭하여 유형 특성 창을 닫습니다.

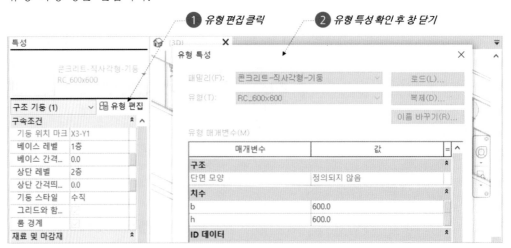

레벨 복사

레벨은 직접 만들 수도 있지만, 링크된 건축구조 모델의 레벨을 복사 및 감시하면 건축구조 모델의 레벨이 변경되었을 때 알림을 받을 수 있습니다.

01

레벨을 복사하기 위해 남쪽-전기를 활성화하고, 메뉴에서 뷰 탭의 창 패널에서 [탭 뷰]를 클릭합니다.

02

메뉴에서 공동작업 탭의 좌표 패널에서 복사/감시를 확장하여 [링크 선택]을 클릭합니다. 입면도 뷰에서 링크된 모델을 클릭합니다.

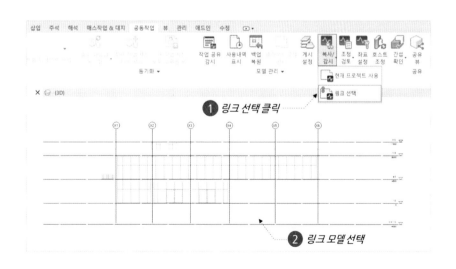

03

메뉴에서 복사/감시 탭의 도구 패널에서 [복사]를 클릭합니다. 옵션바에서 **다중**을 체크합니다.

① 복사 클릭

② 다중 체크

TIP

옵션바에서 완료를 클릭하면 메뉴의 탭이 전환되기 때문에 esc 를 누름

04

남쪽-전기 뷰에서 드래그하여 모든 레벨들을 선택합니다. 옵션바에서 [완료] 버튼을 클릭하고 esc 를 눌러 선택을 완료합니다. 다시 메뉴에서 수정 탭의 복사/감시 패널에서 [완료]를 클릭하여 레벨 복사를 완료합니다.

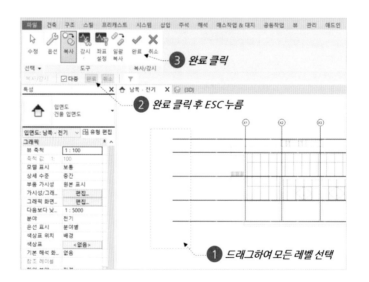

③ 완료 클릭

② 완료 클릭 후 ESC 누름

① 드래그하여 모든 레벨 선택

05

복사된 레벨을 확인하기 위해 메뉴에서 뷰 탭의 그래픽 패널에서 [가시성/그래픽]을 클릭합니다. 재지정 창에서 [Revit 링크] 탭을 클릭하고, 링크 파일을 체크 해제하고, [확인]을 클릭하여 창을 닫습니다.

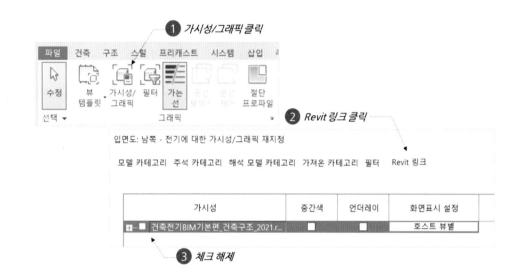

06

뷰에서 작성된 레벨들을 확인합니다. 레벨은 프로젝트의 높이 기준입니다. 레벨의 이름과 고도값을 확인합니다.

07

다시 [가시성/그래픽]을 실행하여 링크된 건축구조모델의 가시성을 체크하고 [확인]을 클릭합니다.

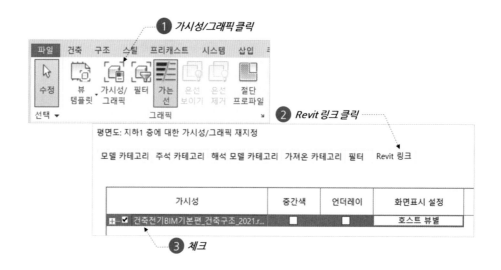

새 평면도 작성 및 입면도 위치 이동

레벨로부터 각 레벨의 평면도를 새로 작성하고, 평면도에서 입면도의 위치를 이동합니다.

01

평면도 뷰를 새로 작성하기 위해 메뉴에서 뷰 탭의 작성 패널에서 평면도를 확장하여 **[평면도]**를 클릭합니다. 새 평면도 창에서 [유형 편집]을 클릭합니다.

TIP

뷰 템플릿은 뒤에서 학습

02

유형 특성 창에서 [전기 평면도] 버튼을 클릭합니다. 뷰 템플릿 지정 창에서 〈없음〉을 선택하고, [확인]을 클릭합니다. 유형 특성 창도 [확인]을 클릭합니다.

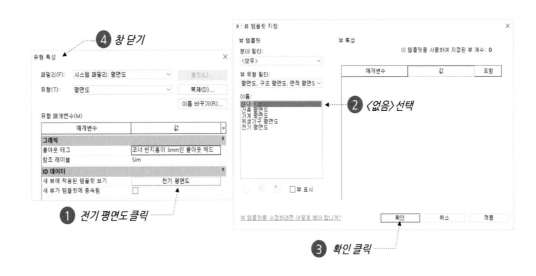

03

새 평면도 창에서 1층, 2층, 지하1층을 선택하고, [확인]을 클릭합니다. ctrl를 누르면 여러 층을 선택할 수 있습니다.

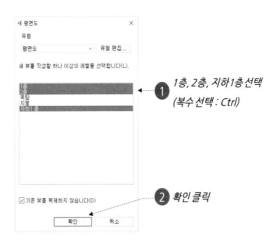

TIP

뷰를 직접 열지 않아도
특성을 설정할 수 있음

04

뷰에 지하1층 평면도가 자동으로 열립니다. 프로젝트 탐색기에서 추가된 1층, 2층, 지하1층을
모두 선택하고, 특성 창에서 **상세 수준은 [중간], 분야는 [전기]**를 선택합니다. ctrl 를
이용하여 프로젝트 탐색기에서 여러 뷰를 한 번에 선택할 수 있습니다.

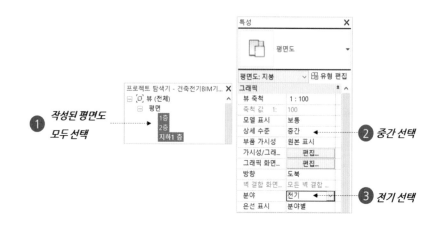

05

뷰에서 입면도의 위치가 건물 내부에 있는 것을 확인할 수 있습니다. 입면도는 건물 외부에
위치해야 정확하게 입면을 표시할 수 있습니다. **드래그하여 입면도를 선택합니다.** 건축구조
모델의 비어 있는 부분을 드래그의 시작점으로 합니다.

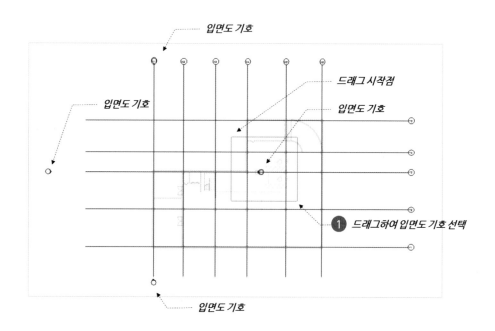

06

입면도가 선택된 상태에서 **드래그하여 입면도를 건물 밖으로 이동**합니다. 정확한 위치는 중요하지 않습니다.

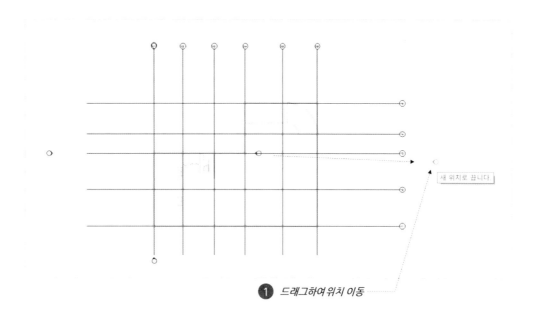

① 드래그하여 위치 이동

새 위치로 끕니다.

07

같은 방법으로 다른 입면도의 위치를 수정합니다. 정확한 위치는 중요하지 않습니다. 입면도의 위치는 다른 층의 평면도에 자동으로 적용됩니다.

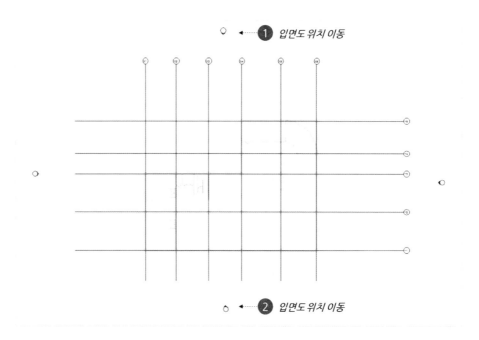

① 입면도 위치 이동

② 입면도 위치 이동

그리드 복사

건축구조모델에서 레벨을 복사한 방법과 같이 그리드를 복사합니다.

01

지하1층 평면도를 열고, 메뉴에서 공동작업 탭의 좌표 패널에서 복사/감시를 확장하여 [**링크 선택**]을 클릭합니다. 뷰에서 링크한 건축구조모델을 클릭합니다.

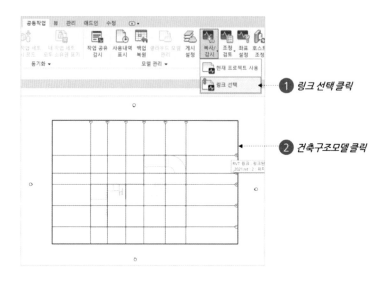

02

메뉴에서 복사/감시 탭의 도구 패널에서 [**복사**]를 클릭합니다. 옵션바에서 다중을 체크하고, 뷰에서 그리드를 모두 선택합니다.

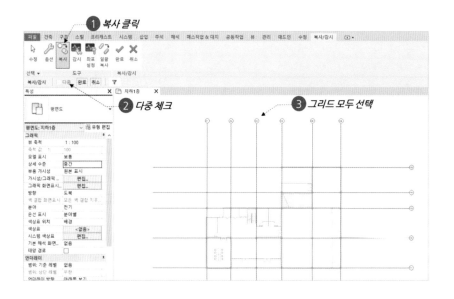

03

옵션바에서 [완료]를 클릭하고 esc 를 누릅니다. 다시 메뉴에서 [완료]를 클릭하여 복사를 완료합니다.

04

뷰에서 복사한 그리드를 선택하면 감시 아이콘이 표시됩니다.

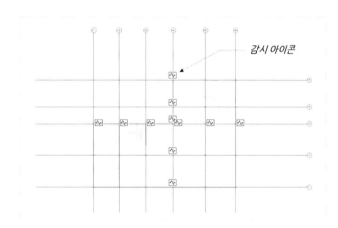

감시 아이콘

레빗 기계 모델 링크

건축구조 모델과 같은 방법으로 기계 모델을 링크하여 전기 모델 작성에 참고 및 활용합니다.

01

3차원 뷰를 활성화고, 3차원 뷰의 [가시성/그래픽]을 실행하여 모델 카테고리에서 기계 장비를 체크하고 [확인]을 클릭합니다.

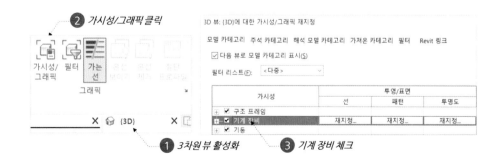

02

건축구조 모델과 같은 방법으로 예제파일의 기계모델을 링크합니다.

03

TIP

기계 모델 선택에서
필요시 tab 키 이용

링크된 기계 모델을 움직이지 않도록 고정하기 위해, 기계 모델을 선택하고 메뉴에서 수정 탭의
수정 패널에서 **고정**( )을 클릭합니다. 링크된 기계모델을 탐색합니다. 기계모델은 기계
실의 장비, 각 실의 에어컨, 화장실 휀으로 구성되어 있습니다.

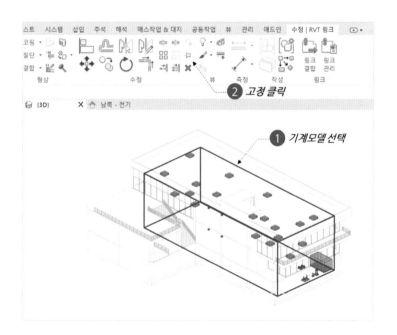

CAD 링크
(가구도면)

CAD 파일을 링크하여 참고하거나 요소 작성 시 활용할 수 있습니다.

01

프로젝트 탐색기에서 [2층 평면도]를 더블 클릭하여 엽니다. 메뉴에서 삽입 탭의 링크 패널에서 [CAD 링크]를 클릭합니다. CAD 형식 링크 창에서 '건축전기BIM기본편_CAD링크 파일'을 선택합니다.

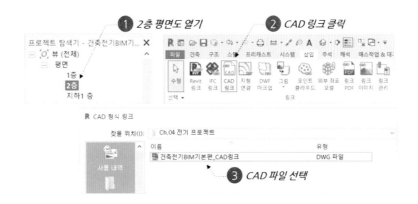

02

CAD형식 링크 창에서 '현재 뷰만'을 체크합니다. '현재 뷰만'을 체크를 하지 않으면 프로젝트에 있는 모든 뷰에 표시되어 불편하게 됩니다. [열기]를 클릭합니다.

03

뷰에 CAD가 자동으로 배치됩니다. CAD에는 열람실의 가구가 작성되어 있습니다. 배치되는 위치는 CAD의 원점(0,0)이 레빗의 원점(0,0)에 배치됩니다. CAD의 위치를 수정하기 위해 CAD를 선택하고 고정을 클릭하여 해제합니다.

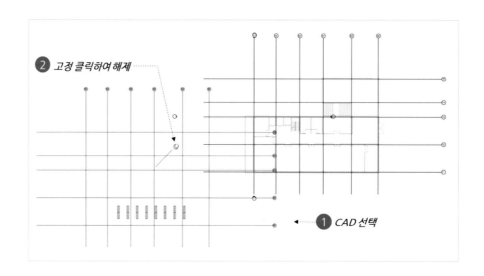

04

CAD가 선택된 상태에서 메뉴에서 수정 탭의 수정 패널에서 **이동(✛)**을 클릭합니다. 뷰에서 그리드의 교차점을 이동의 시작점과 끝점으로 클릭하여 이동합니다.

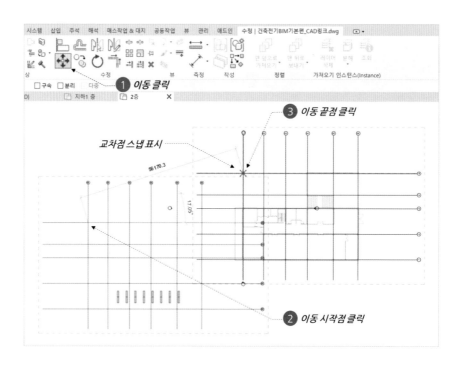

05

CAD의 이동이 완료되면, 움직이지 않도록 뷰에서 **고정(⁺☆)**을 클릭합니다.

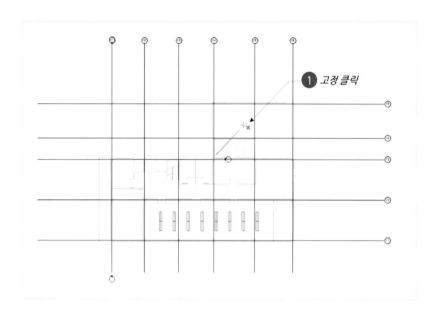

링크 관리

링크된 레빗 및 CAD 파일의 다시 로드, 언로드 등의 관리는 링크 관리에서 할 수 있습니다.

01

메뉴에서 삽입 탭의 링크 패널에서 [링크 관리]를 클릭합니다.

02

링크 관리 창의 [Revit] 탭에서 링크된 내용을 확인합니다. 경로 재지정, 다시 로드, 언로드
등을 할 수 있습니다.

1 Revit 탭 클릭

03

[CAD 형식] 탭을 클릭합니다. 링크된 내용을 확인합니다. 경로 재지정, 다시 로드, 언로드
등을 할 수 있습니다. [확인]을 클릭하여 창을 닫습니다.

1 CAD 형식 탭 클릭

2 확인 클릭

04

화면 오른쪽 아래의 선택 옵션에서 링크 선택(⬚)을 클릭하여 비활성화 합니다. 아이콘에
X가 표시되면 비활성화 된 것입니다. 링크 선택을 비활성화하면 뷰에서 링크 모델을
선택할 수 없습니다.

1 링크 선택 클릭

링크 메뉴

IFC링크는 IFC 파일을 현재 프로젝트에 링크하여 해당 정보를 추가 설계 작업에 참조합니다. 나중에 원래 IFC 파일을 변경하고 링크를 다시 로드하면 프로젝트가 IFC 파일의 변경사항을 반영하도록 업데이트됩니다.

지형 연결은 기존 지형을 현재 Revit 모델에 링크합니다. 토목 엔지니어가 토목 엔지니어링 소프트웨어(예 : Autodesk Civil 3D)를 사용하여 지형을 작성한 경우, 지형을 사용하여 건물 모델의 컨텍스트를 제공하려면 이 도구를 사용합니다. 토목 엔지니어가 표면을 게시해야 사용자가 표면을 Revit 모델에 링크할 수 있습니다.

DWF마크업은 마크업된 DWF 파일을 Revit 프로젝트에 링크하여 해당 시트에 마크업을 표시할 수 있습니다. DWF 마크업은 가져오기 기호로 Revit 프로젝트의 시트에 배치됩니다. 마크업은 한 위치에 고정되므로 이동하거나 수정할 수 없습니다.

그림 배치는 렌더링을 위해 건물 모델의 표면에 이미지를 배치합니다. 그림은 2D 및 3D 직교 뷰의 평평한 표면 또는 원통형 표면에 배치할 수 있습니다.

포인트 클라우드는 현재 프로젝트에 점 구름 파일(rcp 또는 rcs)을 링크합니다. 점 구름 도구는 프로젝트에서 사용할 원시 형식 점 구름 파일을 색인 처리하기 위해 사용할 수도 있습니다. 프로젝트에 링크되면 점 구름은 모델 요소를 배치하거나 편집하는 경우 참조를 제공할 수 있습니다.

외부 좌표 모델은 NWD 또는 NWC 파일을 링크하여 Revit 모델에 대한 컨텍스트를 제공합니다. 이 기능을 사용하면 조정 목적으로 Revit 모델을 Revit이 아닌 모델과 비교할 수 있습니다. 이 도구를 사용하여 외부 좌표 모델 연결을 관리할 수도 있습니다.
링크 PDF는 모델 뷰에 PDF 링크를 삽입합니다. PDF는 2D 뷰에서만 링크할 수 있으며, 3D 뷰에서는 링크할 수 없습니다.

가져오기(CAD, gbXML, PDF, 이미지)는 링크와 같이 외부 데이터를 가져오는 기능으로 링크와는 달리 원본 파일이 변경된 경우 업데이트 되지 않습니다. 또한 가져오기는 프로젝트 파일의 용량을 링크 방식보다 더욱 증가시킵니다.

라이브러리에서 로드

패밀리 로드는 현재 파일에 Revit 패밀리를 로드합니다. 로컬 라이브러리 또는 네트워크 라이브러리에서 패밀리를 로드할 수 있습니다. 설치된 콘텐츠가 없는 경우 무료 체험판 설치 부분을 참고하여 웹에서 샘플 컨텐츠를 다운로드 및 설치해야 합니다.

Autodesk 패밀리 로드는 클라우드에서 Autodesk 패밀리를 로드합니다. 기본 Revit 라이브러리에서 Autodesk 패밀리의 클라우드를 검색하여 활성 문서로 로드합니다.

Autodesk 컨텐츠 가져오기는 웹사이트를 열어 Autodesk 샘플 컨텐츠를 다운로드합니다. 지원되는 모든 언어 및 로케일에 대한 Autodesk 샘플 패밀리 템플릿, 프로젝트 템플릿 및 패밀리 라이브러리를 다운로드합니다.

그룹으로 로드는 Revit 파일을 그룹으로 로드합니다. 요소 그룹을 작성한 다음 해당 그룹을 프로젝트나 패밀리에 여러번 배치할 수 있습니다. RVT 파일을 프로젝트에 그룹으로 로드할 수 있습니다. RFA 파일을 패밀리 편집기에 그룹으로 로드할 수도 있습니다.

파일에서 삽입은 일람표, 드래프팅 뷰 및 2D 상세와 같은 다른 프로젝트의 뷰를 재 사용할 수 있습니다. 일반적으로 사용되는 2D 상세 요소, 드래프팅 뷰 및 일람표 템플릿의 라이브러리를 작성하고 Revit 파일에 저장할 수 있습니다. 그런 다음 삽입 도구를 사용하여 작업을 반복하지 않고 이러한 상세 정보를 다른 프로젝트에 통합할 수 있습니다.

SECTION

03

공간 작성

학습내용 | 공간 개요, 링크 모델의 룸 경계 체크 및 확인, 공간 구분 선, 공간 작성, 이름 및 번호 복사

학습 결과물 예시

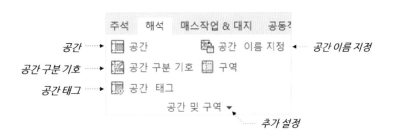

공간 개요

공간은 사무실, 회의실, 화장실 등과 같이 실을 구분하는 기능입니다. 건축 모델에서는 이러한 기능으로 룸을 사용하고, 전기 및 기계 모델에서는 공간을 사용합니다. 공간을 사용하면 조명 설비, 콘센트 등의 기구가 배치된 위치를 일람표에 자동으로 표시할 수 있습니다. 또한 조명 설계에서 평균 조도를 분석할 수 있습니다.

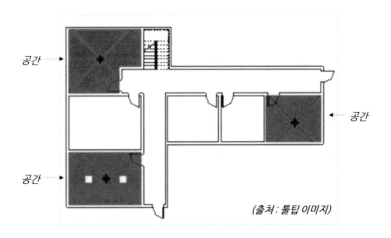

링크 모델의 룸
경계 체크 및 확인

공간은 벽으로 구획된 부분에 자동으로 배치할 수 있습니다. 건축 모델에 작성된 벽을 공간 구획에 사용할 수 있습니다.
벽으로 구획되지 않은 부분은 공간 구분선을 직접 작성하여 공간을 구획할 수 있습니다.

TIP

선택 옵션은 화면의
오른쪽 아래에 있음

01

3차원 뷰를 활성화하고, 선택옵션에서 링크 선택(📍)을 활성화합니다. 뷰에서 링크된 건축구조 모델을 선택합니다. 특성 창에서 [유형 편집]을 클릭합니다.

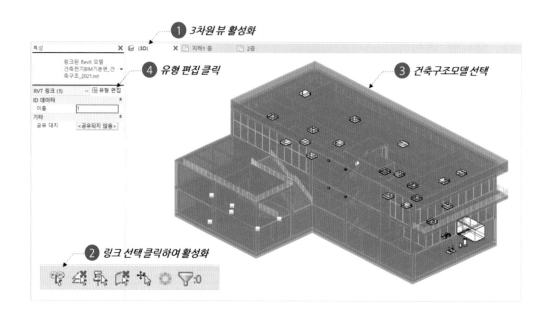

TIP

링크된 건축구조모델의
룸 경계가 체크 안되면
공간 작성 불가

02

유형 특성 창에서 룸 경계를 체크하고 [확인]을 클릭합니다. 다시 선택 옵션에서 링크 선택(📍)을 클릭하여 비활성화합니다.

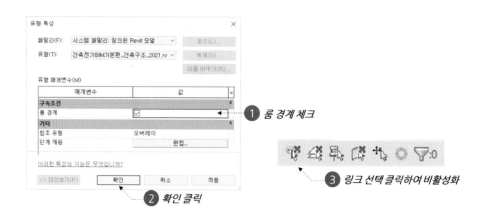

전기 프로젝트 만들기 | 렌빗 및 CAD 링크 | 공간작성

TIP

가시성/그래픽 실행의
단축키는 Ⓥ+Ⓖ 또는
Ⓥ+Ⓥ

03

건축구조모델에 작성된 룸을 확인하기 위해 프로젝트 탐색기에서 지하1층 평면도를 열고,
가시성/그래픽을 실행하여 룸의 '내부채우기'와 '참조'를 체크하고 [확인]을 클릭합니다.

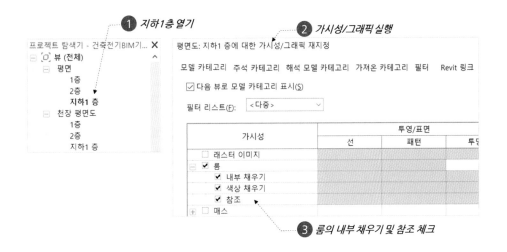

04

뷰에서 건축구조모델에 작성된 룸을 확인합니다.

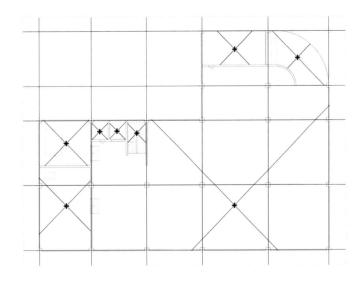

05

다시 '가시성/그래픽'을 실행하고, 룸을 체크 해제하고 [확인]을 클릭합니다.

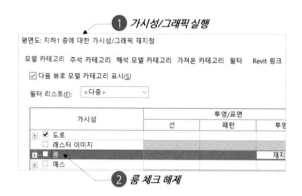

공간 구분 선

벽으로 둘러 쌓인 부분은 공간 및 룸을 자동으로 작성할 수 있습니다. 벽으로 구분되지 않는 부분은 구분 선을 작성하여 공간 및 룸을 구분할 수 있습니다.

01

계단실과 주차장을 구분하기 위해 메뉴에서 해석 탭의 공간 및 구역 패널에서 [공간 구분 기호]를 클릭합니다. '수정 | 배치 공간 구분' 탭의 그리기 패널에서 선(▧)을 클릭하고, 뷰에서 계단의 양쪽 끝을 클릭하여 선을 작성합니다. esc 를 눌러 완료합니다.

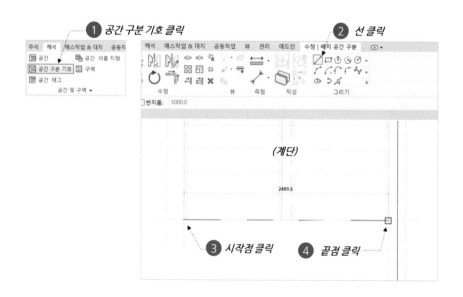

02

계속해서 램프의 시작 부분에 **공간 구분 선**을 작성합니다.

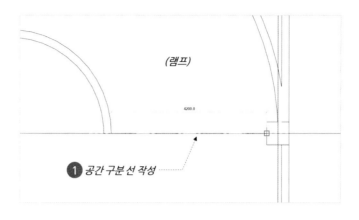

(램프)

4200.0

1 공간 구분 선 작성

03

같은 방법으로 1층과 2층의 계단실에 **공간 구분 선**을 작성합니다.

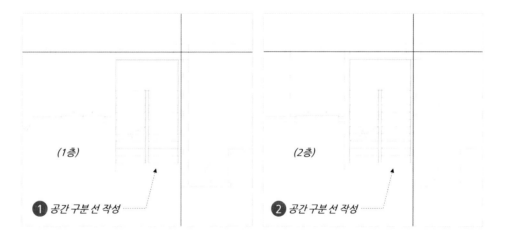

(1층)

1 공간 구분 선 작성

(2층)

2 공간 구분 선 작성

공간 작성

공간 작성은 자동 기능을 이용하여 해당 층에 모든 공간을 한 번에 작성합니다.

01

지하1층 평면도를 열고, 해석 탭의 공간 및 구역 패널에서 [공간]을 클릭합니다.

1 지하1층 열기

2 공간 클릭

TIP

옵션바의 상한값 및 간격
띄우기는 공간의 상단
높이를 설정하기 위한
내용

02

옵션바에서 상한값은 해당 층 선택, 간격띄우기는 층고 4000을 입력합니다. 메뉴에서 수정 탭의 태그 패널에서 **태그 삽입**이 선택된 것을 확인합니다. 메뉴에서 수정 | 배치 공간 탭의 공간 패널에서 **[자동으로 공간 배치]**를 클릭합니다.

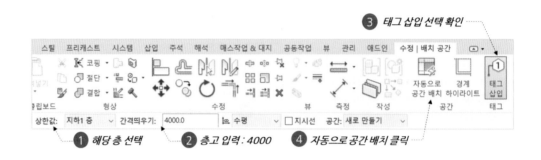

03

뷰에 작성된 공간이 표시되고, 9개의 공간이 자동으로 작성되었다는 창이 표시됩니다. [닫기]를 클릭합니다.

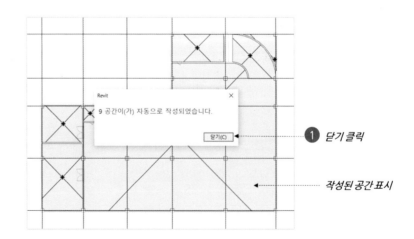

04

뷰에서 각 실의 가장자리에 마우스를 위치하면 공간의 미리보기가 표시됩니다. 미리보기를 클릭하여 **공간을 선택**합니다. 특성에서 공간의 정보를 확인할 수 있습니다. 공간 태그는 공간의 이름 및 번호를 표시합니다.

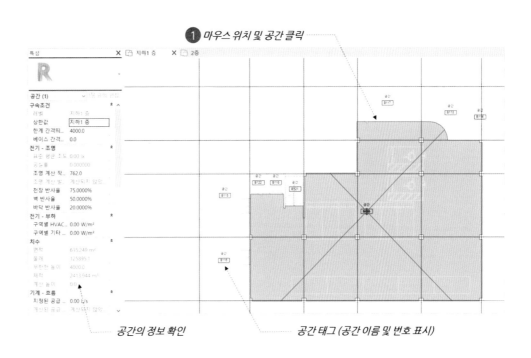

① 마우스 위치 및 공간 클릭

공간의 정보 확인   공간 태그 (공간 이름 및 번호 표시)

TIP

공간의 가시성/그래픽에서 내부는 해당 뷰에 공간 색상 표현, 색상 채우기는 색상표 사용, 참조는 각 공간에 X선 표시

05

뷰에서 공간의 가시성을 변경하기 위해 [가시성/그래픽]을 실행합니다. 재지정 창에서 공간을 확장하여 내부를 체크하고 [확인]을 클릭하여 창을 닫습니다.

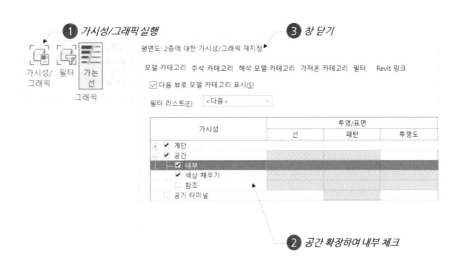

① 가시성/그래픽 실행   ③ 창 닫기

② 공간 확장하여 내부 체크

06

뷰에서 공간에 색상이 적용된 것을 확인할 수 있습니다. 불필요한 공간을 삭제하기 위해
빈 공간을 선택하고, delete 를 눌러 삭제합니다. 화면 오른쪽 아래에 경고 창이 표시됩
니다. 공간을 일람표에서 삭제해야 완전히 삭제된다는 내용입니다. [닫기]를 클릭합니다.

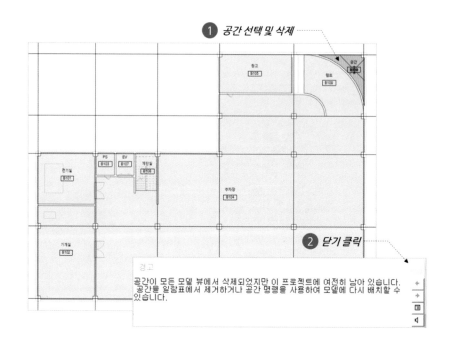

07

같은 방법으로 1층과 2층의 공간을 작성하고, 공간의 가시성을 설정합니다. 공간 작성 시 옵션
바에서 간격띄우기 값을 1층과 2층 모두 4500으로 설정합니다.

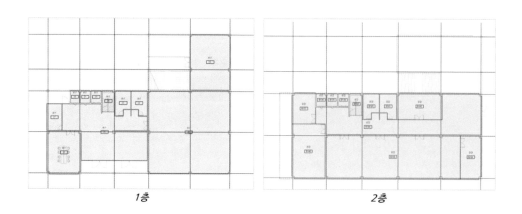

이름 및 번호 복사   공간이 자동으로 배치되면 공간의 이름 및 번호가 자동으로 입력됩니다. 건축 모델로부터 이
름 및 번호를 가져올 수 있습니다. 이를 위해서는 건축 모델에 룸 작성되어 있어야 합니다.

01

지하1층 평면도를 열고, 메뉴에서 해석 탭의 공간 및 구역 패널에서 [공간 이름 지정]을 클릭합니다. 공간 이름 지정 창에서 옵션과 선택은 그대로 사용하여 [확인]을 클릭합니다.

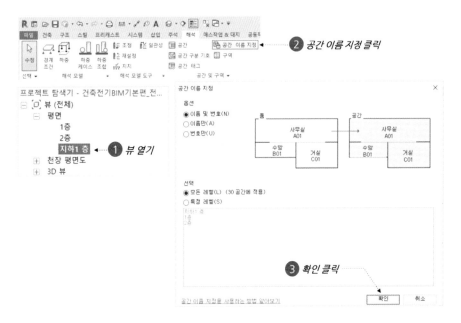

02

뷰에서 공간의 이름과 번호가 변경된 것을 확인합니다.

학습 완료

Chapter 04. 전기 프로젝트 학습이 완료되었습니다. 열려 있는 모든 뷰를 닫아서 프로젝트를 종료합니다. 필요시 파일을 다른 이름으로 저장합니다.

SECTION

01 조명 설비 배치

학습내용 | 조명 설비 패밀리 탐색, 천장 평면도 작성, 조명설비 배치(패턴 천장), 조명 설비 배치(패턴 없는 천장), 조명설비 배치(슬라브 및 보 하단), 조명설비 배치(참조 평면), 조명설비 배치(벽), 스위치 패밀리 탐색, 바닥 높이 확인, 스위치 배치 스위치 배치

학습 결과물 예시

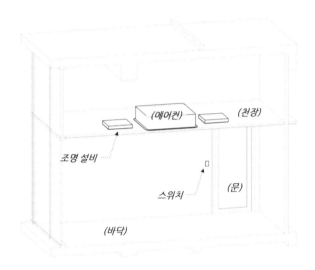

학습 시작

홈 화면에서 [열기]를 클릭하거나 또는 파일 탭의 [열기]를 클릭하고, 예제파일에서 `Chapter 05. 조명 설비 설계 시작` 파일을 엽니다.

조명 설비 패밀리 탐색

조명 설비 패밀리는 형태에 따라 사각, 원형, 펜던트 등이 있습니다. 각 조명 설비 패밀리는 3차원 형상, 광원, 기호 등으로 구성되어 있습니다.

01

메뉴에서 파일 탭의 [열기]에서 [패밀리]를 클릭합니다.

02

열기 창에서 매입형 '**사각 조명 패밀리**'를 선택하고, [열기]를 클릭합니다.

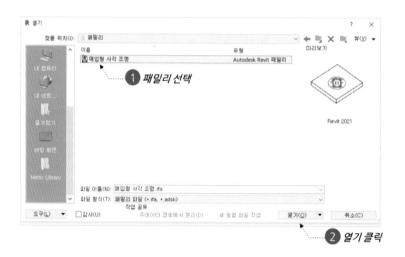

프로젝트와 패밀리 편집
상태의 구분은 파일 이름
또는 메뉴 구성의 차이를
통해 알 수 있음

03

패밀리 파일이 열리면 뷰1이 자동으로 열리고, 메뉴의 탭이 **패밀리 작성 및 편집**을 위한 메뉴로
변경됩니다. 프로젝트 탐색기는 프로젝트와 비슷하게 뷰, 패밀리 등이 표시됩니다.

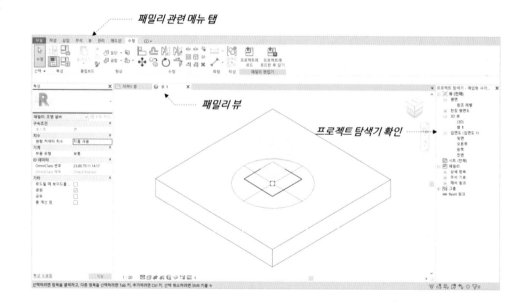

TIP

측광웹을 사용해야 평
균조도 계산 가능, 평균
조도는 뒤에서 학습

04

뷰에서 광원을 선택하고, 특성에서 **광원 정의**의 [편집] 버튼을 클릭합니다. 광원 정의 창에서
광원의 형태를 설정할 수 있습니다. 측광웹을 선택할 경우 사용자 정의 광원인 IES 파일을
사용할 수 있습니다. 변경 없이 [확인]을 클릭하여 창을 닫습니다.

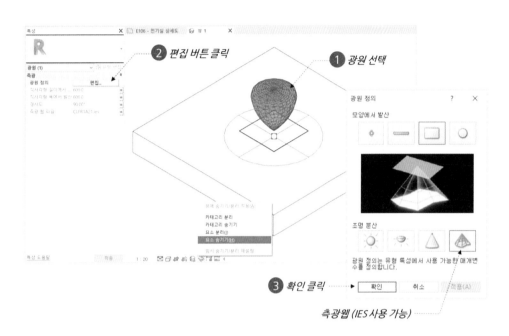

05

광원이 선택된 상태에서 뷰 조절 막대에서 **임시 숨기기/분리**(🔲)를 클릭하고, [요소 숨
기기]를 클릭합니다.

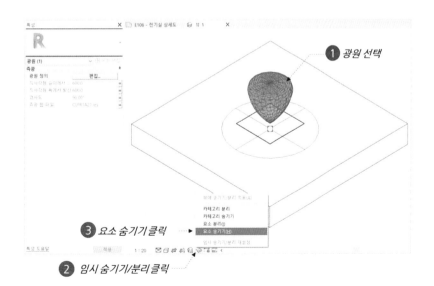

06

뷰에 **임시 숨기기** 상태가 표시되는 것을 확인할 수 있습니다. **커넥터**를 선택하고, 특성 창을 확인합니다. 커넥터는 시스템 유형, 부하 분류, 전압, 부하 등 요소의 전기적 특성을 나타냅니다. =으로 표시된 것은 유형 특성과 연결된 것으로 유형 특성은 뒤에서 확인할 것입니다. 커넥터를 임시 숨기기합니다.

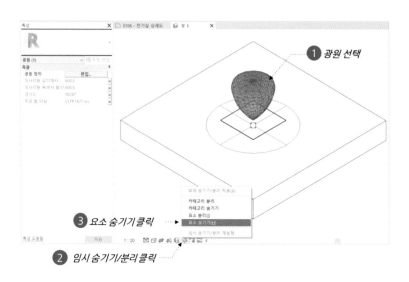

07

바탕 형상을 선택하고, 뷰 조절 막대에서 **임시 숨기기/분리**(🔌)를 클릭하고, [요소 숨기기]를 클릭합니다. 바탕 형상은 패밀리 편집에서만 표시되고, 프로젝트에서는 표시되지 않습니다.

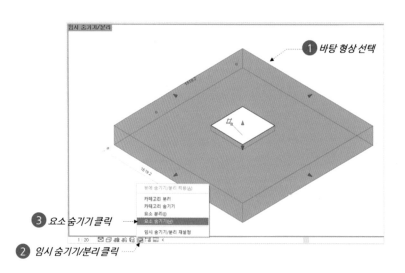

TIP

RCP는 Reflected Ceiling Plan의 약자로 반사된 천장 평면도를 말함

08

3차원 조명의 형상은 **커버와 박스**로 구성되어 있습니다. 2개의 형상을 모두 선택하고, 메뉴에서 수정 탭의 모드 패널에서 [가시성 설정]을 클릭합니다. 패밀리 요소 가시성 설정 창에서 평면/RCP가 체크 해제되어 있는 것을 확인합니다. 평면에서는 3차원 형상 대신 기호를 표시됩니다. [확인]을 클릭하여 창을 닫습니다.

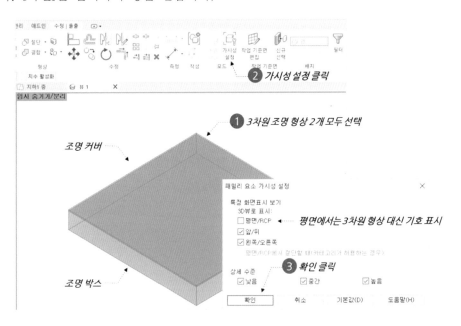

TIP

참조평면은 3차원 형상, 치수 등을 참조할 수 있는 무한한 평면으로 프로젝트에서는 표시되지 않음, 크기 매개변수는 3차원 형상의 크기를 치수를 이용하여 변경 가능

09

프로젝트 탐색기에서 [참조 레벨]을 더블 클릭하여 엽니다. 참조 레벨은 평면으로 형상의 크기를 변경할 수 있는 **참조 평면과 크기 매개변수**가 작성되어 있습니다. 레빗은 치수 및 매개변수를 이용하여 형상을 변경할 수 있습니다.

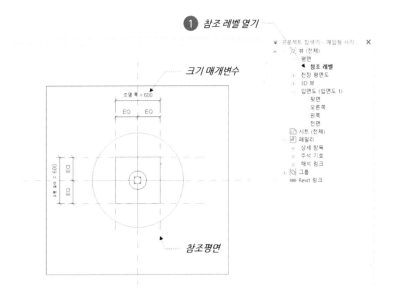

10

메뉴에서 수정 탭의 특성 패널에서 **패밀리 유형**(⊞)을 클릭합니다. 패밀리 유형 창에서 유형을 새로 만들고, 특성을 설정할 수 있습니다. 프로젝트에서는 기존 유형을 복제하여 새 유형을 만들고, 유형 특성을 수정할 수 있습니다. 부하 분류, 전압, 부하 등의 전기적 특성을 설정할 수 있습니다.

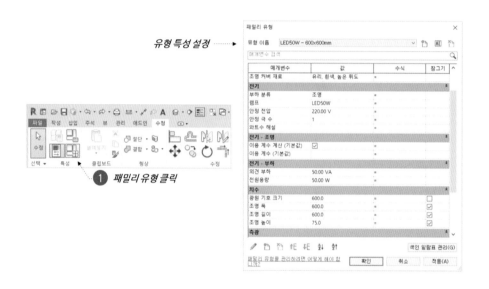

11

TIP

적용 버튼은 창을 닫지 않고 변경 사항을 뷰에 반영하는 기능

치수에서 조명 길이를 1200으로 입력하고, [적용] 버튼을 클릭합니다. 뷰에서 조명 길이 및 형상이 변경되는 것을 확인합니다.

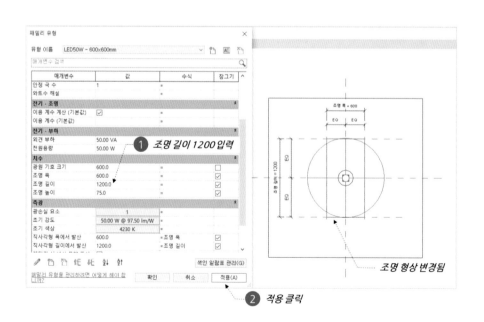

12

조명 길이를 다시 600으로 변경하고 [확인]을 클릭합니다.

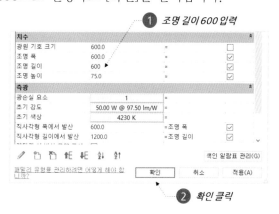

① 조명 길이 600 입력

② 확인 클릭

TIP

기호는 3차원 뷰에서는
표시되지 않고, 평면뷰
에서만 표시됨

13

뷰에서 기호를 선택합니다. **기호**는 평면도에서 조명의 크기와 타입을 표시합니다. 뷰 조절
막대에서 **임시 숨기기/분리(**🕶**)**를 클릭하고, [요소 분리]를 선택합니다.

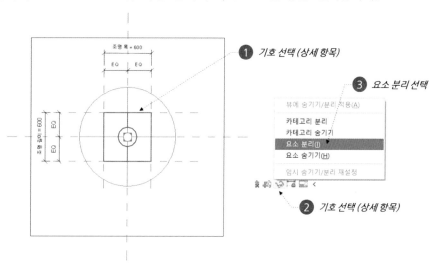

① 기호 선택 (상세 항목)

③ 요소 분리 선택

② 기호 선택 (상세 항목)

TIP

기호 패밀리는 조명 기
구 등의 범례 작성에도
사용됨
범례 작성은 뒤에서
학습함

14

뷰에서 조명 기호를 확인합니다. 기호 역시 상세 항목이라는 패밀리입니다. 패밀리 안에 다른
패밀리를 로드하여 사용할 수도 있습니다.

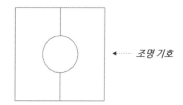

← 조명 기호

TIP

프로젝트에 로드는 패
밀리 뷰가 프로젝트에
로드 후에도 패밀리 파일
이 열려 있음, 프로젝트
에 로드한 후 닫기는 패
밀리 뷰가 프로젝트 로드
후에 모두 닫힘, 파일
을 저장하지 않아도 프
로젝트에는 변경 사항이
반영됨

15

메뉴에서 패밀리 편집기 패널의 [프로젝트에 로드한 후 닫기]를 클릭합니다. 만약 저장 메시지가
표시되면 [아니요]를 클릭합니다. 패밀리를 저장하지 않아도, 프로젝트에 변경된 내용이 반영
됩니다. 패밀리의 모든 뷰가 닫히면서 패밀리 파일이 종료되고, 다시 프로젝트 파일이 활성화
됩니다.

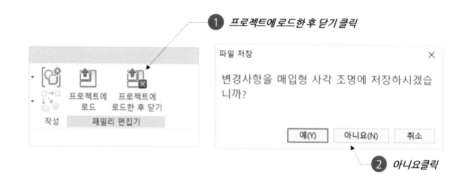

16

프로젝트에 패밀리가 로드되면 로드된 패밀리를 작성할 수 있는 상태가 됩니다. esc 를
눌러 작성을 취소합니다

17

프로젝트에 로드된 패밀리를 확인하기 위해 '프로젝트 탐색기'에서 패밀리의 조명 설비를 확장
하여 패밀리가 로드된 것을 확인합니다.

18

예제 파일의 다른 조명 설비 패밀리들도 로드하기 위해 메뉴에서 삽입 탭의 [패밀리 로드]를 클릭합니다.

① 패밀리 로드 클릭

19

열기 창에서 예제파일의 **모든 조명 설비 패밀리**를 선택하고 [열기]를 클릭합니다. ctrl 를 이용하여 여러 파일을 한 번에 선택할 수 있습니다.

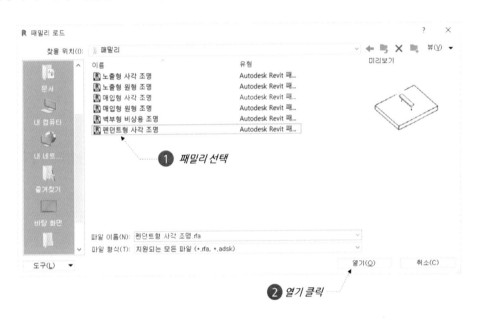

① 패밀리 선택

② 열기 클릭

20

탐색기에서 패밀리가 로드된 것을 확인합니다.

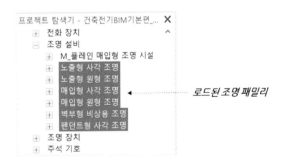

로드된 조명 패밀리

천장 평면도 작성

조명 설비를 배치하기 위해 지하1층, 1층, 2층의 반사된 천장 평면도를 작성합니다. 반사된 천장 평면도는 아래에서 위를 올려본 모습을 말합니다.

TIP

어느 뷰에서 실행하든 상관 없음

01

메뉴에서 뷰 탭의 작성 패널에서 평면도를 확장하여 반사된 천장 평면도를 클릭합니다.

1 반사된 천장 평면도 클릭

TIP

'기존 뷰를 복제하지 않습니다'가 체크되어 있다면 뷰가 이미 작성되어 있는 레벨은 표시되지 않음, 체크 해제하면 표시됨

02

새 RCP 창에서 1층, 2층, 지하1층을 선택하고, [확인]을 클릭합니다. ctrl을 누르면 여러 층을 선택할 수 있습니다.

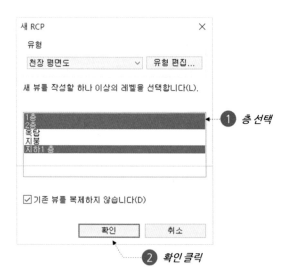

1 층 선택

2 확인 클릭

TIP

뷰를 직접 열지 않아도
특성을 수정할 수 있음

03

프로젝트 탐색기에 1층, 2층, 지하1층 천장 평면도를 선택합니다. 특성 창에서 상세 수준은
중간, 분야는 [전기]로 선택합니다.

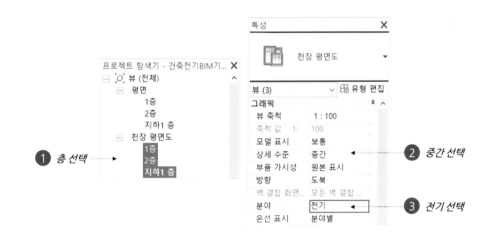

TIP

태그는 뒤에서 다시 학습

04

프로젝트 탐색기에서 지하1층 천장 평면도를 열고, 메뉴에서 주석 탭의 태그 패널에서 [모든
항목 태그]를 클릭합니다. 태그가 지정되지 않은 모든 항목 태그 창에서 공간 태그를 체크
하고 [확인]을 클릭합니다.

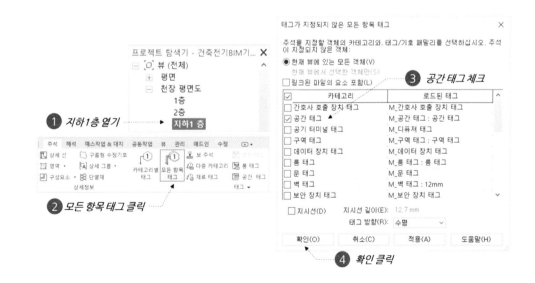

05

천장평면도에서 모든 공간에 이름과 번호를 표시하는 태그가 작성된 것을 확인합니다.

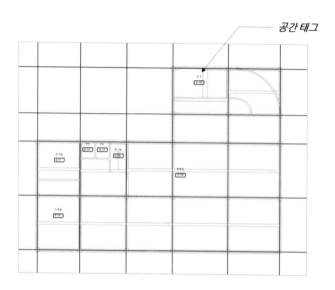

06

같은 방법으로 1층과 2층 천장 평면도에 공간 태그를 작성합니다.

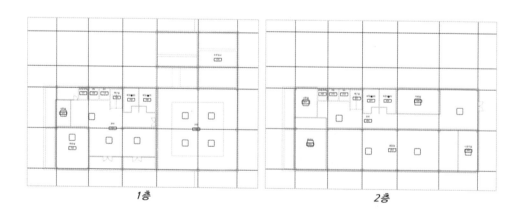

1층

2층

조명설비 배치
(패턴 천장)

건축 모델의 패턴이 있는 천장에 조명 설비를 배치합니다. 레빗의 조명 설비 용어는 조명 기구를 말합니다.

01

1층 천장 평면도를 열고, 특성 창에서 뷰 범위의 [편집] 버튼을 클릭합니다.

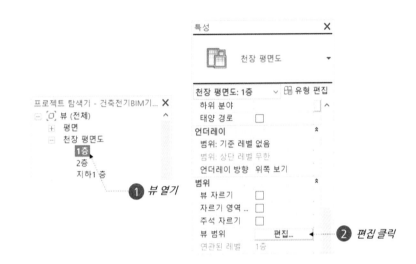

02

뷰 범위 창에서 절단 기준면의 간격띄우기가 2300인 것을 확인합니다. 2300은 1층 레벨로부터의 높이입니다.

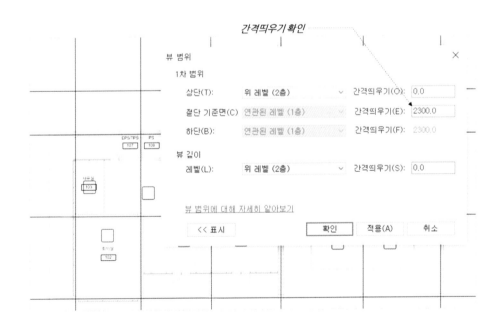

03

간격띄우기 값을 1200으로 변경하고 [확인]을 클릭합니다. 뷰에 각 실의 출입문이 표시되는 것을 확인합니다.

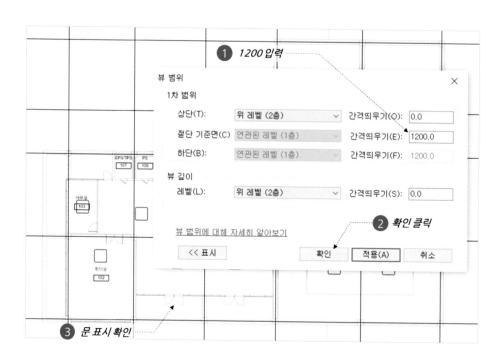

TIP

천장의 패턴은 천장의 재료에서 설정할 수 있음

04

조명 설비를 배치하기 위해 뷰에서 사무실 부분을 확대합니다. 사무실의 천장은 패턴이 있는 천장입니다.

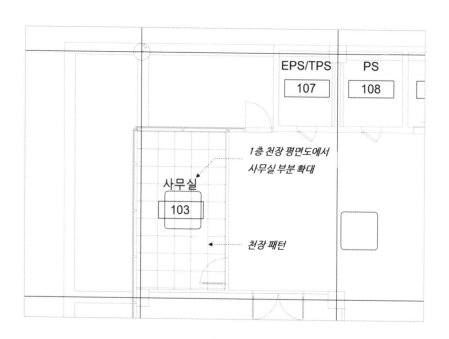

05

메뉴에서 시스템 탭의 전기 패널에서 [조명 설비]를 클릭합니다. '수정 | 배치 설비' 탭의 배치
패널에서 **면에 배치**로 선택합니다. **면에 배치**(⊘)는 천장, 슬라브, 보 등, **수직 면에 배치**(⊿)
는 벽, 기둥 등, **작업 기준면에 배치**(◇)는 레벨 또는 참조 평면에 배치를 말합니다.

06

특성에서 유형 선택기를 클릭하면 사용 가능한 패밀리와 유형이 표시됩니다. 리스트에서 매
입형 사각 조명 패밀리의 LED50W-600x600mm를 선택합니다.

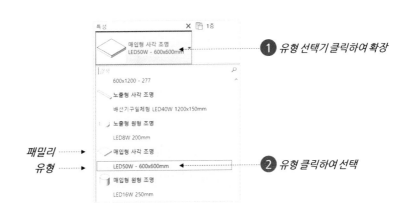

07

천장평면도에 마우스를 위치하면 조명 설비가 **미리보기**로 표시됩니다. 배치될 천장 면의 모서리도 파란색 선으로 하이라이트 됩니다.

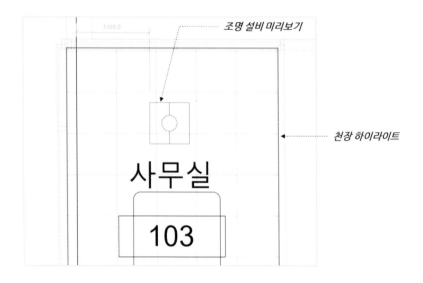

08

미리보기와 하이라이트를 참고하여 천장 패턴의 안쪽을 **클릭하여 배치**합니다. 천장 패턴 사이에 배치할 수 있도록 스냅이 적용될 것입니다. 2개의 조명 설비를 배치하고, esc 를 두 번 눌러 완료합니다.

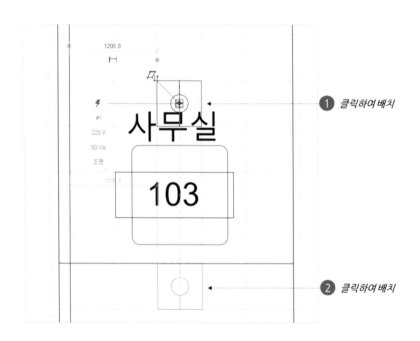

TIP

반전은 배치한 요소의
방향을 변경하는 것으로
조명에서는 사용하지
않으므로 주의 필요

09

뷰에서 작성한 조명 설비를 선택합니다. 전력의 종류, 전압, 부하, 분하분류 등이 표시됩니다.

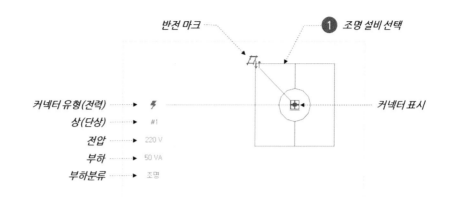

10

메뉴에서는 패밀리 편집, 작업기준면 편집, 신규 선택, 시스템 작성 등의 작성한 조명 설비의 편집 메뉴가 표시됩니다.

TIP

레벨로부터의 높이 용어
는 프로그램의 버전에
따라 레벨로부터 입면
도라고 하기도 함

11

특성의 레벨로부터의 높이는 조명 설비의 높이를 말합니다. 배치한 조명 설비의 높이는 배치된 천장의 높이와 같습니다. 건축구조모델에서 이 천장의 높이가 변경되면 조명 설비의 높이도 함께 변경됩니다.

12

[유형 편집] 버튼을 클릭합니다. 필요시 유형 특성 창에서 [복제]를 클릭하여 새 유형을 만들거나, 유형 특성 값을 수정할 수 있습니다.

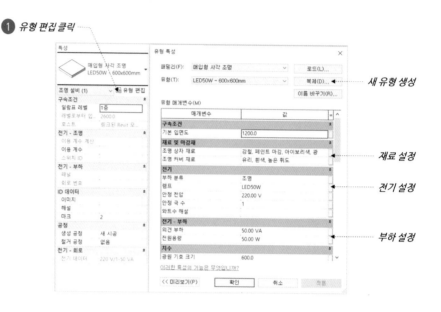

❶ 유형 편집 클릭
새 유형 생성
재료 설정
전기 설정
부하 설정

TIP

입력한 약어는 회로 작성
시 L1, L2와 같이 회로
이름의 접두어로 사용
할 수 있음
축소 버튼은 평소에는
표시되지 않으며, 해당
내용의 문자를 클릭해야
표시됨

13

유형 특성 창에서 부하 분류의 '조명' 글씨를 클릭합니다. 축소 버튼이 표시되면, 축소 버튼(···)을 클릭합니다. 부하 분류 창에서 약어를 L로 입력하고 [확인]을 클릭합니다. 유형 특성 창도 [확인]을 클릭하여 닫습니다.

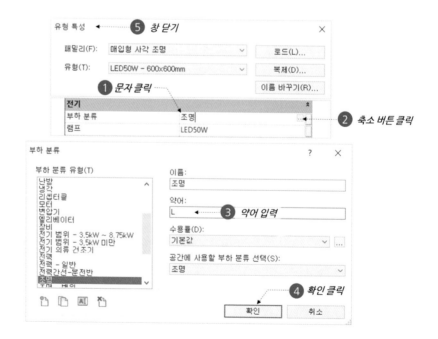

❺ 창 닫기
❶ 문자 클릭
❷ 축소 버튼 클릭
❸ 약어 입력
❹ 확인 클릭

14

3차원 뷰에서 배치한 내용을 확인하기 위해, 천장 평면도에서 사무실 공간을 선택하고, 메뉴에서 '수정 | 공간' 탭의 뷰 패널에서 선택상자(🖱)를 클릭합니다.

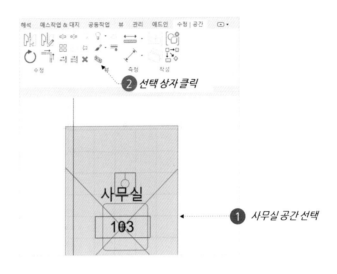

② 선택 상자 클릭

① 사무실 공간 선택

TIP

선택 상자는 선택한 요소들의 범위에 맞게 단면 상자가 적용되는 편리한 기능

15

3차원 뷰에서 사무실에 맞게 단면 상자가 만들어집니다. esc를 눌러 사무실 공간 선택을 취소합니다. 뷰의 특성에서 분야를 전기에서 좌표로 변경합니다. 뷰에서 단면 상자를 조정하여 작성된 조명 설비를 확인합니다.

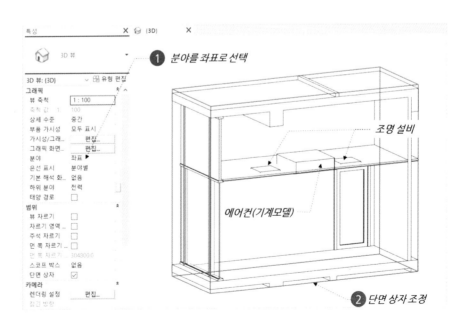

① 분야를 좌표로 선택

조명 설비

에어컨(기계모델)

② 단면 상자 조정

건축 모델의 패턴이 없는 천장에 조명 설비를 배치합니다.

01

1층 천장평면도를 열고, 강당 입구 부분의 로비를 확대합니다.

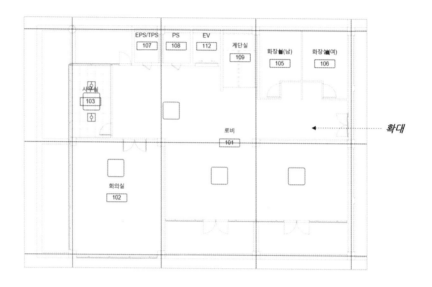

02

로비의 치수를 측정하기 위해 메뉴에서 수정 탭의 측정 패널에서 두 **참조 간 측정**(⇌)을 클릭합니다. 뷰에서 치수측정의 시작점과 끝점을 클릭합니다. 측정한 거리를 확인하고, esc 를 두 번 눌러 완료합니다.

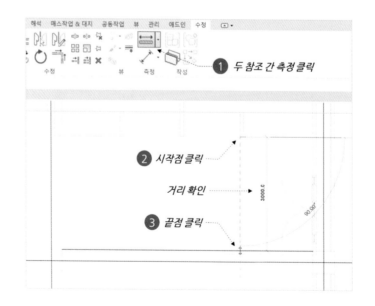

TIP

필요시 유형 편집을 클릭
하여 크기, 부하, 재료
등을 수정하여 사용

03

조명 설비를 작성하기 위해 메뉴에서 [조명 설비]를 클릭합니다. 배치 모드를 [면에 배치]로
선택하고, 유형 선택기에서 매입형 원형 조명 패밀리의 LED16W 250mm 유형을 선택합니다.

04

뷰에서 강당 입구에 임의의 위치를 클릭하여 조명 설비를 배치하고, esc 를 두 번 눌러
완료합니다. 정확한 위치는 다시 조정할 것입니다.

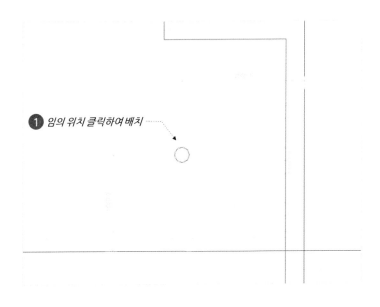

05

뷰에서 배치한 조명 설비와 그리드가 함께 보이도록 뷰를 조정한 후 조명 설비를 클릭합니다. 뷰에서 그리드가 표시되어야만 임시 치수가 표시됩니다.

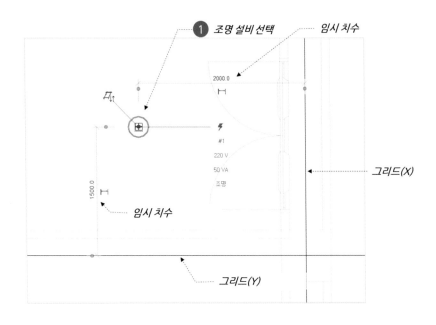

TIP

임시 치수의 치수 보조선 이동시 원하는 위치가 하이라이트 되지 않으면 tab 키 이용

06

임시 치수선의 치수 보조선 이동을 드래그하여 그리드에서 벽 끝으로 이동합니다.

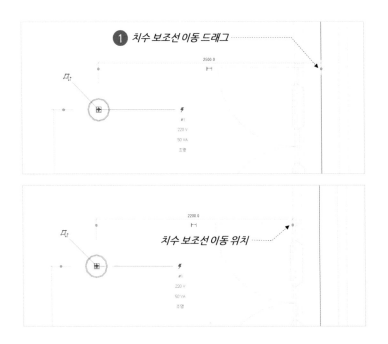

07

임시치수의 값을 클릭하고 1000을 입력한 후 enter 를 누르면 배치한 조명 설비의 위치가 변경됩니다.

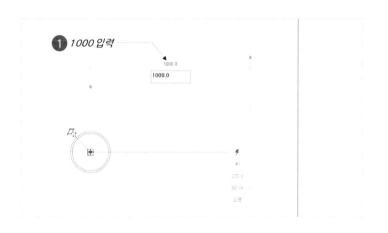

TIP

치수를 입력할 수 있는 값에 사직연산을 사용하여 편리하게 값을 입력할 수 있음. 사용법은 =을 먼저 붙이고 값과 연산자 입력한 후 enter 누름

08

이어서 수직 방향 임시 치수의 치수 보조선을 드래그하여 그리드에서 벽 끝 선으로 이동합니다. 임시 치수의 값을 클릭하고 =3000/2을 입력합니다. 앞서 측정한 치수를 이용하여 두 벽 사이의 중간에 위치시킵니다.

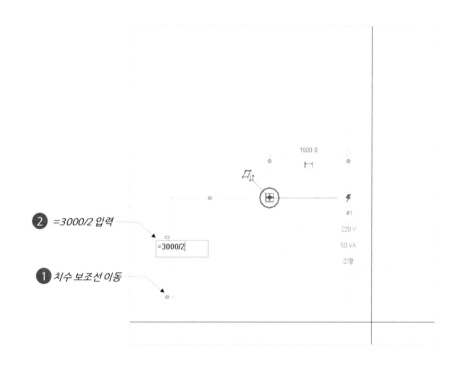

09

배치한 조명 설비가 선택된 상태에서 로비가 전체 보이도록 뷰를 축소합니다. 수정 탭의 수정 패널에서 **배열(⊞)**을 클릭합니다.

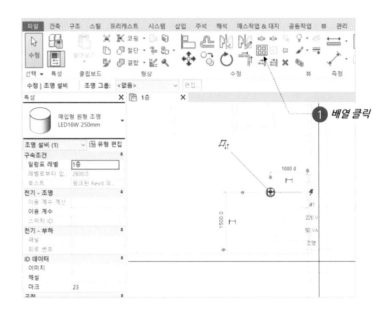

① 배열 클릭

TIP

그룹 및 연관 체크 시 선택한 요소가 그룹으로 배열됨

10

옵션바에서 **그룹 및 연관**을 체크 해제하고, 항목 수는 9를 입력합니다. 뷰에서 배열의 **시작점**을 클릭하고, 마우스를 왼쪽 수평방향으로 이동합니다. 키보드에서 2000을 입력하고 enter를 누릅니다. 배열 시작점의 정확한 위치는 중요하지 않습니다.

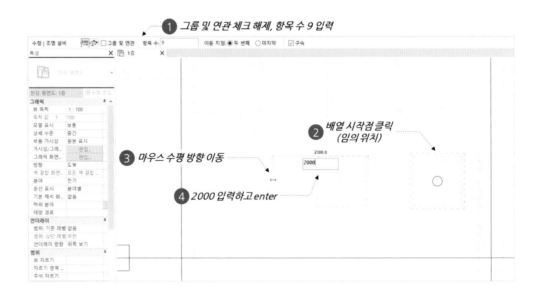

① 그룹 및 연관 체크 해제, 항목 수 9 입력

② 배열 시작점 클릭 (임의 위치)

③ 마우스 수평 방향 이동

④ 2000 입력하고 enter

11

수직방향으로 복사하기 위해 마우스를 드래그하여 그림과 같이 조명 설비들을 선택하고, 메뉴에서 **복사**를 클릭합니다. 옵션바에서 다중을 체크하고, 복사의 시작점을 클릭합니다. 아래쪽 방향으로 마우스를 이동한 후 키보드에서 3000을 입력하고 enter 를 누릅니다.

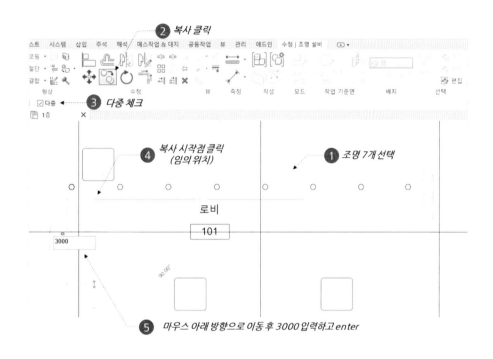

12

TIP

마우스의 방향이 아래 방향으로 수직이 되도록 주의. 옵션바에서 구속을 체크하여도 됨

계속해서 복사를 하기 위해 마우스를 아래 방향으로 향하도록 한 후 키보드에서 3000을 입력하고 enter 를 누릅니다. 복사를 완료하기 위해 esc 를 두 번 눌러 완료합니다.

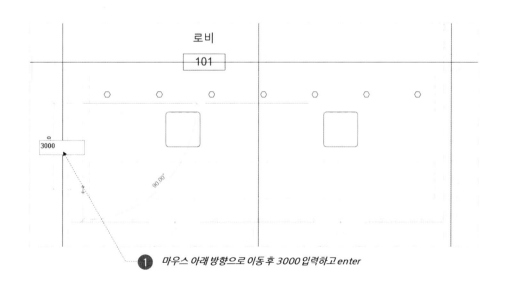

13

같은 방법으로 위쪽으로 4개의 조명 설비를 3000만큼 복사합니다.

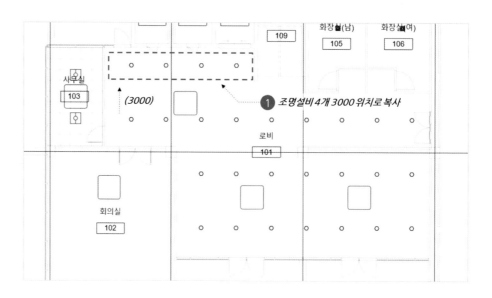

조명설비 배치
(슬라브 및 보 하단)

천장이 없는 창고의 슬라브 하단 면에 조명 설비를 배치합니다.

01

1층 천장 평면도에서 외부창고를 확대합니다. 외부창고는 천장 없는 실로 뷰에 슬라브 하단면과 보 하단 면이 표시됩니다. 메뉴에서 시스템 탭의 [조명설비]를 클릭합니다.

TIP

필요시 유형 편집 클릭
하여 유형의 이름, 크기,
부하 등을 수정하여 사용.

02

메뉴에서 [면에 배치]를 클릭합니다. 유형 선택기에서 '펜던트 사각 조명 패밀리의 파이프
펜던트 LED40W 1200x250mm' 유형을 선택합니다. 뷰에서 슬라브 면에 6개의 조명 설비를
배치합니다. 스페이스바를 누르면 요소의 미리보기를 회전할 수 있습니다. 정확한 위치는
중요하지 않습니다. esc 를 두 번 눌러 완료합니다.

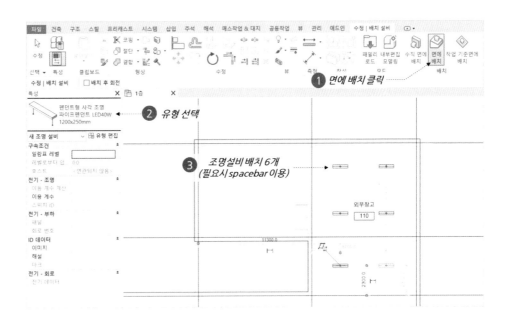

03

작성한 조명 설비를 선택합니다. 특성 창에서 조명설비의 레벨, 입면도 등 특성을 확인합니다.

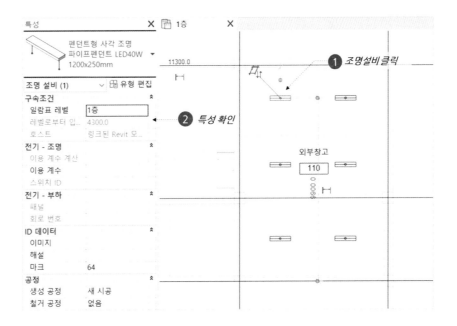

04

작성된 모습을 확인하기 위해 외부 창고 공간을 선택하고, 메뉴에서 '수정 | 공간' 탭의 뷰 패널에서 **선택상자**(🔳)를 클릭합니다.

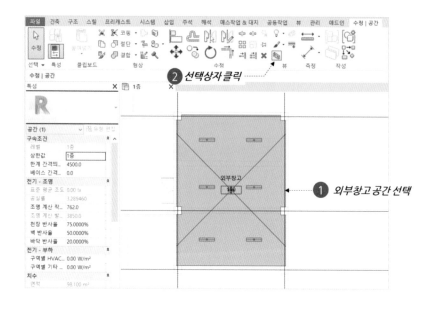

05

3차원 뷰가 열리면 뷰에서 단면 상자의 아래 부분을 조정하여 작성한 조명 설비를 확인합니다.

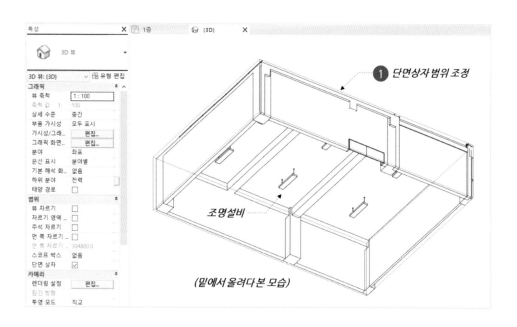

조명설비 배치
(참조평면)

주차장과 같이 천장이 없는 실의 임의의 높이에 조명 설비를 배치하기 위해 참조평면을 이용합니다.

01

참조평면을 작성하기 위해 프로젝트 탐색기에서 입면도의 [남쪽 – 전기]를 더블 클릭하여 엽니다. 메뉴에서 건축 탭의 작업 기준면 패널에서 [참조평면]을 클릭합니다.

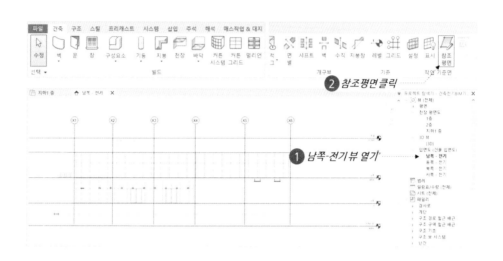

02

뷰에서 지하1층과 1층 사이에 시작점과 끝점을 클릭합니다. esc 를 두 번 눌러 완료합니다. 참조평면을 **왼쪽 방향**으로 작성하는 것에 주의합니다. 방향에 따라 조명 설비의 배치 방향이 달라집니다.

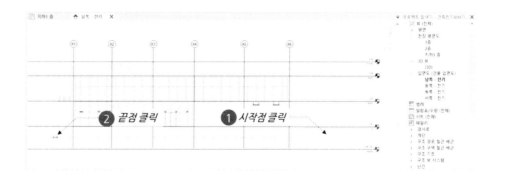

TIP

참조 평면은 반드시 이름
을 입력해야 참조 기준
면으로 사용할 수 있음

03

작성한 참조평면을 선택하고 지하1층으로부터 거리를 표시하는 임시 치수의 값을 2400으로
입력합니다. 이름을 입력하기 위해 〈클릭하여 이름 지정〉을 클릭하고 **지하1층+2400**으로 입력
하고 enter 를 누릅니다.

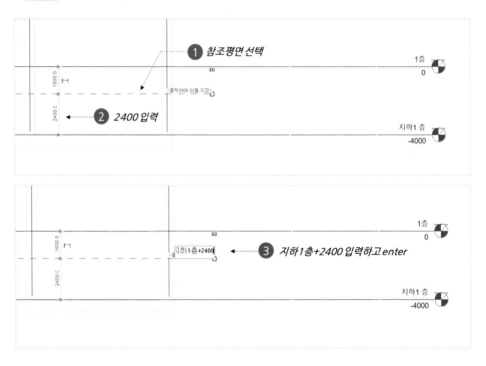

TIP

작성한 참조평면은 모든
입면도 및 단면도에서
표시됨

04

작성한 참조 평면이 움직이지 않도록 참조 평면이 선택된 상태에서 메뉴에서 수정 탭의 고정
(⨯)을 클릭합니다.

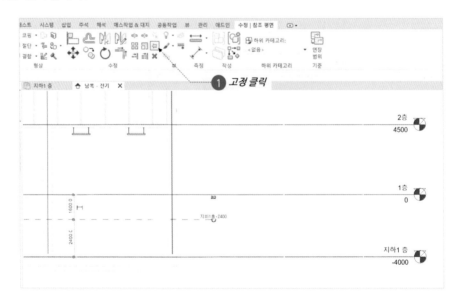

05

지하1층 천장 평면도 뷰를 활성화하고, 메뉴에서 시스템 탭의 [조명 설비]를 클릭합니다.

2 *조명설비 클릭*

1 *지하1층 천장 평면도뷰 활성화*

TIP

작업 기준면은 각 레벨,
참조평면, 요소의 면을
사용할 수 있음

06

수정 | 배치 설비 탭의 배치 패널에서 [작업 기준면에 배치]를 클릭합니다. 만약 옵션바가
활성화된다면 배치 기준면을 앞서 작성한 참조 평면으로 선택합니다.

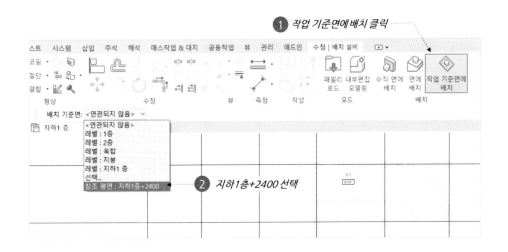

1 *작업 기준면에 배치 클릭*

2 *지하1층+2400 선택*

07

또는 작업 기준면 창이 표시된다면 새 작업 기준면 지정에서 '이름'을 체크합니다. 지하1층 +2400을 선택하고, [확인]을 클릭합니다.

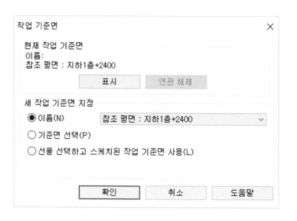

TIP

필요시 유형 편집 클릭 하여 유형의 이름, 크기, 부하 등을 수정하여 사용

08

유형 선택기에서 노출형 사각 조명 패밀리의 배선기구 일체형 **LED40W 1200x150mm** 유형을 선택합니다. 뷰에서 그림과 같이 조명 설비를 작성합니다. 정확한 위치는 중요하지 않습니다. esc 를 두 번 눌러 완료합니다.

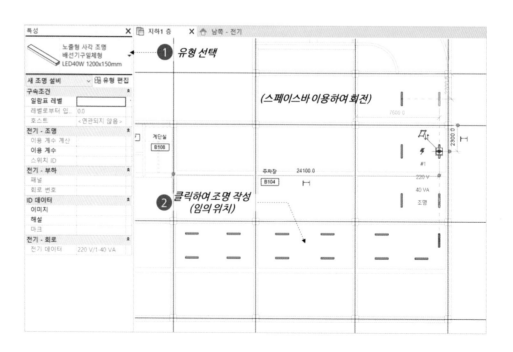

09

남쪽 – 전기 뷰를 활성화합니다. 조명 설비가 참조평면의 아래 방향으로 작성된 것을 확인합니다. 만약 참조 평면 작성 시 왼쪽 방향이 아닌 오른쪽 방향으로 작성하였다면, 조명 설비가 참조평면의 위쪽 방향으로 작성될 것입니다. 이럴 경우 참조평면을 방향에 맞춰 다시 작성한 후 조명 설비를 작성합니다.

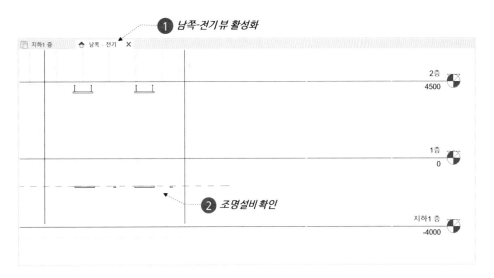

10

지하1층 천장 평면도 뷰를 열고, 주차장 공간을 선택합니다. 메뉴에서 수정 | 공간 탭의 뷰 패널에서 **선택 상자(🔲)**를 클릭합니다. 3차원 뷰가 열리면 단면 상자의 아래 부분을 조정하여 작성한 조명 설비를 확인합니다.

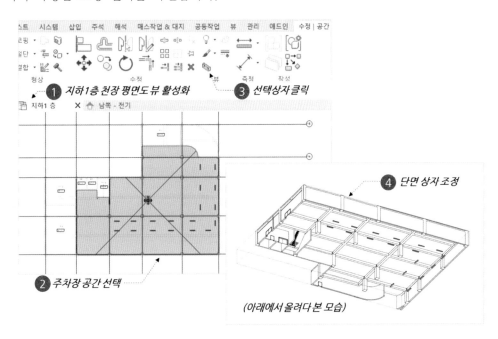

조명설비 배치 (벽)

지하1층 램프 주위의 벽에 조명 설비를 배치합니다.

01

지하1층 천장 평면도 뷰를 열고, 메뉴에서 시스템 탭의 전기 패널에서 **조명 설비**를 클릭합니다.

필요시 유형 편집을 클릭
하여 유형의 이름, 크기,
부하 등을 수정하여 사용

02

수정 ㅣ 배치 설비 탭의 배치 패널에서 [수직 면에 배치]를 클릭합니다. 유형 선택기에서 벽
부형 비상용 조명 패밀리의 **벽부형_비상등**을 선택합니다. 특성 창에서 일람표 레벨은 지하1층,
레벨로부터 입면도는 2700을 입력합니다. 조명 설비를 벽에 작성할 경우 높이를 직접 설정
해야 합니다.

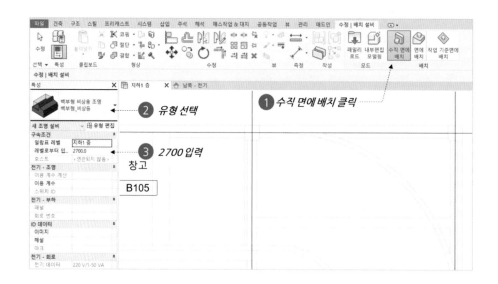

03

뷰에서 램프 주위의 곡선 벽에 마우스를 위치하면 미리보기가 표시됩니다. 미리보기를 참고하여 **곡선 벽에 조명 설비를 작성**합니다. 정확한 위치는 중요하지 않습니다. esc 를 두번 눌러 완료합니다.

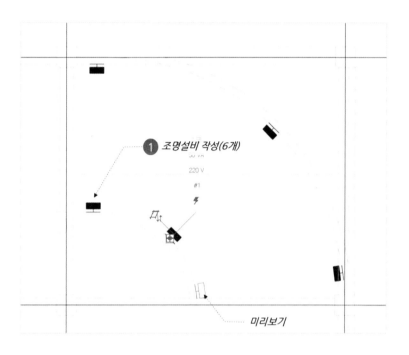

04

작성한 조명 설비를 선택한 상태로 마우스를 움직이면 곡선 벽에 맞춰 위치를 이동할 수 있습니다.

TIP

모든 인스턴스 선택은
같은 유형을 한 번에
선택할 수 있는 편리한
기능
프로그램의 버전에 따라
뷰에 나타남 또는 표시
된 뷰에서 라는 용어가
사용됨

05

램프에 작성한 조명 설비를 선택하고 우클릭합니다. 우클릭 메뉴에서 [모든 인스턴스 선택]을
확장하여 [뷰에 나타남]을 클릭합니다. 메뉴에서 **선택상자( )**를 클릭합니다.

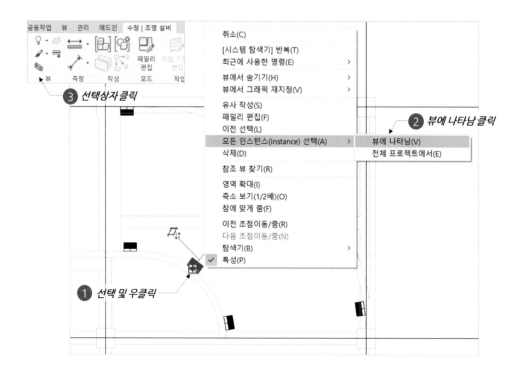

06

3차원 뷰가 열리면 단면 상자의 범위를 조정하여 작성한 조명 설비를 확인합니다. 만약 조명
설비의 방향이 다르게 되어 있다면 요소를 선택하고 스페이스바를 눌러 회전합니다.

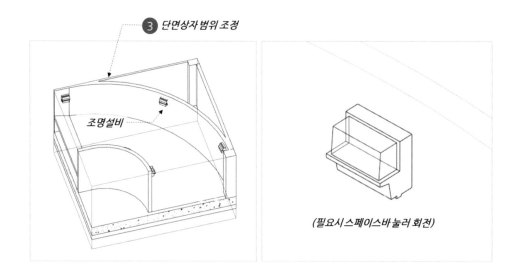

스위치 패밀리
탐색

스위치 패밀리는 사각형의 단순한 형태로 스위치 개수에 따라 크기가 달라집니다.

01

파일탭의 [열기]에서 [패밀리]를 클릭합니다. 열기 창에서 예제파일의 **벽매입 조명 스위치**를
선택하고, [열기]를 클릭합니다.

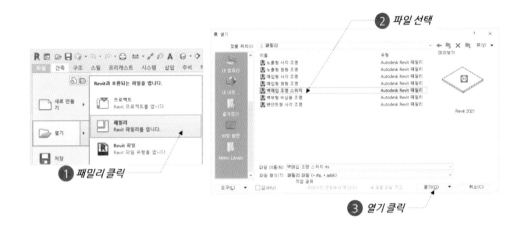

02

앞선 조명 설비 패밀리와 같이 뷰1이 표시되고, 스위치가 배치될 **바탕 형상, 3차원 스위치
형상, 커넥터**가 표시됩니다. 스위치의 형상, 커넥터 등은 앞선 조명 설비 패밀리와 비슷합니다.

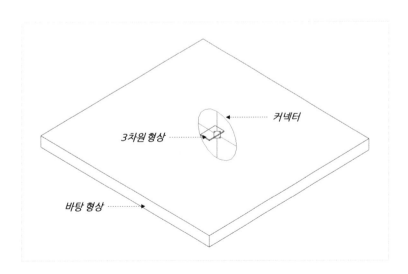

03

프로젝트 탐색기에서 [참조 레벨]을 엽니다. 참조 레벨은 스위치가 벽에 작성된 입면의 모습입니다. 유형별로 스위치의 크기를 조절할 수 있는 **참조 평면과 크기 매개변수**가 작성되어 있습니다.

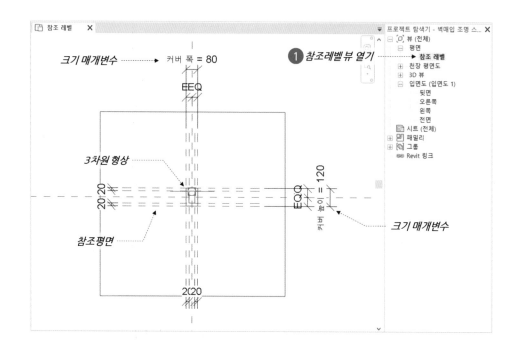

04

프로젝트 탐색기에서 입면도의 뒷면을 엽니다. 뒷면 또는 전면 뷰는 프로젝트의 평면도에서 스위치가 보이는 모습입니다. 평면도에서는 3차원 형상 대신 **기호**가 표시됩니다.

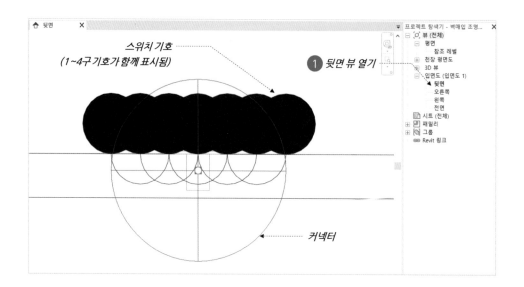

05

메뉴에서 수정 탭의 **패밀리 유형**(🖼)을 클릭합니다. 패밀리 유형 창에서 유형별로 설정할 수 있는 정보를 확인합니다. 스위치는 부하 값을 0으로 입력하는 것에 주의합니다.

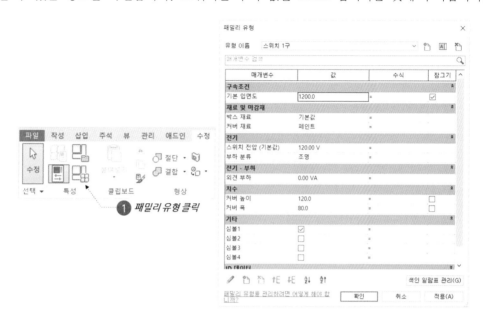

① 패밀리 유형 클릭

06

기호는 유형별로 1~4구의 정보를 표시할 수 있도록 가시성이 설정되어 있습니다. 심볼 1~4를 체크 또는 체크 해제하여 기호의 가시성을 설정할 수 있습니다. [확인]을 클릭합니다.

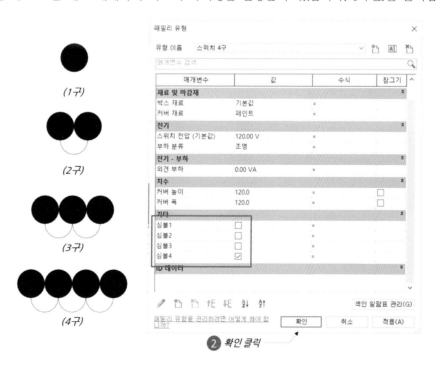

(1구)

(2구)

(3구)

(4구)

② 확인 클릭

07

패밀리를 프로젝트에 로드하기 위해 메뉴에서 수정 탭의 **프로젝트에 로드한 후 닫기**를 클릭합니다. 만약 파일 저장 창이 표시될 경우 [아니요]를 클릭합니다.

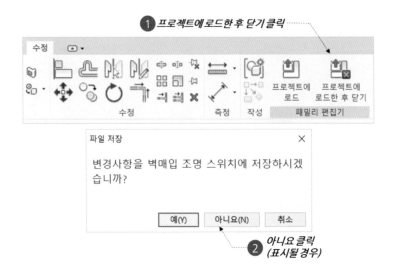

08

TIP

스위치의 카테고리는
조명 장치임

패밀리가 로드되면 패밀리를 작성할 수 있는 상태로 변경됩니다. esc 를 눌러 취소합니다. 프로젝트 탐색기에서 패밀리의 조명 장치에서 로드한 스위치 패밀리를 확인할 수 있습니다.

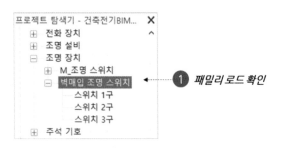

바닥 높이 확인

스위치는 바닥으로부터 1200 높이에 작성되므로, 스위치를 작성하기 전에 바닥의 높이를 확인하는 것이 필요합니다.

01

1층 평면을 열고, 주석 탭의 치수 패널에서 [지정점 레벨]을 클릭합니다.

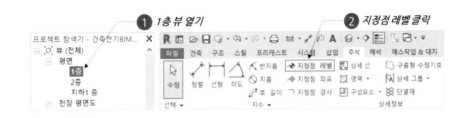

TIP

지정점 높이 작성 시 첫번째 클릭은 측정할 위치, 두번째 클릭은 주석 위치, 세번째 클릭은 문자 위치임

02

유형 선택기에서 지정점 높이 패밀리의 대상(상대)를 선택합니다. 뷰에서 건물 안쪽에 마우스를 위치하면 미리보기가 표시됩니다. 사무실의 바닥에 임의의 위치에 같은 위치를 3번 연속 클릭하여 지정점 레벨을 배치합니다.

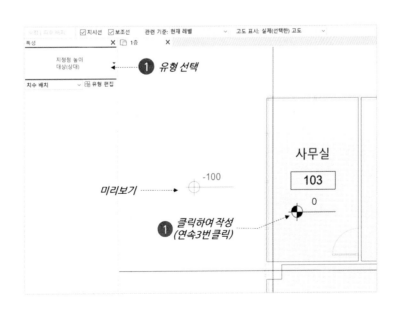

03

같은 방법으로 각 실에 지정점 레벨을 배치합니다. esc 를 두 번 눌러 완료합니다. 강당의 경우 오른쪽 부분의 교단에 지정점 레벨을 작성하고 높이가 다른 것을 확인합니다.

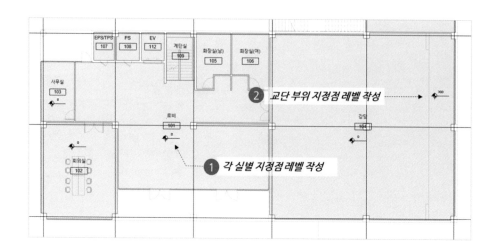

스위치 배치

스위치는 건축구조 모델의 벽에 배치합니다. 배치 시 높이를 직접 입력해야 합니다.

01

1층 평면도를 열고, 다른 뷰는 모두 닫습니다. 1층 평면의 특성 창에서 뷰 범위의 [편집]을 클릭합니다.

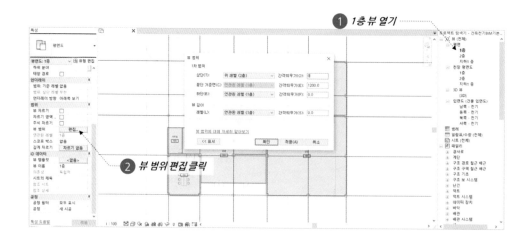

02

뷰 범위 창에서 1차 범위의 상단을 **위 레벨(2층)**으로 선택하고, 간격띄우기 값을 0으로 입력합니다. [확인]을 클릭하여 창을 닫습니다.

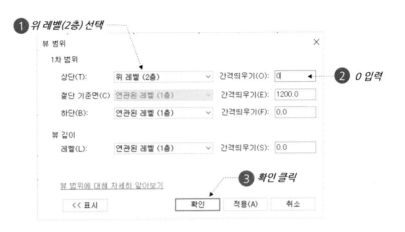

03

뷰에서 작성한 조명 설비가 표시되는 것을 확인합니다. 메뉴에서 시스템 탭의 전기 패널에서 [장치]를 확장하여 [조명]을 클릭합니다. 조명은 스위치를 말합니다.

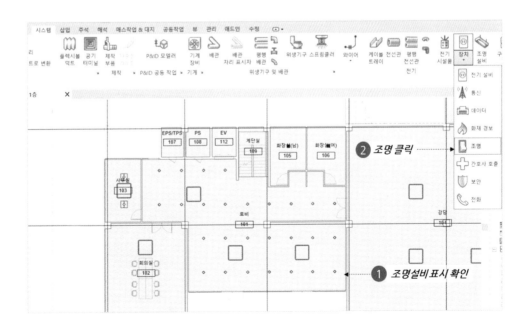

TIP

1200은 해당 레벨로부터
스위치의 중심까지 위
쪽 방향으로 1200mm
거리를 말함

04

수정 | 배치 구성요소 탭의 배치 패널에서 [수직 면에 배치]를 클릭합니다. 유형 선택기에서 벽매입 조명 스위치 패밀리의 **스위치 1구** 유형을 선택합니다. 특성에서 레벨로부터 간격띄우기에 1200을 입력합니다.

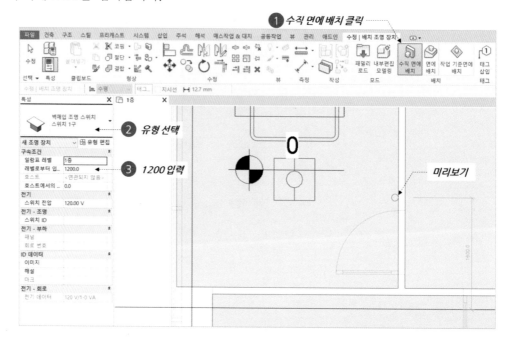

05

뷰에 사무실의 출입문과 그리드가 표시되도록 확대한 후 출입문 주위의 임의의 위치를 클릭하여 **스위치를 배치**합니다. 임시 치수의 치수 보조선을 출입문 끝점으로 이동하고, 값을 200으로 입력하고 enter 를 누릅니다.

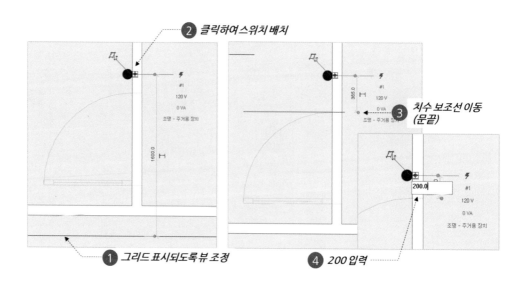

TIP

복제를 이용하여 새 유형
을 만들 수 있음

06

계속해서 스위치의 배치 상태에서 특성 창에서 [유형 편집]을 클릭합니다. 새 유형을 만들기
위해 [복제]를 클릭하고, 이름 창에서 '스위치 4구'를 입력하고 [확인]을 클릭합니다.

07

유형 특성 창에서 치수의 커버 폭을 120으로 입력합니다. 기타의 **심볼1은 체크 해제, 심볼4는
체크**하고 [확인]을 클릭합니다.

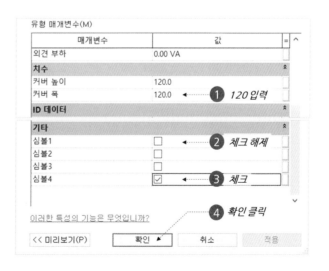

08

유형 선택기에서 새로 작성한 스위치 4구 유형이 선택된 것을 확인합니다. 뷰에서 로비의 계단실 주위 벽에 마우스를 위치하면 미리보기가 표시되는 것을 확인합니다. 임의의 위치를 클릭하여 **스위치를 배치**하고, esc 를 두 번 눌러 완료합니다. 정확한 위치는 중요하지 않습니다.

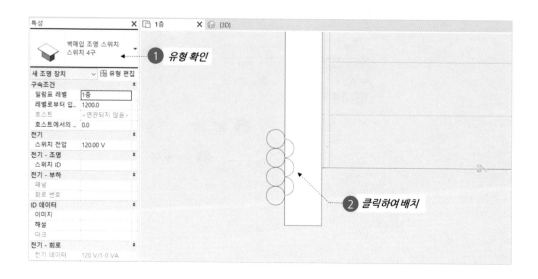

09

작성한 스위치를 확인하기 위해 뷰에서 로비와 사무실 공간을 선택합니다. 메뉴에서 수정 | 공간 탭의 뷰 패널에서 **선택 상자(🔲)**를 클릭합니다.

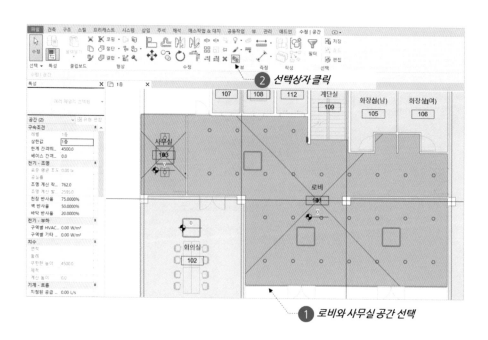

3차원 뷰에서 단면 상자의 위쪽 범위를 조정하여 작성한 스위치를 확인합니다.

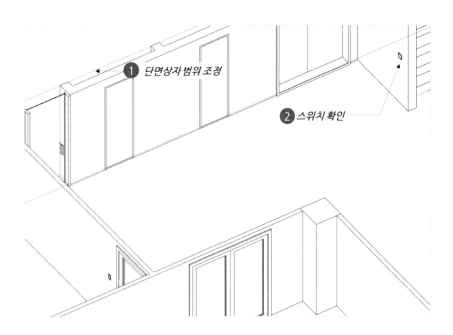

MEMO

02 조명 회로 작성

학습내용 | 분전반 패밀리 탐색, 분전반 배치, 조명 회로 작성, 회로 선택, 회로 편집, 회로
경로, 시스템 탐색기, 스위치 시스템, 스위치 회로 정보

학습 결과물 예시

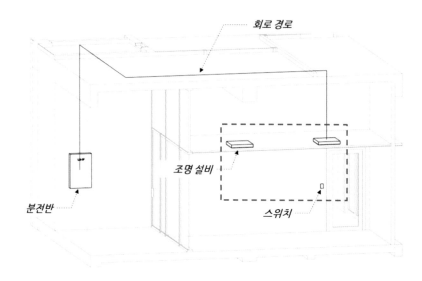

**분전반 패밀리
탐색**

조명 회로 작성을 위해서는 분전반의 배치가 필요하며, 분전반 패밀리를 탐색합니다.

01

파일 탭의 [열기]를 클릭하고, 열기 창에서 '**벽부형 노출 패널보드**'를 선택하고, [열기]를 클릭
합니다. 뷰1이 열리고, 메뉴가 패밀리를 편집 및 작성할 수 있는 메뉴로 변경됩니다.

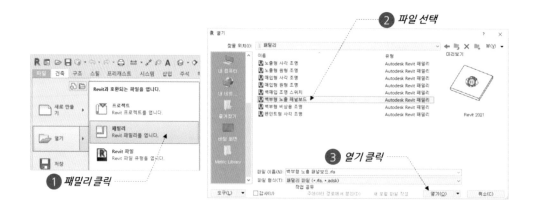

02

분전반 패밀리는 **바탕 형상, 3차원 형상, 3차원 문자, 커넥터, 전선관 커넥터, 기호**로 구성됩니다. 3차원 문자는 분전반의 이름을 표시하며, 판넬 이름 매개변수와 연결되어 있습니다.

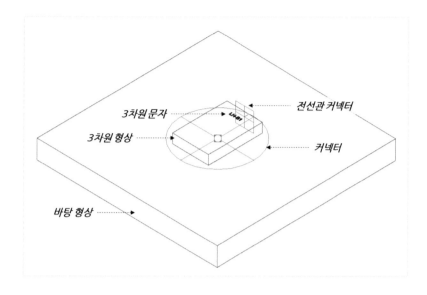

03

프로젝트 탐색기에서 참조 레벨을 엽니다. 참조 레벨에는 분전반의 크기를 변경할 수 있는 **참조 평면과 크기 매개변수**가 작성되어 있습니다.

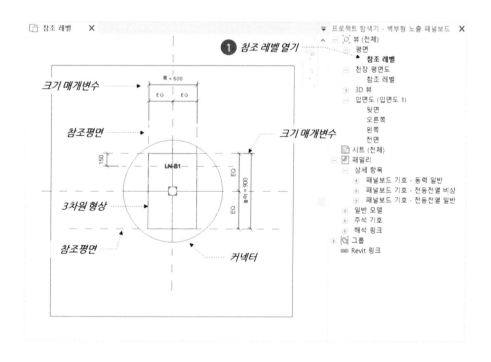

04

프로젝트 탐색기에서 입면도의 뒷면을 엽니다. 뒷면 또는 전면은 프로젝트에서 평면에 표시되는 뷰입니다. 프로젝트의 평면에서는 3차원 형상 대신 **기호**가 표시됩니다.

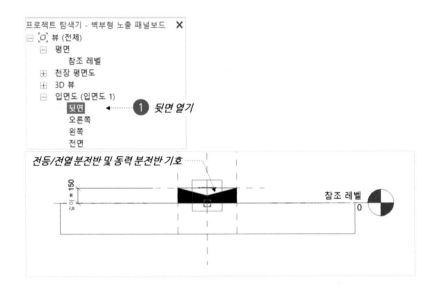

05

메뉴에서 **패밀리 유형**(▦) 버튼을 클릭합니다. 패밀리 유형 창에서 재료, 부하분류, 치수 등의 유형 특성을 설정할 수 있습니다. [확인]을 클릭하여 창을 닫습니다.

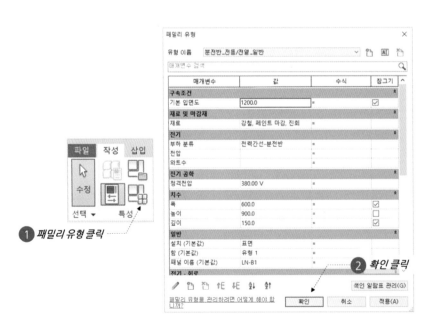

06

메뉴에서 [**프로젝트에 로드한 후 닫기**]를 클릭합니다. 만약 저장 창이 표시되면 [아니요]를 클릭합니다.

① 프로젝트에 로드한 후 닫기

07

프로젝트에 패밀리가 로드되면 패밀리를 작성할 수 있는 상태로 변경됩니다. esc 를 눌러 취소합니다. 로드한 분전반 패밀리는 프로젝트 탐색기에서 패밀리의 전기 시설물에서 확인할 수 있습니다.

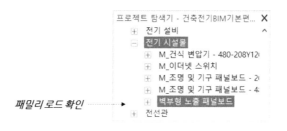

패밀리 로드 확인

분전반 배치

분전반은 건축구조 모델의 벽에 배치할 수 있으며, 높이를 직접 입력해야 합니다.

01

프로젝트 탐색기에서 1층 평면을 엽니다. 메뉴에서 시스템 탭의 [전기시설물]을 클릭합니다.

TIP

1200은 해당 레벨로부터 분전반의 중심까지 위쪽 방향으로 1200mm 거리를 말함

02

유형 선택기에서 벽부형 노출 패널보드 패밀리의 [분전반_전등/전열_일반] 유형을 선택합니다. 수정 | 배치 장비 탭의 배치 패널에서 [수직 면에 배치]를 클릭하고, 태그 삽입을 체크 해제합니다. 특성의 레벨로부터 입면도는 1200을 입력합니다.

TIP

패널 이름 입력 및 부하 분류 약어 선택은 반드시 필요함

03

계속해서 특성에서 패널 이름은 LN-1F로 입력합니다. 회로 이름 지정은 앞선 설정에서 추가한 '부하 분류 약어'를 선택합니다. 부하 분류 약어를 선택하면, 분기 회로 작성 시 회로의 이름이 L1, L2 등으로 표시됩니다.

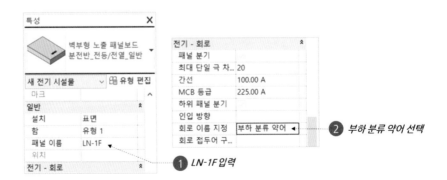

04

뷰에서 EPS/TPS 실의 오른쪽 벽에 마우스를 위치하면 분전반의 미리보기가 표시됩니다. **클릭하여 분전반을 작성합니다.** 정확한 위치는 중요하지 않습니다. `esc`를 두 번 눌러 완료합니다.

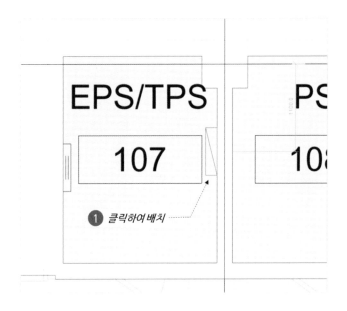

05

작성한 분전반을 확인하기 위해 EPS/TPS 공간을 선택하고, 메뉴에서 **선택 상자(🗏)**를 클릭합니다. 3차원 뷰에서 단면 상자의 위쪽 범위를 조정하여 작성한 분전반을 확인합니다. 판넬의 3차원 문자에는 특성에서 입력한 LN-1F가 표시됩니다.

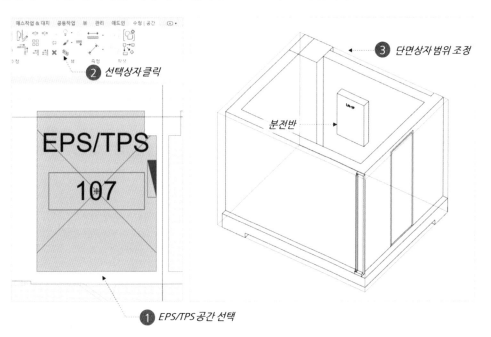

06

작성한 분전반을 선택합니다. 분전반을 선택하면 부하 이름, 부하 합계, 전압, 극수, 전력커넥터, 전선관 커넥터가 표시됩니다.

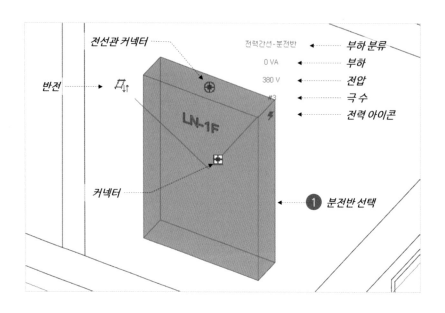

조명 회로 작성

작성한 조명 설비 및 스위치와 분전반을 연결하는 조명 회로를 작성합니다. 회로를 사용하면 분전반 및 수배전반에 연결된 부하들의 개수, 부하 합계, 길이 등이 자동으로 계산됩니다. 회로를 이용하여 부하 분석, 회로 검토 등을 할 수 있습니다.

01

프로젝트 탐색기에서 1층 평면을 엽니다. 뷰에서 사무실과 EPS/TPS가 함께 보이도록 확대합니다.

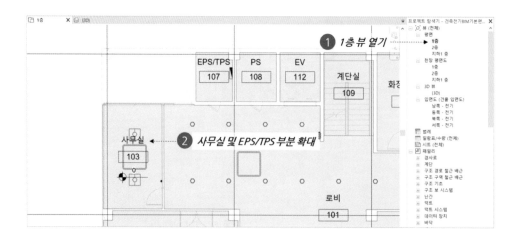

02

뷰에서 사무실에 작성된 조명 설비와 스위치를 모두 선택합니다. 메뉴에서 수정 | 다중 선택 탭의 시스템 작성 패널에서 전력 메뉴가 표시되는 것을 확인합니다.

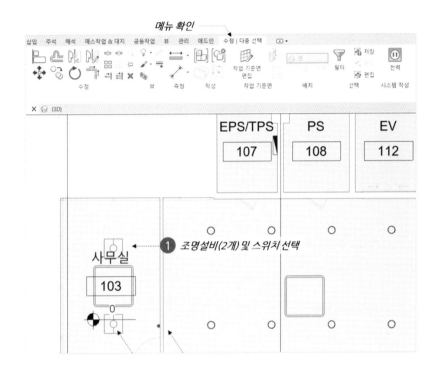

03

메뉴에서 시스템 작성 패널의 [전력]을 클릭하면 분기회로가 작성되고, 회로를 편집할 수 있는 메뉴가 표시됩니다. 전기 회로의 종류는 전력, 데이터, 전화, 보안, 화재경보, 간호사호출, 컨트롤, 통신이 있습니다. 전력은 전등 및 전열 회로를 말합니다.

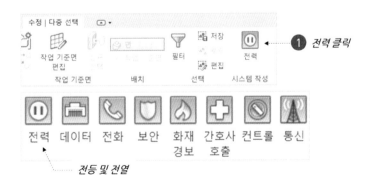

04

메뉴에서 패널을 확장하여 'LN-1F' 패널을 선택합니다. 만약 전등 및 스위치와 분전반의 전압 설정이 다르면 패널 리스트에 패널이 표시되지 않습니다.

05

뷰에는 작성한 **회로가 선택 및 표시**됩니다. 회로의 표시는 영역, 임시 배선, 귀로표시, 와이어 아이콘으로 구성됩니다. 요소의 연결 순서 및 방법은 프로그램에서 자동으로 설정하기 때문에 변경할 수는 없습니다.

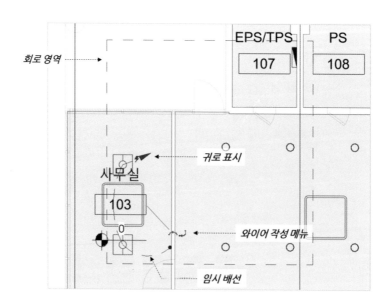

06

특성 창에는 선택한 **회로의 정보**가 표시됩니다. 회로 번호, 패널, 부하 합계, 회로 길이, 와 이어 유형, 연결된 기구 수 등을 확인할 수 있습니다.

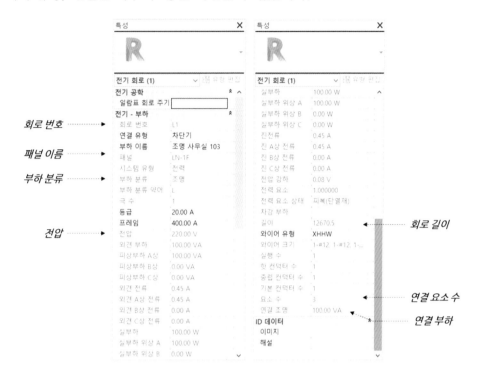

07

[esc]를 눌러 회로 작성을 완료합니다. 뷰에서 작성한 분전반을 선택합니다. 작성한 회 로에 포함된 **부하의 합계** 정보를 확인할 수 있습니다. [esc]를 눌러 분전반 선택을 취소 합니다.

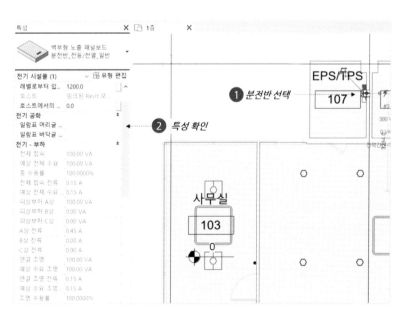

회로 선택

회로의 선택은 회로에 포함된 조명 설비, 스위치 등의 요소를 이용하여 선택할 수 있습니다.

01

1층 뷰를 활성화하고, 앞서 작성한 회로를 선택하기 위해 사무실의 조명 설비를 선택합니다.
선택한 요소가 회로에 포함되어 있다면, 메뉴에서 전기 회로 탭이 표시됩니다. **[전기 회로] 탭**을
클릭합니다.

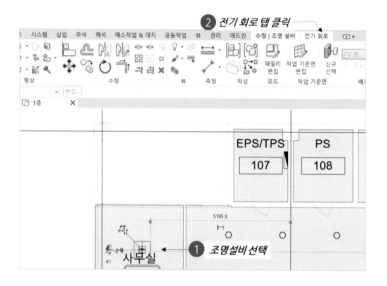

02

[전기 회로] 탭을 클릭하면 회로가 선택됩니다. 회로가 선택되면 메뉴에는 회로 관련 메뉴가
표시되고, 뷰에도 회로가 표시됩니다.

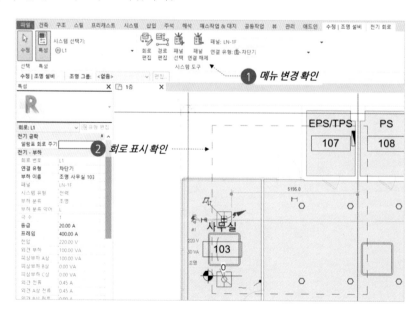

03

전기 회로의 메뉴는 **시스템 선택기**, **회로 편집**, **경로 편집**, **패널 선택**으로 구성됩니다. 시스템 선택기는 선택한 요소가 포함된 회로 번호가 표시됩니다. 회로 편집은 조명 설비, 스위치 등의 요소를 추가 또는 제거할 수 있습니다. 경로 편집은 회로의 경로를 수정합니다. 패널 선택은 패널의 선택을 변경할 수 있습니다.

04

esc 를 눌러 회로 선택을 취소합니다. 뷰에서 사무실의 스위치를 선택합니다. 메뉴에서 [전기 회로] 탭을 클릭합니다.

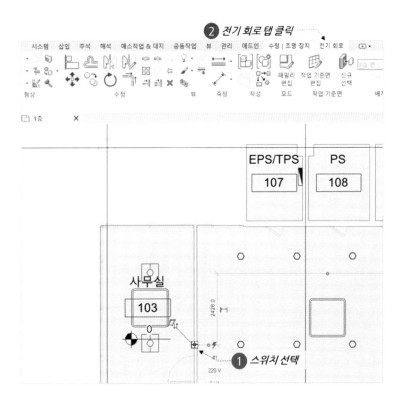

05

메뉴에서 시스템 선택기의 회로 번호를 확인합니다. 앞선 조명 설비와 같은 회로가 선택된 것을 확인합니다. 뷰에서 해당 회로를 확인합니다. esc를 눌러 선택을 취소합니다.

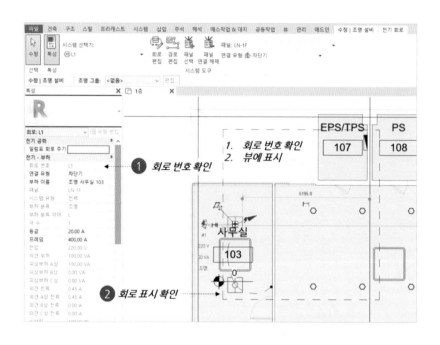

회로 편집

회로 편집은 회로에 포함된 조명 설비, 스위치 등의 요소를 추가 또는 삭제할 수 있습니다.

01

1층 평면에서 사무실의 조명 설비를 선택하고, 메뉴에서 [전기 회로] 탭을 클릭합니다.

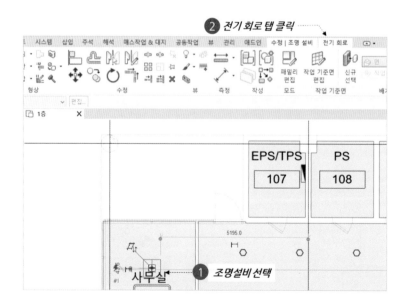

02

전기 회로의 메뉴에서 [회로 편집]을 클릭합니다. 회로 편집의 메뉴는 회로에 추가 및 제거, 패널 선택으로 구성됩니다.

03

뷰에는 회로에 포함된 요소는 검정색으로 진하게 표시되고, 회로에 포함되지 않은 요소는 회색으로 표시됩니다. 메뉴에서 회로에 추가가 선택된 상태에서 회로에 포함되지 않은 요소에 마우스를 위치하면 요소가 하이라이트되고, 마우스 커서에 +가 표시됩니다. 클릭하여 요소를 회로에 추가할 수 있습니다.

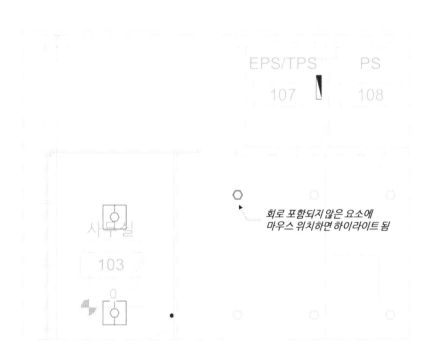

회로 포함되지 않은 요소에
마우스 위치하면 하이라이트 됨

04

메뉴에서 [회로에서 제거]를 클릭하고, 뷰에서 사무실의 조명 설비에 마우스를 위치합니다.
요소가 하이라이트되고, 마우스 커서에 -가 표시됩니다. 클릭하여 요소를 회로에서 제거할 수
있습니다. [회로 편집 취소]를 클릭합니다.

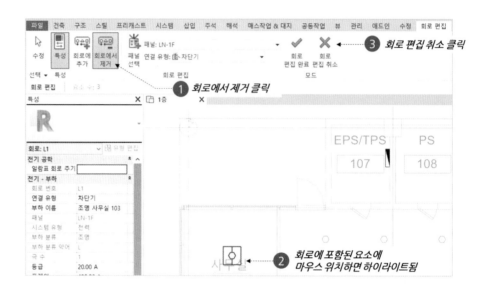

회로 경로

회로의 경로는 회로에 포함된 요소들과 분전반을 연결하는 경로를 말합니다. 경로의 길이가
회로의 길이가 됩니다.

TIP

회로의 경로는 3차원으로
표시되기 때문에 3차원
뷰에서 확인하는 것이
편리

01

1층 평면을 열고, 뷰에서 사무실과 EPS/TPS 공간을 선택하고, 메뉴에서 **선택상자(🔲)**를
클릭합니다. 3차원뷰에서 단면 상자의 위쪽 범위를 조정하여 실 내부가 보이도록 합니다.

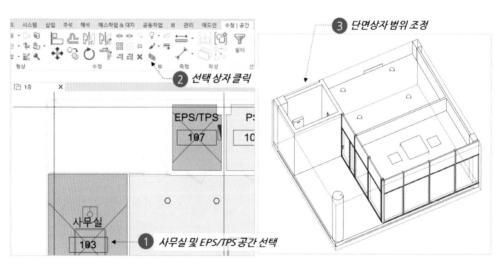

02

뷰에서 사무실의 조명 설비를 선택하고, 메뉴에서 [전기 회로] 탭을 클릭합니다. 전기 회로
메뉴에서 [경로 편집]을 클릭합니다.

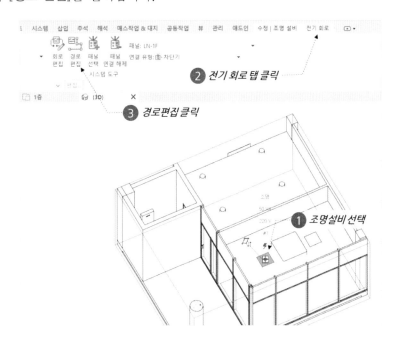

03

경로 편집 메뉴는 길이, 경로 모드, 경로 간격띄우기가 있습니다. 길이는 자동으로 계산됩
니다. 경로 모드는 가장 먼 장치와 모든 장치가 있습니다. 경로 간격띄우기는 전체 경로에
대한 간격띄우기를 설정할 수 있습니다. 뷰에서 경로 선을 확인합니다.

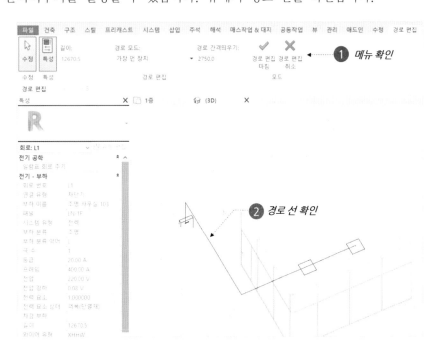

TIP

뷰에서 하나의 경로 선
선택 후 경로 간격띄우기
입력 시 선택한 경로 선
만 높이가 변경됨

04

메뉴에서 경로 간격띄우기를 4500으로 입력합니다. 뷰에서 경로선의 높이가 변경되는 것을
확인합니다. 4500은 해당 층인 1층의 층고 높이입니다. 조명 회로는 **상부 슬라브에 매립**되기
때문에 간격띄우기를 해당 층의 층고 높이로 입력합니다.

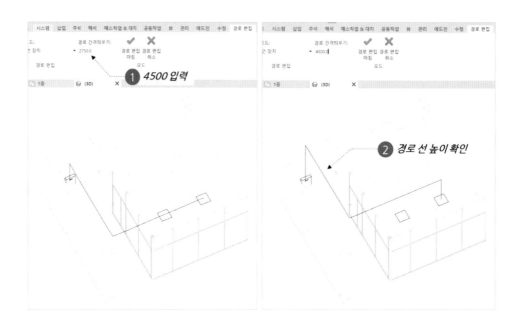

05

경로 선을 수정하면 **경로의 길이**는 자동으로 계산됩니다. 경로 길이는 회로의 길이를 검토
하거나 전력 간선의 경우 전압 강하를 계산하는데 사용할 수 있습니다. [경로 편집 마침]을
클릭합니다.

시스템 탐색기

> 시스템 탐색기는 전기, 기계, 배관 분야의 요소와 시스템 또는 회로를 확인할 수 있는 도구 창입니다.

01

메뉴에서 뷰 탭의 창 패널에서 사용자 인터페이스를 확장하여 [시스템 탐색기]를 클릭합니다. 화면에 시스템 탐색기 창이 표시되면 위치를 프로젝트 탐색기 위쪽으로 조정합니다. 시스템 탐색기의 위치는 사용자에 따라 편리한 위치에 배치하면 됩니다.

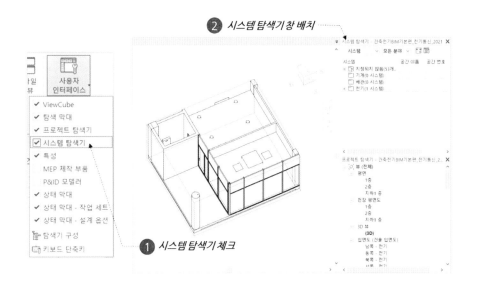

02

시스템 탐색기에서 분야를 전기로 변경합니다. 리스트에서 전기(1시스템) 폴더를 확장하여 앞서 작성한 회로와 포함된 요소를 확인합니다. 요소에는 공간의 이름과 번호가 자동으로 표시됩니다.

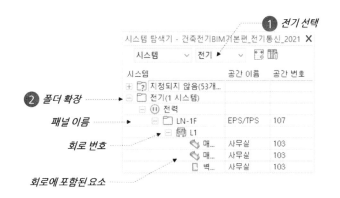

03

1층 평면 뷰를 활성화 합니다. 시스템 탐색기에서 '**지정되지 않음**' 폴더를 확장합니다. 지정되지 않음 폴더에는 회로가 작성되지 않은 조명 설비, 스위치 등의 요소가 표시됩니다. 리스트에서 공간 이름을 참고하여 로비에 작성한 조명 설비와 스위치를 선택합니다. 선택 시 shift 및 ctrl을 사용할 수 있습니다.

04

뷰에서 시스템 탐색기에서 선택한 요소가 선택된 것을 확인합니다. 메뉴에서 수정 | 다중 선택의 시스템 작성 패널에서 [전력]을 클릭합니다.

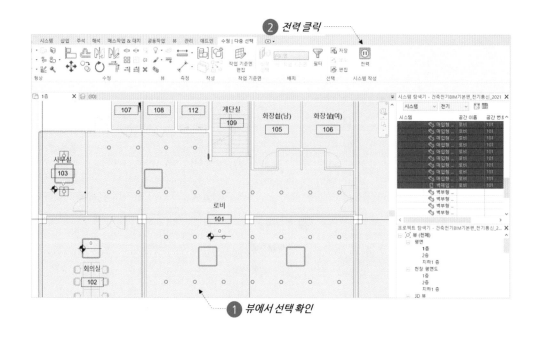

05

메뉴에서 'LN-1F' 패널이 선택된 것을 확인합니다. 뷰에서 작성된 회로를 확인합니다. 시스템 탐색기에도 작성된 회로가 추가됩니다.

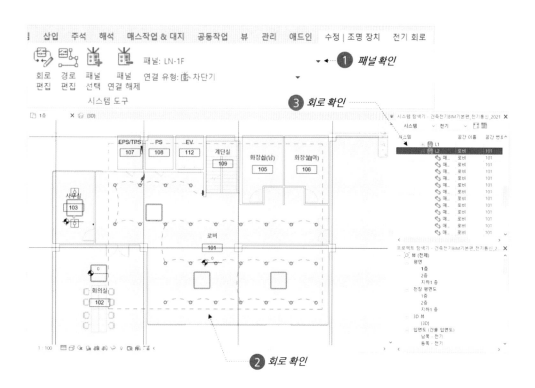

스위치 시스템

스위치 시스템은 전등과 스위치를 연결하는 시스템입니다. 스위치 시스템을 작성하면 조명에 연결된 스위치의 아이디를 자동으로 표시할 수 있습니다. 스위치 시스템은 a, b와 같은 스위치의 회로 정보를 표현할 수는 없습니다. 따라서 본 학습에서는 스위치 시스템은 작성하지 않고, 조명 설비의 인스턴스 특성 중 해설에 스위치 회로 정보를 직접 입력할 것입니다.

스위치 회로 정보

각 실의 조명 구획을 위한 스위치 회로 정보를 조명 설비에 직접 입력합니다.

01

1층 평면 뷰를 엽니다. 조명 설비에 스위치 회로 정보를 표시할 태그를 작성하기 위해 예제 파일의 태그 패밀리를 로드합니다. 삽입 탭의 라이브러리에서 로드 패널에서 [패밀리 로드]를 클릭합니다.

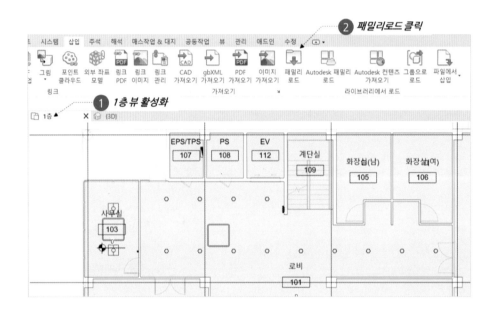

TIP

만약 태그 지정을 위한 3D 뷰 잠금 창이 표시 되면 확인 클릭

02

패밀리 로드 창에서 예제파일의 **조명 설비 태그_해설_2mm**를 선택하고 [열기]를 클릭합니다. 이름의 해설은 조명 설비의 특성 정보 중 해설을 표시하는 것이고, 2mm는 문자의 크기입니다.

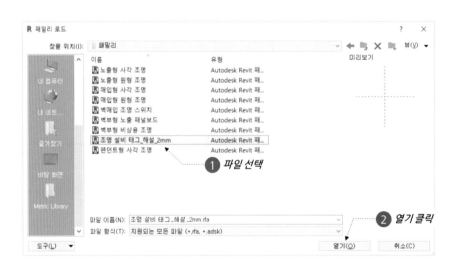

03

1층 뷰를 활성화하고, 메뉴에서 주석 탭의 [모든 항목 태그]를 클릭합니다. 태그가 지정되지 않은 모든 항목 태그 창에서 조명 설비 태그를 체크하고, 로드한 패밀리를 선택합니다. [확인]을 클릭합니다.

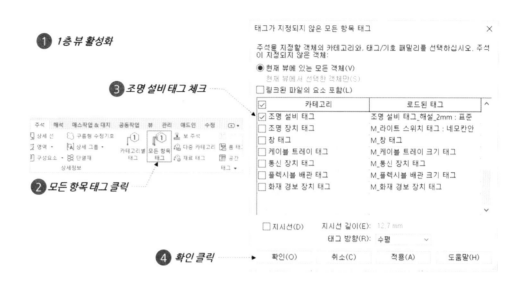

04

뷰에서 작성한 모든 조명 설비에 태그가 작성된 것을 확인합니다. 태그의 내용이 **물음표**로 표시되는 것은 조명 설비에 해당 정보가 없기 때문입니다.

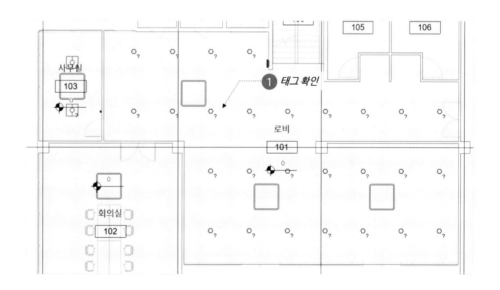

05

사무실에 작성한 조명 설비 2개를 모두 선택하고, 특성 창에서 해설에 a를 입력합니다. 뷰에서 태그에 입력한 정보가 표시되는 것을 확인합니다.

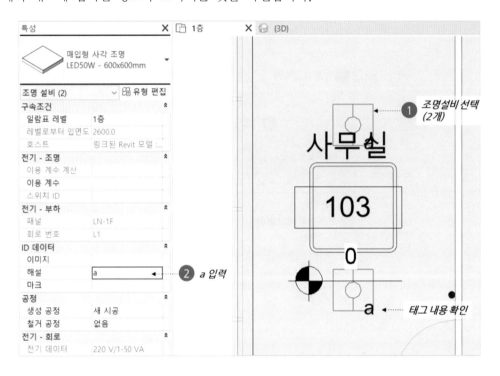

TIP

태그를 선택하고 값을 클릭한 후 직접 입력하는 것도 가능

06

같은 방법으로 로비의 조명 설비에 스위치 정보를 입력합니다.

학습 완료

Chapter 05. 조명 설비 설계 학습이 완료되었습니다. 열려 있는 모든 뷰를 닫아 프로젝트를 종료합니다. 필요시 파일을 다른 이름으로 저장합니다.

MEMO

SECTION

01 전열 설비

학습내용 | 콘센트 패밀리 탐색, 콘센트 배치, 콘센트 회로 작성

학습 결과물 예시

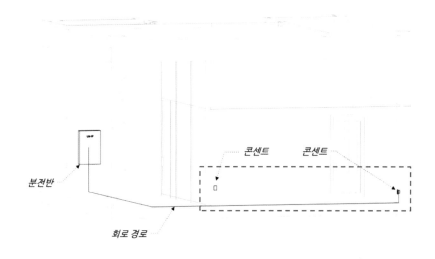

분전반

콘센트   콘센트

회로 경로

학습 시작

홈 화면에서 [열기]를 클릭하거나 또는 파일 탭의 [열기]를 클릭하고, 예제파일의 'Chapter 06. 전열 및 정보통신 설계시작' 파일을 엽니다.

콘센트 패밀리 탐색

콘센트 패밀리는 커버, 박스의 3차원 형상, 커넥터, 기호로 구성됩니다.

01

파일 탭의 열기에서 [패밀리]를 클릭합니다. 열기 창에서 예제 파일의 벽부형 콘센트 패밀리를 선택하고 [열기]를 클릭합니다.

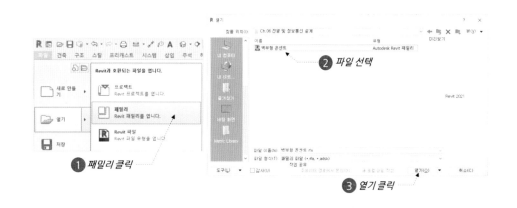

02

뷰1이 표시되고, 뷰에 배치될 **바탕 형상, 콘센트의 3차원 형상, 커넥터**가 표시됩니다. 콘센트의 3차원 형상, 커넥터 등은 스위치 패밀리와 비슷한 특성을 가집니다.

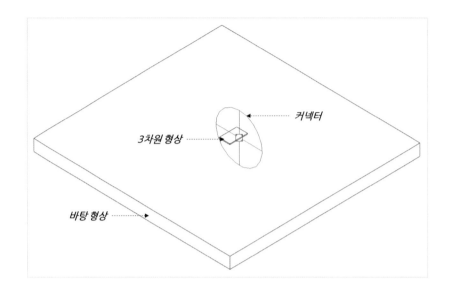

03

프로젝트 탐색기에서 [참조 레벨] 뷰를 엽니다. 콘센트의 크기를 조정할 수 있도록 **참조평면과 크기 매개변수**가 작성되어 있습니다.

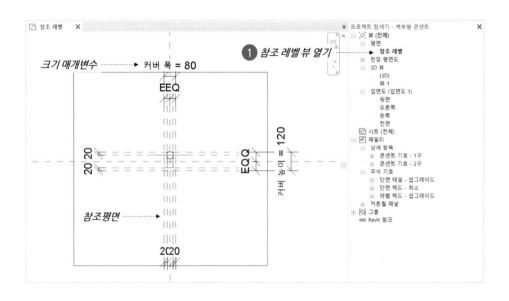

TIP

기호는 1구 및 2구가
유형별로 표시되도록
가시성 설정되어 있음

04

프로젝트 탐색기에서 [뒷면]을 엽니다. 뒷면 또는 전면은 프로젝트에서 평면뷰에 표시되는 내용
입니다. 평면뷰에서는 콘센트의 형상 대신 기호를 표시합니다.

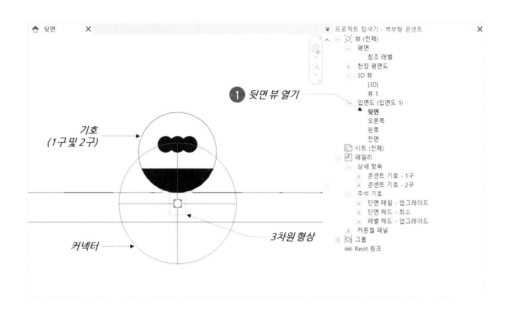

05

메뉴에서 **패밀리 유형**(📇)을 클릭합니다. 패밀리 유형 창에서 부하, 치수, 기호의 가시성
등을 설정할 수 있습니다. [확인]을 클릭하여 창을 닫습니다.

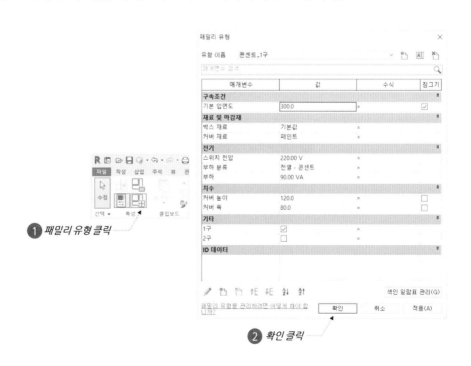

06

메뉴에서 [프로젝트에 로드한 후 닫기]를 클릭합니다. 만약 파일 저장 창이 표시되면 [아니요]를 클릭하고, 프로젝트에서 패밀리를 배치할 수 있는 상태가 되면 esc 를 눌러 취소합니다.

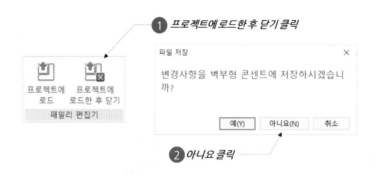

콘센트 배치

강당의 벽과 기둥에 콘센트를 배치합니다. 벽과 기둥은 링크된 건축구조 모델이며, 콘센트의 높이는 직접 입력해야 합니다.

01

1층 평면을 열고, 가시성/그래픽을 실행합니다. 재지정 창에서 조명 설비와 조명 장치를 체크 해제하고 [확인]을 클릭합니다.

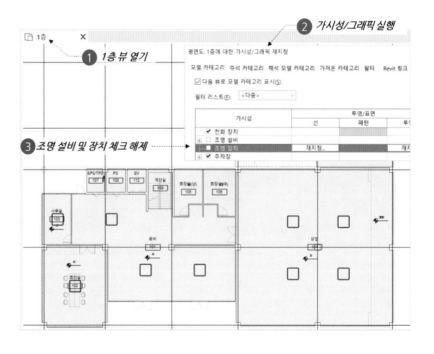

02

평면도에서 강당 부분을 확대합니다. 메뉴에서 시스템 탭의 전기 패널에서 장치를 확장하여 [전기 설비]를 클릭합니다. 전기 설비는 콘센트의 카테고리 이름입니다.

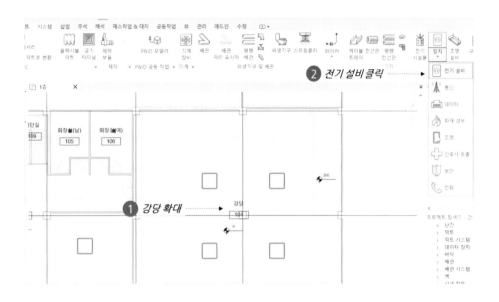

03

메뉴에서 [수직 면에 배치]를 선택합니다. 유형 선택기에서 로드한 벽부형 콘센트 패밀리의 콘센트_1구 유형을 선택하고, 레벨로부터 입면도에 300을 입력합니다. 유형 특성을 설정하기 위해 [유형 편집]을 클릭합니다.

04

유형 특성 창에서 부하 분류의 '전열_콘센트' 문자를 클릭합니다. 축소 버튼이 표시되면 **축소 버튼(⋯)**을 클릭합니다.

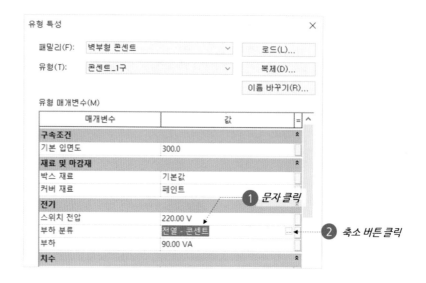

05

부하 분류 창에서 약어를 R로 **입력**하고 [확인]을 클릭합니다.

06

필요시 유형 특성에서 재료, 치수, 부하 등을 수정합니다. [확인]을 클릭하여 유형 특성 창을
닫습니다.

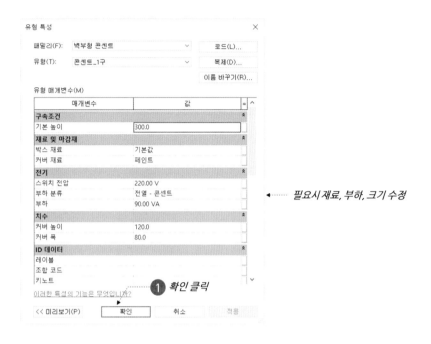

필요시 재료, 부하, 크기 수정

① 확인 클릭

TIP

입력한 300은 해당 레벨
로부터 콘센트의 중심
까지 위쪽 방향으로
300mm 거리를 말함

07

뷰에서 강당의 출입문 아래 기둥의 면에 마우스를 위치하면 미리보기가 표시됩니다. 미리보기를
참고하여 클릭하여 콘센트를 작성합니다. 정확한 위치는 중요하지 않습니다.

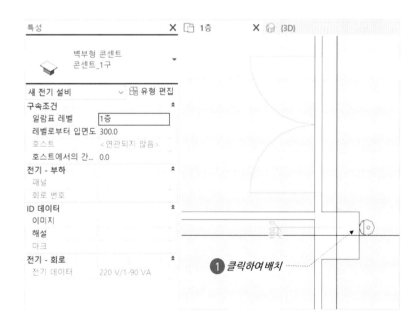

① 클릭하여 배치

08

계속해서 강당의 기둥에 콘센트를 작성합니다.

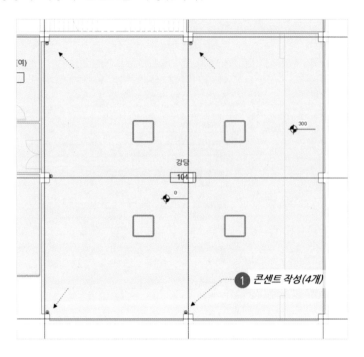

1 콘센트 작성(4개)

09

바닥의 높이 다른 부분에 콘센트를 작성하기 위해 특성 창에서 레벨로부터 입면도를 600으로 변경합니다. 뷰에서 강당의 오른쪽에 콘센트를 작성하고 esc를 두 번 눌러 완료합니다. 600은 바닥의 높이를 포함한 값입니다.

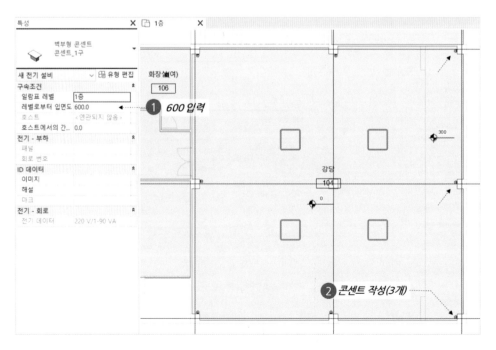

1 600 입력

2 콘센트 작성(3개)

10

뷰에서 강당 공간을 선택하고, 메뉴에서 **선택 상자**( )를 클릭합니다. 3차원 뷰에서 단면 상자의 위쪽 범위를 조정하여 작성한 콘센트를 확인합니다.

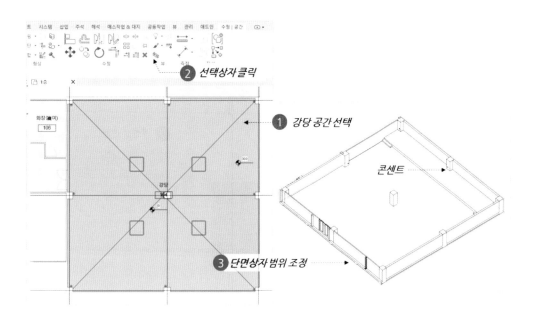

콘센트 회로 작성

배치한 콘센트와 LN-1 분전반을 연결하는 회로를 작성합니다.

01

1층 뷰를 활성화합니다. 강당에 작성한 콘센트의 회로를 작성하기 위해 시스템 탐색기에서 강당의 모든 콘센트를 선택합니다. 메뉴에서 수정 | 전기 설비 탭의 시스템 작성 패널에서 [전력]을 클릭합니다.

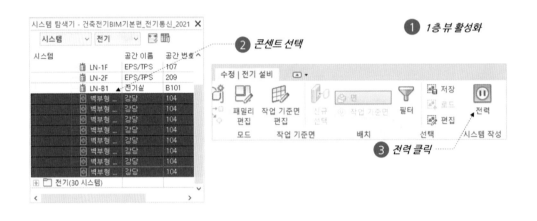

02

메뉴에서 패널을 'LN-1F'로 선택합니다. 뷰에서 작성된 회로를 확인합니다.

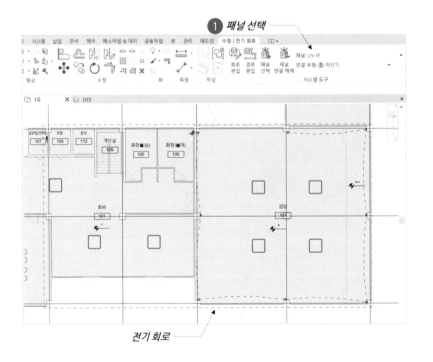

03

특성 창에서 회로 번호, 부하 합계, 요소 수 등을 확인합니다.

회로 번호 ··········

패널 이름 ··········

부하 분류 ··········

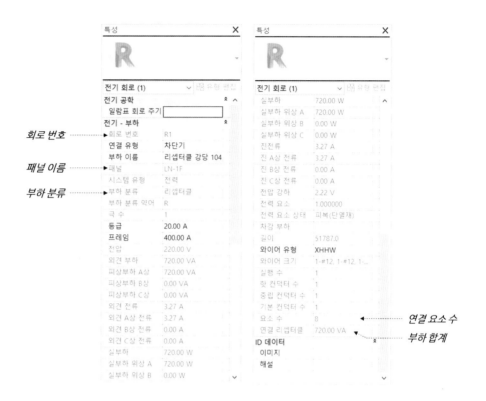

연결 요소 수

부하 합계

04

시스템 탐색기에서도 작성한 회로를 확인할 수 있습니다.

시스템 탐색기 확인 ··········

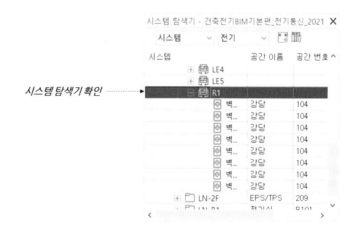

05

회로의 경로를 수정하기 위해 뷰에서 EPS/TPS와 강당 공간을 선택하고, 메뉴에서 **선택상자**
(🗃️)를 클릭합니다.

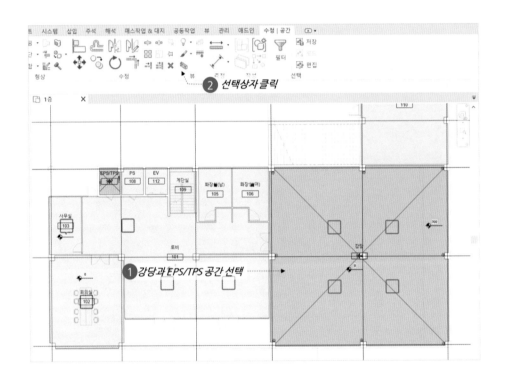

06

3차원 뷰가 열리면 단면상자의 위쪽 범위를 조정하여 작성한 콘센트 및 분전반이 보이도록
조정합니다.

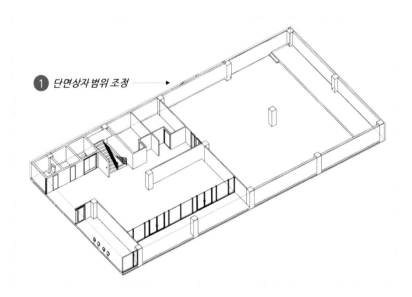

07

시스템 탐색기에서 작성한 회로 'R1'를 선택합니다. 메뉴에서 수정 | 전기 회로 탭의 시스템 도구 패널에서 [경로 편집]을 클릭합니다.

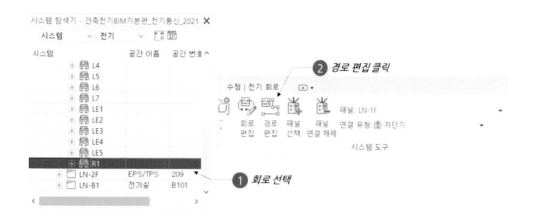

08

경로 간격띄우기를 0으로 입력합니다. 전열 회로는 해당 층의 바닥 슬라브에 매립되기 때문에 0을 입력합니다. 뷰에서 변경된 경로를 확인합니다. [경로 편집 마침]을 클릭하여 회로 편집을 완료합니다.

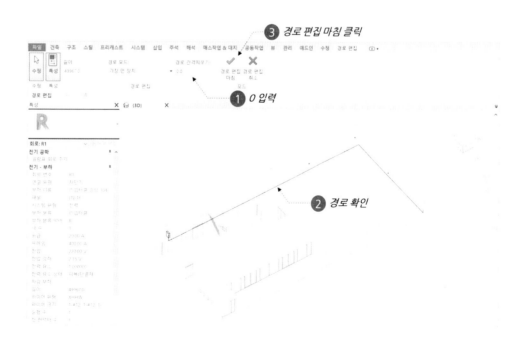

02

정보통신 설비

학습내용 | 데이터수구 패밀리 탐색, 데이터수구 배치, 통신 단자함 패밀리 탐색, 통신 단자함
배치, 통신 회로 작성, 기타 기구, 기타 설비

학습 결과물 예시

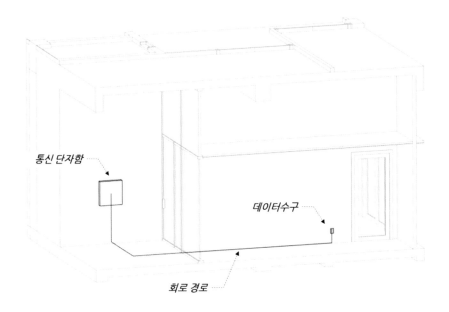

통신 단자함

데이터수구

회로 경로

**데이터수구
패밀리 탐색**

데이터수구 패밀리는 콘센트와 같이 커버, 박스, 커넥터, 기호로 구성되어 있습니다.

01

파일 탭의 열기에서 [패밀리]를 클릭합니다. 열기 창에서 '데이터수구' 패밀리를 선택하고
[열기]를 클릭합니다.

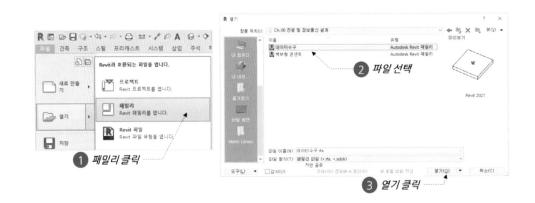

02

뷰1이 열리고, 3차원 뷰에는 배치할 **바탕 형상**, 데이터수구의 3차원 형상, 커넥터가 표시됩니다. 데이터 수구의 3차원 형상은 앞선 패밀리와 비슷한 특성을 가집니다.

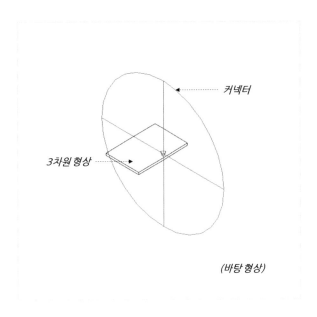

03

커넥터를 선택합니다. 특성에서 시스템 유형이 데이터로 설정된 것을 확인합니다. 데이터는 전력과 달리 정보 특성이 단순합니다.

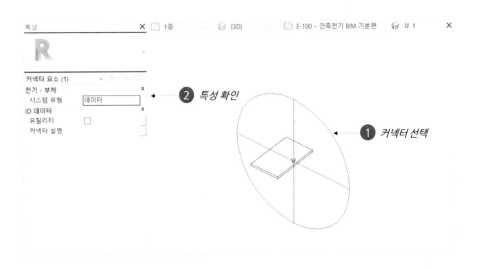

04

프로젝트 탐색기에서 [참조 레벨] 뷰를 엽니다. 참조 레벨에는 3차원 형상의 크기를 변경할 수 있는 **참조평면 및 크기 매개변수**가 작성되어 있습니다.

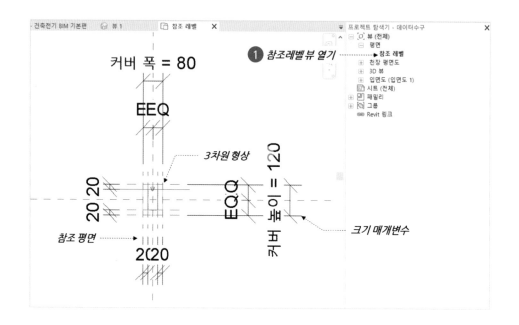

05

프로젝트 탐색기에서 뒷면을 엽니다. 뒷면 또는 전면은 프로젝트에서 평면에 표시되는 내용입니다. 평면에서는 3차원 형상 대신 **기호**가 표시됩니다.

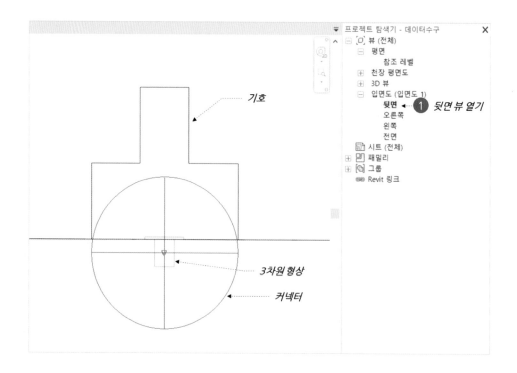

06

메뉴에서 **패밀리 유형**(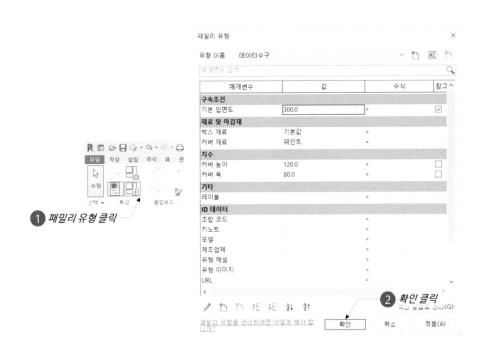)을 클릭합니다. 패밀리 유형 창에서 재료, 치수 등을 설정할 수 있습니다. 데이터수구의 특성은 앞선 패밀리들과 달리 단순합니다. [확인]을 클릭하여 창을 닫습니다.

① *패밀리 유형 클릭*

② *확인 클릭*

07

메뉴에서 [프로젝트에 로드한 후 닫기]를 클릭합니다. 만약 파일 저장 창이 표시되면 [아니요]를 클릭하고, 프로젝트에서 패밀리를 작성할 수 있는 상태가 되면 esc를 눌러 취소합니다.

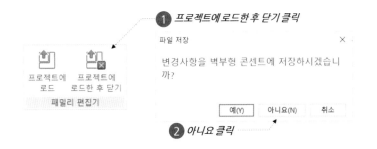

① *프로젝트에 로드한 후 닫기 클릭*

② *아니요 클릭*

데이터수구 배치

강당의 벽과 기둥에 데이터수구를 배치합니다. 벽과 기둥은 링크된 건축구조 모델이며, 수구의 높이는 직접 입력해야 합니다.

01

1층 평면을 열고 뷰에서 강당 부분을 확대합니다. 메뉴에서 시스템 탭의 전기 패널에서 장치를 확장하여 [데이터]를 클릭합니다.

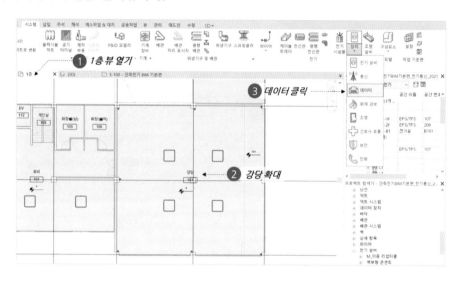

TIP

필요시 유형 편집을 클릭
하여 유형의 이름, 크기
등을 수정하여 사용.
입력한 300은 해당 레
벨로부터 데이터수구의
중심까지 위쪽 방향으로
300mm 거리를 말함

02

메뉴에서 [수직 면에 배치]를 클릭합니다. 유형 선택기에서 데이터 수구 유형을 선택합니다. 특성에서 입면도를 300으로 입력합니다. 뷰에서 미리보기를 참고하여 클릭하여 데이터수구를 작성합니다. 정확한 위치는 중요하지 않습니다.

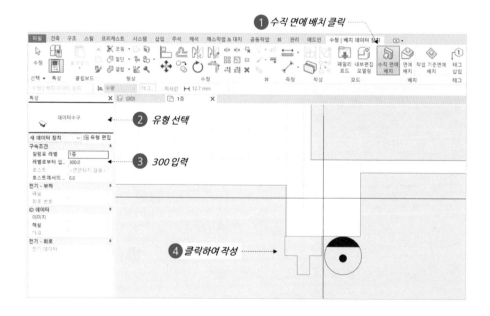

03

같은 방법으로 강당에 데이터수구를 작성합니다. 바닥의 높이가 다른 부분은 특성에서 **레벨**로
부터 **입면도**를 변경하여 작성합니다.

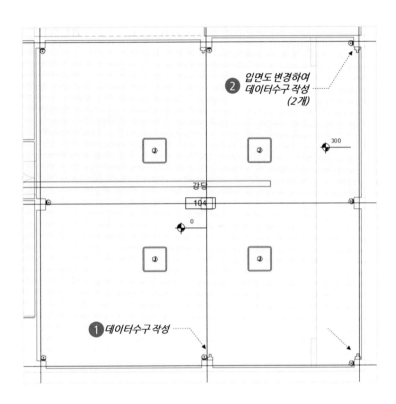

통신 단자함 패밀리 탐색

통신 단자함 패밀리는 박스, 3차원 문자, 커넥터, 기호로 구성되어 있습니다.

01

파일 탭의 열기에서 [패밀리]를 선택합니다. 열기 창에서 예제파일의 **통신 단자함 패밀리**를 선택하고 [열기]를 클릭합니다.

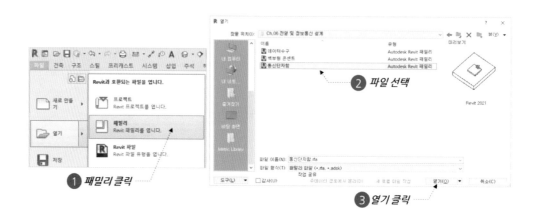

02

뷰1이 열리고, 3차원 뷰에는 배치할 **바탕 형상**, 단자함의 **3차원 형상** 및 문자, 커넥터가 표시됩니다. 통신 단자함의 3차원 문자 및 형상은 앞선 분전반 패밀리와 비슷한 특성을 가집니다.

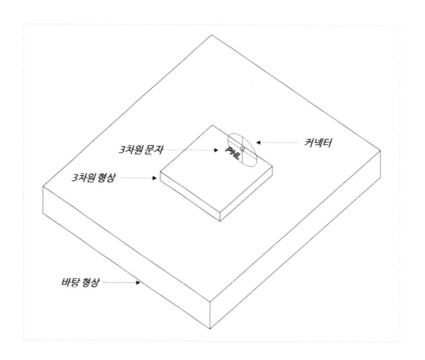

03

프로젝트 탐색기에서 [참조 레벨]을 엽니다. 뷰에서 크기를 변경할 수 있는 참조 평면 및 크기 매개변수가 작성된 것을 확인합니다.

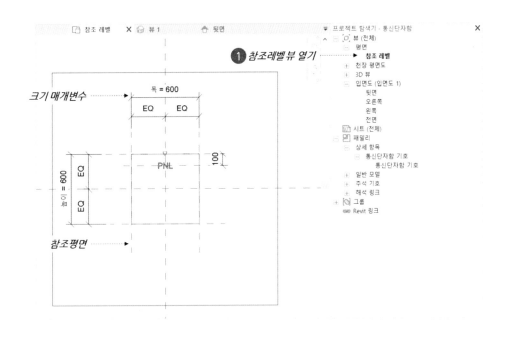

04

프로젝트 탐색기에서 뒷면을 엽니다. 뒷면 또는 전면은 프로젝트의 평면에서 표시되는 내용입니다. 평면에서는 3차원 형상 대신 **기호**가 표시됩니다.

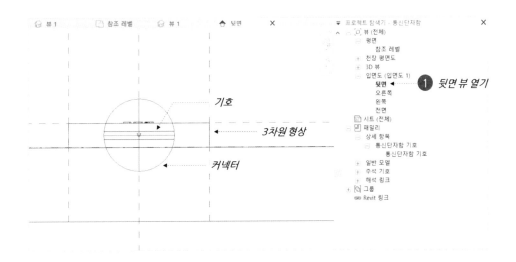

05

메뉴에서 **패밀리 유형**(⬚)을 클릭합니다. 패밀리 유형 창에서 재료, 크기 등을 설정할 수 있습니다. [확인]을 클릭하여 창을 닫습니다.

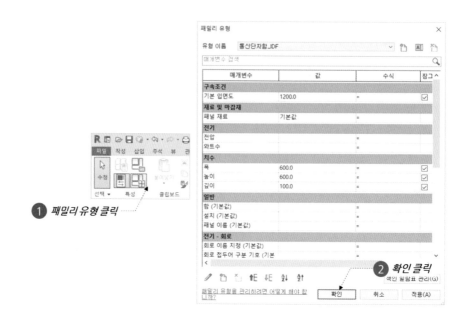

① 패밀리 유형 클릭

② 확인 클릭

06

메뉴에서 [**프로젝트 로드한 후 닫기**]를 클릭합니다. 만약 파일 저장 창이 표시되면 [아니요]를 클릭하고, 프로젝트에서 패밀리를 작성할 수 있는 상태가 되면 esc를 눌러 취소합니다.

① 프로젝트에 로드한 후 닫기 클릭

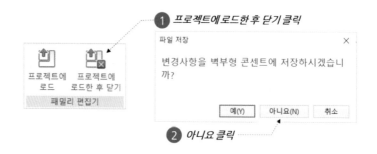

② 아니요 클릭

통신 단자함 배치

EPS/TPS실에 통신 단자함을 배치합니다. 통신 단자함은 분전반과 같이 건축구조 모델의 벽에 배치하며, 단자함의 높이는 직접 입력해야 합니다.

01

1층 평면 뷰를 열고, EPS/TPS 부분을 확대합니다. 메뉴에서 시스템 탭의 전기 패널에서 [전기 시설물]을 클릭합니다.

TIP

패널 이름은 반드시 입력
필요. 1200은 해당 레
벨로부터 단자함의 중
심까지 위쪽 방향으로
1200mm 거리를 말함

02

수정 | 배치 장비 탭의 배치 패널에서 [수직 면에 배치]를 클릭합니다. 유형 선택기에서 통신 단자함 패밀리의 '통신단자함_IDF' 유형을 선택합니다. 특성에서 레벨로부터 입면도를 1200 으로 입력하고, 패널 이름을 'IDF-1F'로 입력합니다.

03

뷰에서 EPS/TPS 공간의 벽 안쪽에 마우스를 위치하면 미리보기가 표시됩니다. 미리보기를 참고하여 **단자함을 클릭하여** 배치합니다. $\boxed{esc}$를 두 번 눌러 완료합니다. 정확한 위치는 중요하지 않습니다.

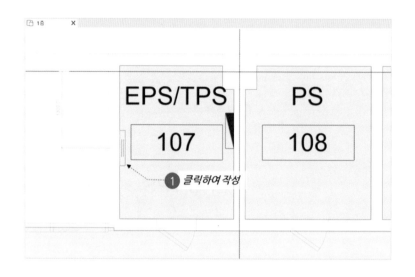

04

작성한 단자함을 확인하기 위해 뷰에서 EPS/TPS 공간을 선택하고, 메뉴에서 **선택 상자** (🔲)를 클릭합니다. 3차원 뷰에서 단면 상자 위쪽 범위를 조정하여 작성한 통신단자함을 확인합니다.

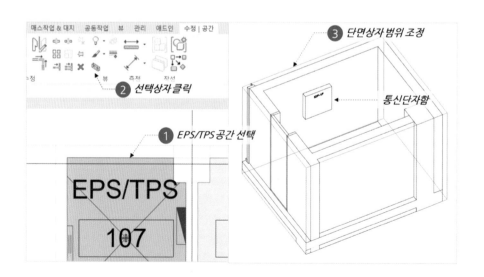

통신 회로 작성

배치한 데이터 수구와 통신 단자함을 연결하여 정보통신 회로를 작성합니다.

01

1층 평면을 엽니다. 시스템 탐색기에서 강당에 작성한 데이터수구를 모두 선택합니다. 메뉴에서 수정 | 데이터 장치 탭의 시스템 작성 패널에서 [데이터]를 클릭합니다.

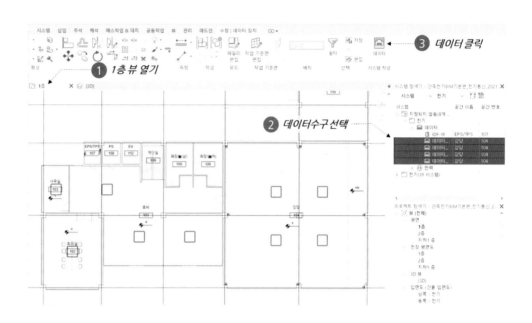

TIP

회로의 경로 편집은 3차원 뷰 및 평면도에서 할 수 있음

02

수정 | 전기 회로 탭의 시스템 도구 패널에서 패널의 'IDF-1F'을 선택합니다. 뷰에 작성된 회로가 표시됩니다. 뷰에서 작성된 회로를 확인합니다. 메뉴에서 [경로 편집]을 클릭합니다.

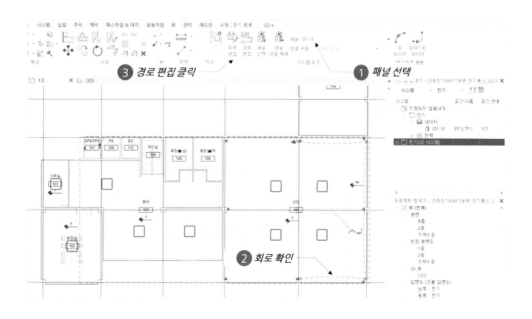

03

뷰에서 경로를 확인합니다. 메뉴에서 경로 간격띄우기를 0으로 입력합니다. 데이터 회로는 해당 층의 바닥에 매립되기 때문에 0으로 입력합니다. [경로 편집 마침]을 클릭하여 회로 작성을 완료합니다.

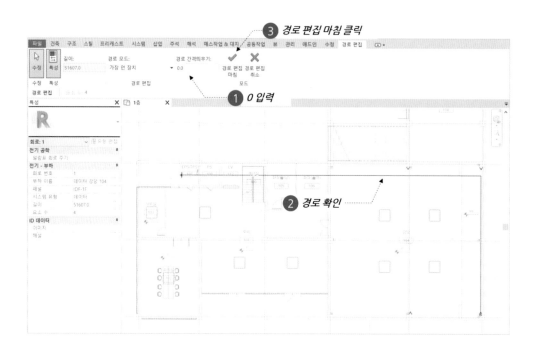

04

시스템 탐색기에서 전기 폴더의 데이터를 확장하여 **1번 회로를 선택**합니다. 특성 창에서 회로의 정보를 확인합니다. 데이터 관련 기구는 부하 분류를 설정할 수 없기 때문에 회로 번호에 약어를 사용할 수 없습니다.

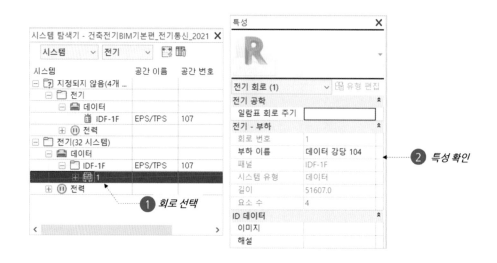

기타 기구

통신은 인터콤 시스템 구성요소와 같은 통신 장치를 말합니다.

화재 경보는 연기 탐지기, 수동 당김형 발신기, 호출 표시기 등의 화재 경보 장치를 말합니다.

간호사 호출은 호출 발신기, 코드 블루 발신기, 문 조명 등의 간호사 호출 장치를 말합니다.

보안은 문 잠금 장치, 동작 감지 센서, 감시 카메라 등의 보안 장치를 말합니다. 전화는 전화 연결 잭을 말합니다.

기타 설비

전기 및 통신 설계는 앞서 학습한 전등, 전열, 통신 외에도 원격검침설비, 피뢰 및 접지설비, 방송설비, CCTV설비, 출입통제설비, 비상벨설비, 주차관제설비 등을 설계해야 합니다. 레빗 프로그램은 전력, 데이터, 전화, 보안, 화재경보, 간호사호출, 컨트롤, 통신 등 8가지의 회로 종류를 제공합니다.

원격검침설비는 컨트롤, 방송설비는 통신, 출입통제설비는 보안 등의 적합한 회로를 선택하여 작성합니다.

시스템 박스, 통합수구 등의 기구는 전등설비, 전열설비 등의 여러 회로에 동시에 사용됩니다. 이러한 경우 기구 패밀리에 여러 개의 커넥터를 작성하여 사용합니다. 와이어를 직접 작성 시 해당 커넥터를 선택하는 것에 주의합니다.

또한 기구가 여러 분야에 사용되기 때문에 뷰에서 가시성을 조정해야 합니다. 이를 위해 기구의 유형 특성에 해당 설비의 정보를 입력하여 뷰 필터를 이용할 수 있습니다. 이러한 내용은 부록의 공동주택 단위세대 설계를 참고합니다.

학습 완료

'Chapter 06. 전열 및 정보통신 설계' 학습이 완료되었습니다. 열려 있는 모든 뷰를 닫아 프로젝트를 종료합니다. 필요시 파일을 다른 이름으로 저장합니다.

동력 설계

학습내용 | 수배전반 패밀리 탐색, 수배전반 배치, 전력 간선 회로 작성, 전력인입 맨홀
패밀리 탐색 및 배치

학습 결과물 예시

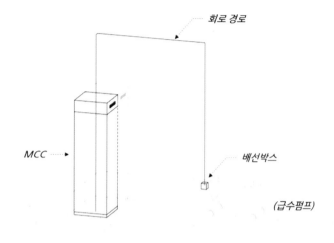

학습 시작

홈 화면에서 [열기]를 클릭하거나 또는 파일의 [열기]를 클릭하고, 예제파일에서 'Chapter 07. 전력 간선 및 동력 설계 시작' 파일을 엽니다.

배관 박스 패밀리 탐색

배관 박스 패밀리는 사각 형태의 수직과 수평 2가지 종류가 있습니다.

01

파일 탭의 열기에서 [패밀리]를 클릭합니다. 열기 창에서 배관 박스 - 사각 수직을 선택하고, [열기]를 클릭합니다.

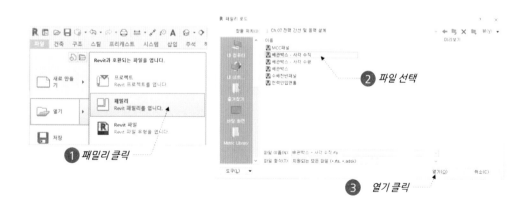

02

뷰1이 표시되고, 조인트박스의 3차원 형상, 전력 커넥터, 2개의 전선관 커넥터가 작성되어
있습니다.

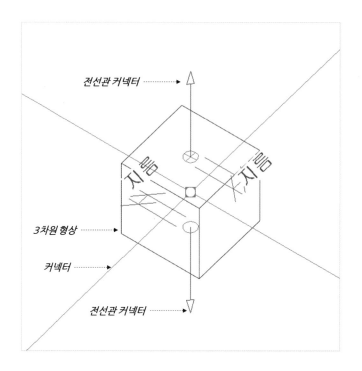

03

프로젝트 탐색기에서 [참조 레벨]을 엽니다. 배선박스의 크기를 변경할 수 있는 **참조 평면 및
크기 매개변수**를 확인합니다. 프로젝트의 평면도에는 3차원 형상 대신 기호가 표시됩니다.

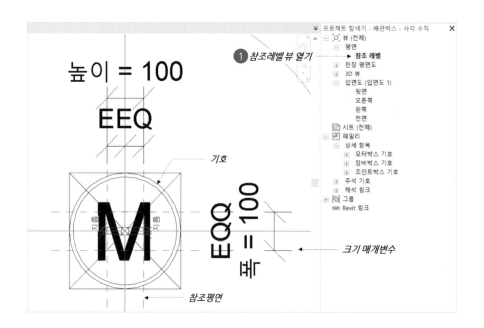

04

메뉴에서 **패밀리 유형(🖼)**을 클릭합니다. 패밀리 유형 창에서 전압, 부하 분류, 부하 등의 유형 특성을 설정할 수 있습니다. [확인]을 클릭하여 창을 닫습니다.

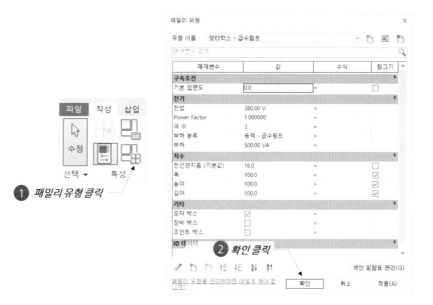

① 패밀리 유형 클릭

② 확인 클릭

05

메뉴에서 [**프로젝트에 로드한 후 닫기**]를 클릭합니다. 만약 파일 저장 창이 표시되면 [아니요]를 클릭하고, 프로젝트에서 패밀리를 작성할 수 있는 상태가 되면 esc 를 눌러 취소합니다.

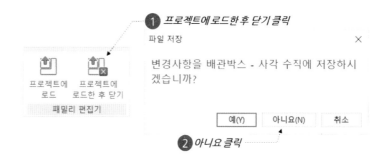

① 프로젝트에 로드한 후 닫기 클릭

② 아니요 클릭

TIP

배관박스 – 사각 수평
패밀리는 천장 위 공간에
작성되기 때문에 공간을
인식하기 위해 룸 계산
점이 작성되어 있음

06

추가적으로 **배관박스 – 사각 수평** 패밀리를 로드하기 위해 메뉴에서 삽입 탭의 [패밀리 로드]를
클릭합니다. 패밀리 로드 창에서 '배관박스 – 사각 수평'을 선택하고 [열기]를 클릭합니다.

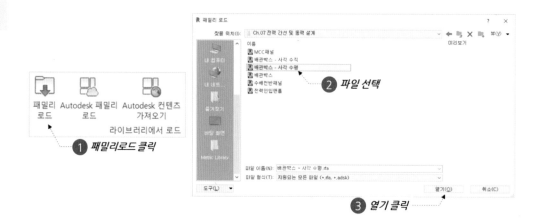

07

프로젝트 탐색기의 전기 설비에서 로드된 패밀리를 확인합니다.

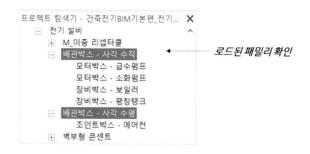

배관박스 배치

배관박스를 기계장비 주위에 배치합니다. 배관 기구는 레벨 위에 배치되기 때문에 간격띄우기 값을 직접 입력해야 합니다.

TIP

지하1층 평면 뷰 외 불필요한 뷰 모두 닫기

01

프로젝트 탐색기에서 지하1층 평면도를 열고, 기계실 부분을 확대합니다. 만약 뷰에서 기계 장비가 표시되지 않는다면, 메뉴에서 [가시성/그래픽]을 클릭하고, 재지정 창에서 기계 장비를 체크하고 [확인]을 클릭합니다. 뷰에서 기계 장비가 표시되는 것을 확인합니다.

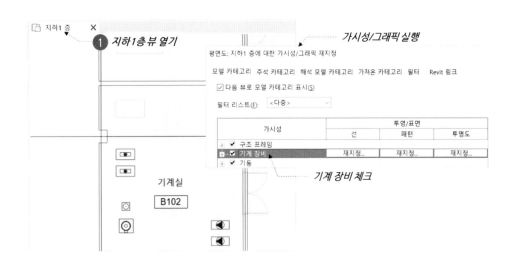

02

메뉴에서 시스템 탭의 전기 패널에서 장치를 확장하여 [전기 설비]를 클릭합니다.

필요시 유형 편집을 클릭
하여 유형의 이름, 크기
등을 수정하여 사용
입력한 700은 해당 레벨
로부터 모터박스 중심
까지의 위쪽 방향으로
700mm 거리를 말함

03

유형 선택기에서 **모터박스-급수펌프**를 선택합니다. 특성에서 레벨로부터 입면도 700, 전선
관지름 35를 입력합니다. 뷰에서 펌프 주위에 2개의 모터박스를 각각 **클릭하여 배치**합니다.
정확한 위치는 중요하지 않습니다.

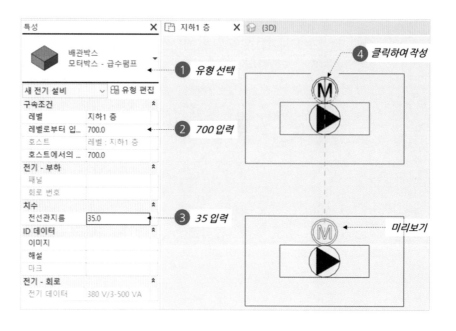

04

유형 선택기에서 **장비박스 – 팽창탱크**를 선택하고, 특성 창에서 레벨로부터 입면도를 500
으로 입력하고, 전선관지름을 35로 입력합니다. 뷰에서 탱창탱크 주위에 배관박스를
배치합니다.

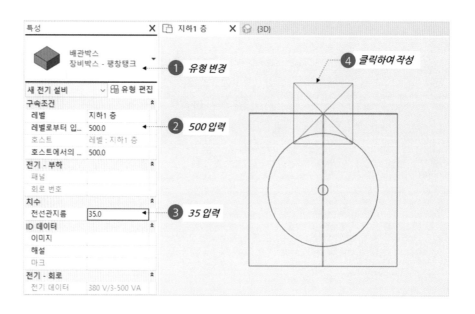

TIP

필요시 유형 편집을 클릭
하여 유형의 이름, 크기
등을 수정하여 사용

05

같은 방법으로 유형 탐색기에서 **장비박스 – 보일러** 유형을 선택하고, 특성에서 레벨로부터
입면도 1000, 전선관지름 35를 입력합니다. 뷰에서 보일러 주위에 장비박스를 배치합
니다.

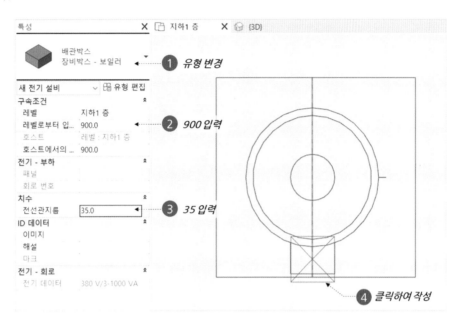

TIP

필요시 유형 편집을 클릭
하여 유형의 이름, 크기
등을 수정하여 사용

06

같은 방법으로 유형탐색기에서 **모터박스 – 소화펌프** 유형을 선택합니다. 특성 창에서 레벨
로부터 입면도 300, 전선관지름 35를 입력합니다. 뷰에서 펌프 주위에 모터박스를 2개
배치합니다. esc 를 두 번 눌러 완료합니다.

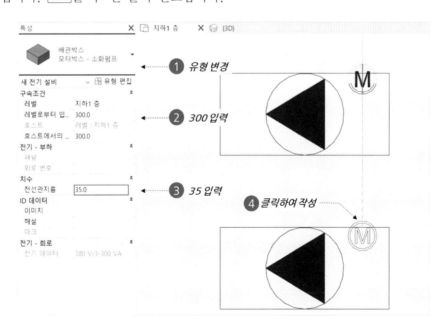

07

뷰에서 기계실 공간을 선택하고, 메뉴에서 **선택상자**(🖐)를 클릭합니다. 3차원 뷰에서
단면상자의 높이를 조정하여 작성한 배관박스를 확인합니다.

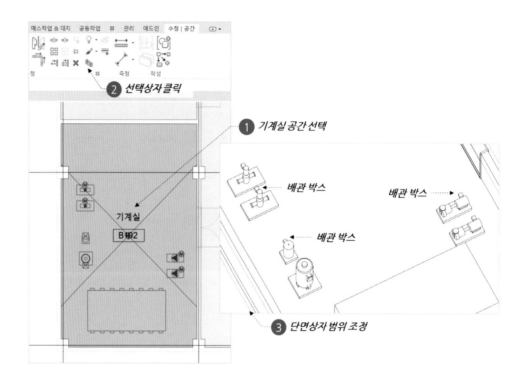

08

1층 천장의 에어컨 주위에 조인트박스를 배치하기 위해 1층 평면을 엽니다. 1층의 로비 부분을
확대하고 메뉴에서 [전기 설비]를 클릭합니다.

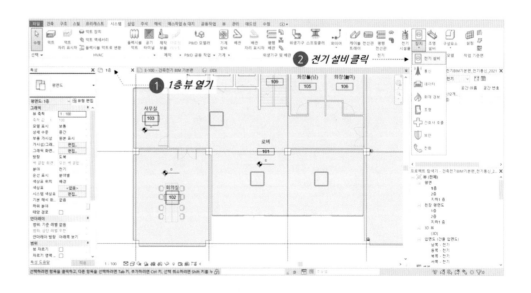

09

유형 선택기에서 **조인트박스 – 에어컨** 유형을 선택합니다. 레벨로부터 입면도는 3700을 입력하고, 전선관지름은 16 그대로 사용합니다. 뷰에서 미리보기를 참고하여 에어컨 위에 조인트박스를 배치합니다. 정확한 위치는 중요하지 않습니다.

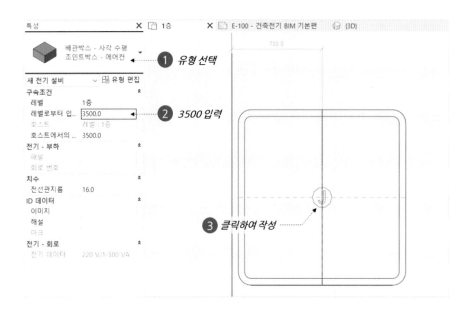

10

같은 방법으로 로비의 2대의 에어컨에 조인트박스를 배치하고, [esc]를 두 번 눌러 완료합니다.

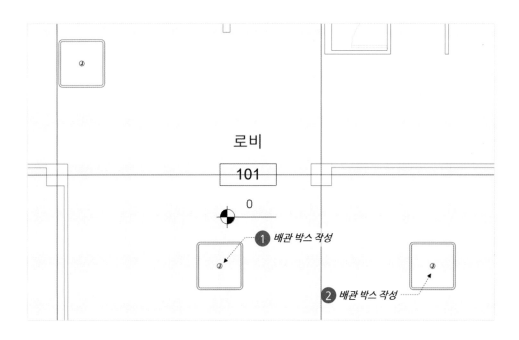

MCC 패밀리 탐색

MCC 패밀리는 단순한 사각 형태로 3차원의 판넬 이름, 커넥터, 평면 기호로 구성됩니다.

01

파일탭의 열기에서 [패밀리]를 클릭합니다. 열기 창에서 예제 파일의 MCC 패널을 선택하고 [확인]을 클릭합니다.

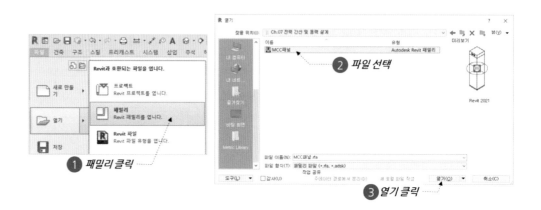

02

뷰1이 표시되고, 3차원 형상 및 문자, 커넥터가 표시됩니다. MCC 패밀리는 레벨 또는 바닥에 배치되는 패밀리이기 때문에 배치 형상이 없습니다.

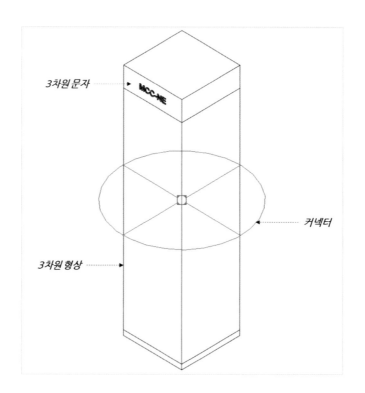

03

프로젝트 탐색기에서 [참조 레벨]을 엽니다. 참조레벨에는 MCC의 크기를 변경할 수 있는 **참조 평면 및 크기 매개변수**와 평면도에서 표시할 **기호**가 작성되어 있습니다.

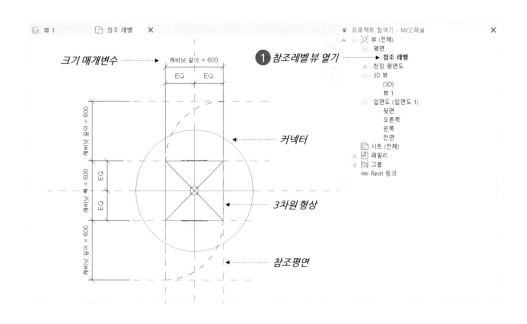

04

메뉴에서 작성 탭의 특성 패널에서 **패밀리 유형**(⊞) 클릭합니다. 패밀리 유형 창에서 유형 특성을 확인합니다. [확인]을 클릭하여 창을 닫습니다.

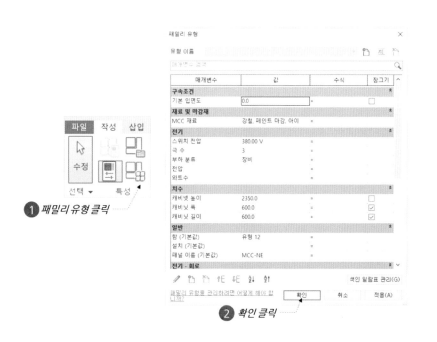

05

메뉴에서 [**프로젝트에 로드한 후 닫기**]를 클릭합니다. 만약 파일 저장 창이 표시되면, [아니요]를 클릭하고, 프로젝트에서 패밀리를 작성할 수 있는 상태가 되면 $\boxed{\text{esc}}$를 눌러 취소합니다.

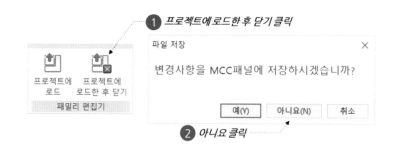

06

프로젝트 탐색기에서 패밀리의 **전기 시설물**에서 로드한 패밀리를 확인할 수 있습니다.

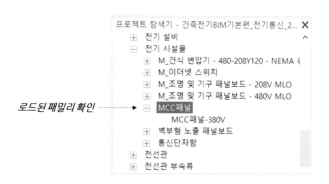

MCC 배치 및 동력 회로 작성

MCC 패밀리를 기계실에 배치합니다. MCC 패밀리는 뷰에서 바닥이 있는 경우 바닥에 배치되고, 바닥이 없으면 레벨에 배치됩니다.

01

지하1층 평면을 열고, 뷰에서 기계실 부분을 확대합니다.

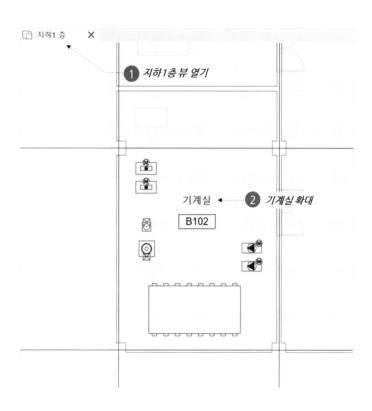

02

메뉴에서 시스템 탭의 전기 패널에서 [전기 시설물]을 클릭합니다. 수정 | 배치 장비 탭의 배치 탭에서 [면에 배치]를 클릭합니다. 작업 기준면에 배치는 레벨에 배치할 때 사용합니다.

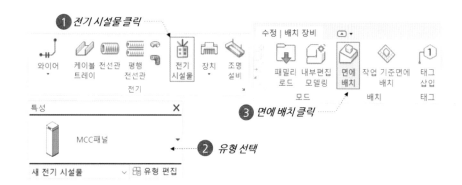

03

유형 선택기에서 MCC패널을 선택하고, [유형 편집]을 클릭합니다. 필요시 부하분류, 크기 등을 수정합니다. [확인]을 클릭하여 유형 특성 창을 닫습니다.

04

뷰에서 마우스의 위치에 미리보기가 표시됩니다. 스페이스바를 누르면 90도씩 미리보기가 회전합니다. 건축구조모델의 바닥 위에 마우스를 위치하면 배치할 면이 하이라이트 됩니다. 미리보기를 참고하여 클릭하여 배치합니다. 정확한 위치는 중요하지 않습니다.

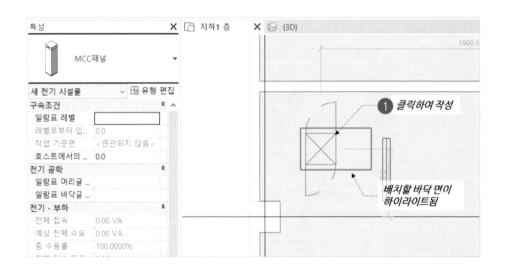

05

계속해서 MCC패널을 작성하고 esc 를 눌러 완료합니다. 작성한 MCC를 선택하고 특성에서 레벨로부터 입면도 값이 바닥 면의 높이에 맞춰 자동으로 입력되는 것을 확인합니다.

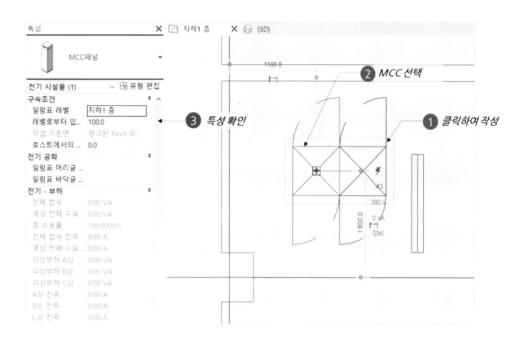

06

뷰에서 기계실 공간을 선택하고, 메뉴에서 **선택 상자(🖐)**를 클릭합니다. 3차원 뷰에서 단면 상자를 선택하고 위쪽 범위를 조정하여 MCC패널을 확인합니다.

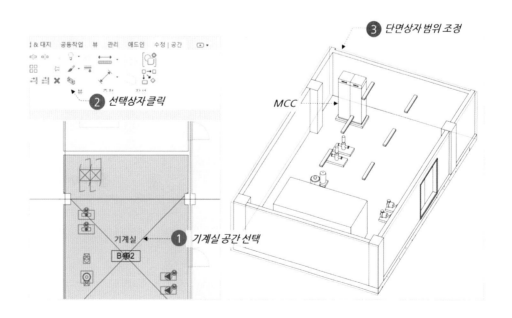

TIP

패널 이름 입력 및 부하
분류 약어 선택은 반드시
필요함

07

작성한 MCC를 선택하고 특성에서 패널 이름을 'MCC-NE1'과 'MCC-NE2'를 입력하고, 회로
이름 지정을 부하 분류 약어를 선택합니다.

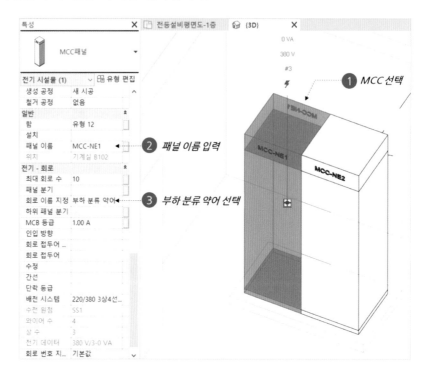

08

동력 회로 작성을 위해 앞서 작성한 모터 박스를 선택합니다. 메뉴에서 [전력]을 클릭합니다.
패널에서 'MCC-NE1'를 선택하고, [경로 편집]을 클릭합니다.

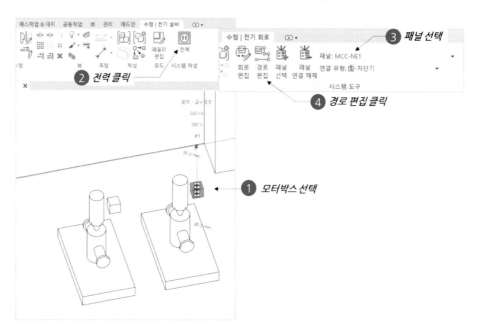

TIP

필요시 경로 선에 제어
점을 추가하여 경로를
더욱 상세하게 수정할 수
있음
제어점의 추가는 경로
선을 선택하고 우클릭
하여 제어점 삽입 클릭

09

메뉴에서 경로 간격띄우기를 3500으로 입력합니다. 3500은 케이블트레이 및 전선관 높이를
예상한 값입니다. 뷰에서 경로를 확인하고, 메뉴에서 [경로 편집 마침]을 클릭하여 완료합니다.

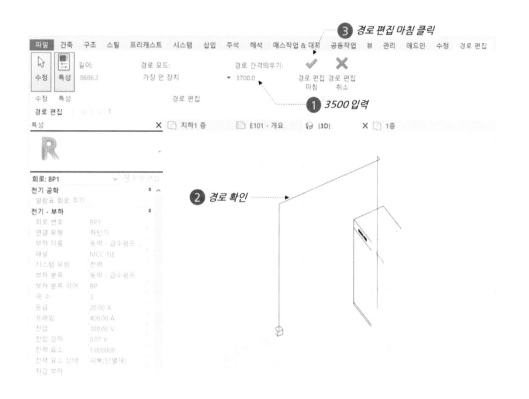

10

같은 방법으로 모터박스 및 장비박스의 회로를 작성합니다. 하나의 박스씩 작성하는 것에
주의합니다. 소화펌프의 모터 박스는 'MCC-NE2' 패널에 연결합니다. 시스템 탐색기에서
작성한 내용을 확인합니다.

동력 분전반 배치 및 동력 회로 작성

동력 회로 작성을 위해 동력 분전반을 배치합니다. 동력 분전반은 전등/전열 분전반과 같은 패밀리의 다른 유형입니다.

TIP

유사 작성은 요소의 우 클릭 메뉴에서도 사용 가능

01

프로젝트 탐색기에서 1층 평면도를 더블 클릭하여 엽니다. EPS/TPS실을 확대하고, 분전반을 선택하고 메뉴에서 유사 작성(📑)을 클릭합니다.

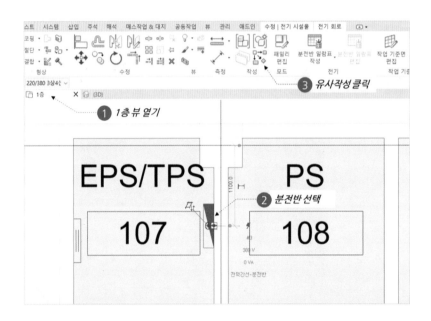

TIP

필요시 유형 편집을 클릭 하여 유형의 이름, 크기 등을 수정하여 사용

02

메뉴에서 [수직 면에 배치]를 클릭합니다. 유형 선택기에서 **분전반_동력_일반**을 선택합니다. 특성에서 레벨로부터 입면도 값에 기존 분전반의 높이가 자동으로 입력된 것을 확인합니다.

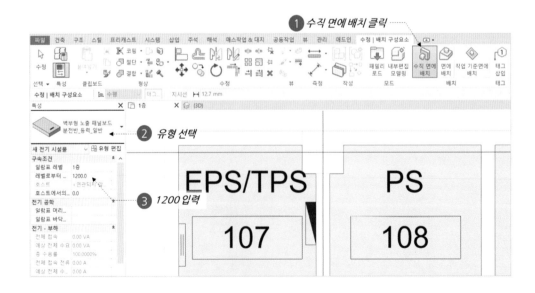

TIP

패널 이름 입력 및 부하
분류 약어 선택은 반드시
필요함

03

특성 창에서 패널 이름은 P-1F, 회로 이름 지정은 부하 분류 약어를 선택합니다. 뷰에서
미리보기를 참고하여 클릭하여 분전반을 배치합니다. esc 를 두 번 눌러 완료합니다.

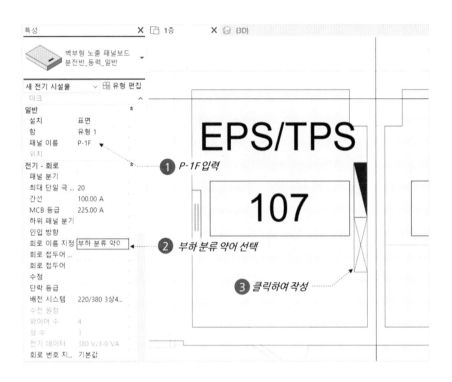

① P-1F 입력
② 부하 분류 약어 선택
③ 클릭하여 작성

04

에어컨의 동력 회로를 작성하기 위해 조인트박스를 선택하고, 메뉴에서 [전력]을 클릭합니다.
메뉴에서 패널을 'P-1F'를 선택합니다.

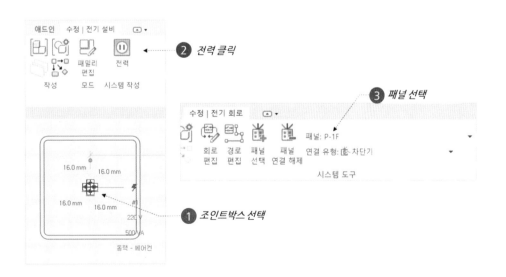

② 전력 클릭
③ 패널 선택
① 조인트박스 선택

05

같은 방법으로 조인트 박스와 동력 패널을 연결하는 **회로를 하나씩 작성합니다**. 작성한 내용을
시스템 탐색기에서 확인할 수 있습니다.

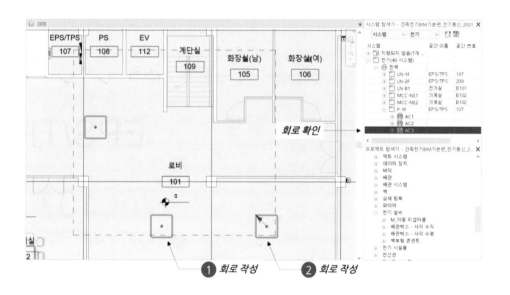

06

뷰에서 로비와 EPS/TPS 공간을 선택하고, 메뉴에서 **선택 상자(🗔)**를 클릭합니다. 3차
원 뷰에서 단면 상자의 위쪽 범위를 조정합니다.

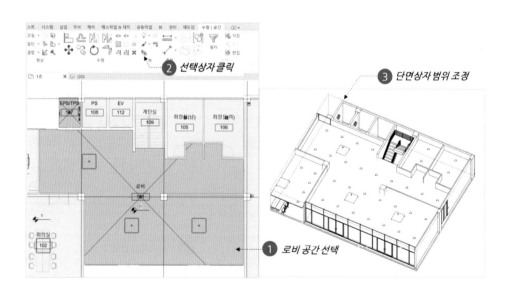

07

뷰에서 조인트박스를 선택하고, 메뉴에서 [전기 회로] 탭을 클릭합니다. 메뉴에서 [경로 편집]을 클릭합니다.

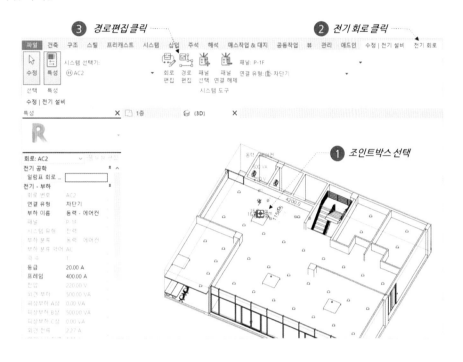

08

메뉴에서 경로 간격띄우기를 3700으로 입력합니다. 3700은 케이블트레이 및 전선관의 예상 높이입니다. 뷰에서 경로를 확인하고, 메뉴에서 [경로 편집 마침]을 클릭합니다. 같은 방법으로 다른 조인트박스회로의 경로를 편집합니다.

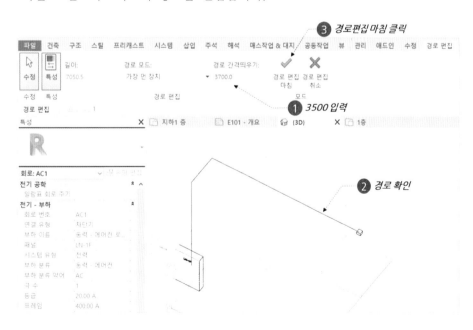

02 전력 간선

학습내용 | 수배전반 패밀리 탐색, 수배전반 배치, 전력 간선 회로 작성, 전력인입 맨홀 패밀리 탐색 및 배치

학습 결과물 예시

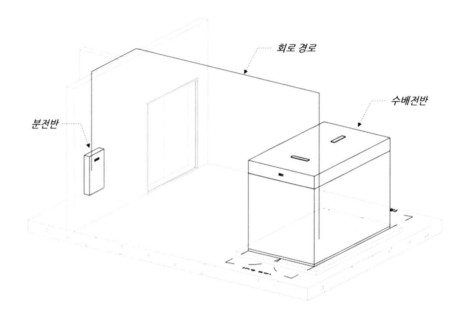

회로 경로

수배전반

분전반

수배전반 패밀리 탐색

수배전반 패밀리는 단순한 사각 형태와 3차원 문자, 커넥터로 구성됩니다. 수배전반은 평면에서도 기호 대신 실제 형상이 표시됩니다.

01

파일 탭의 열기에서 [패밀리]를 클릭합니다. 열기 창에서 예제파일의 **수배전반 패밀리**를 선택하고, [확인]을 클릭합니다.

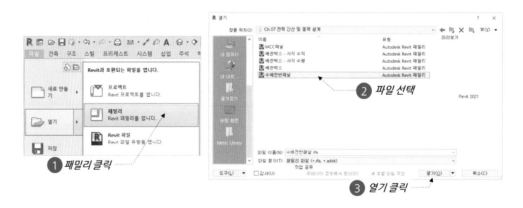

02

뷰1에는 수배전반의 3차원 형상, 3차원 문자, 전기 커넥터 및 케이블 트레이 커넥터가 표시됩니다.

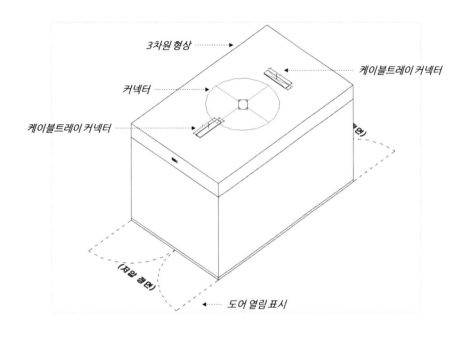

03

프로젝트 탐색기에서 [참조 레벨]을 엽니다. 수배전반의 크기를 변경할 수 있는 **참조 평면**및 **크기 매개변수**가 작성되어 있습니다.

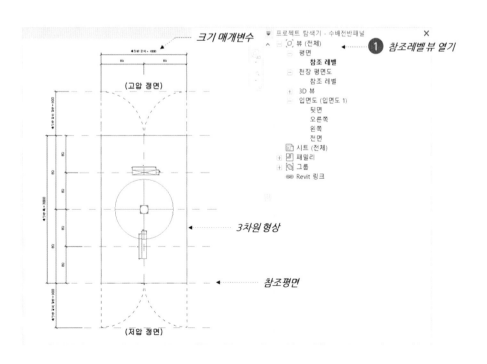

04

메뉴에서 **패밀리 유형**(🖳)을 클릭합니다. 패밀리 유형에서 속성 정보를 확인할 수 있습니다. [확인]을 클릭하여 창을 닫습니다.

① 패밀리 유형 클릭
② 확인 클릭

05

메뉴에서 [**프로젝트에 로드한 후 닫기**]를 클릭합니다. 만약 파일 저장 창이 표시되면 [아니요]를 클릭하고, 프로젝트에서 패밀리를 작성할 수 있는 상태가 되면 esc 를 눌러 취소합니다. 프로젝트 탐색기의 전기 시설물에서 로드한 패밀리를 확인합니다.

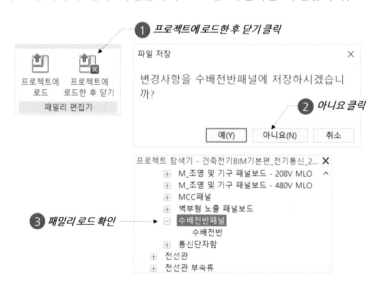

① 프로젝트에 로드한 후 닫기 클릭
② 아니요 클릭
③ 패밀리 로드 확인

수배전반 배치

수배전반 패밀리를 전기실에 배치합니다. 수배전반 패밀리는 뷰에서 바닥이 표시된 경우 바닥에 배치되고, 바닥이 표시되지 않으면 현재 레벨에 배치됩니다.

01

프로젝트 탐색기에서 지하1층 평면을 열고 전기실 부분을 확대합니다. 메뉴에서 [전기 시설물]을 클릭합니다.

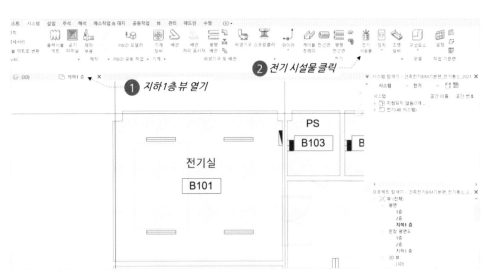

TIP

필요시 유형 편집을 클릭하여 유형의 이름, 크기 등을 수정하여 사용

02

유형 선택기에서 수배전반을 선택하고, 특성에서 패널 이름은 SS1, 회로 이름 지정은 **표준**을 선택합니다. 메뉴에서 [**면에 배치**]를 선택합니다. 뷰에서 미리보기를 참고하여 수배전반을 클릭하여 배치합니다. 정확한 위치는 중요하지 않습니다.

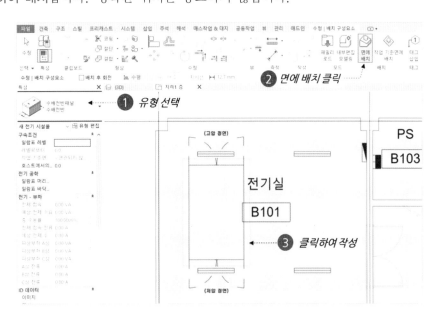

03

지하1층 뷰에서 전기실 공간을 선택하고, 메뉴에서 **선택상자(🔖)**를 클릭합니다. 3차원 뷰에서 단면 상자의 범위를 조정하여 작성한 내용을 확인합니다.

① *3차원 뷰에서 확인*

전력 간선 회로 작성

배치한 수배전반과 분전반 및MCC를 연결하는 회로를 작성합니다.

01

지하1층 평면을 열고, 뷰에서 MCC를 선택합니다. 메뉴에서 [전력]을 클릭하여 회로를 작성합니다. 전기 회로의 메뉴에서 패널을 'SS1'로 선택합니다.

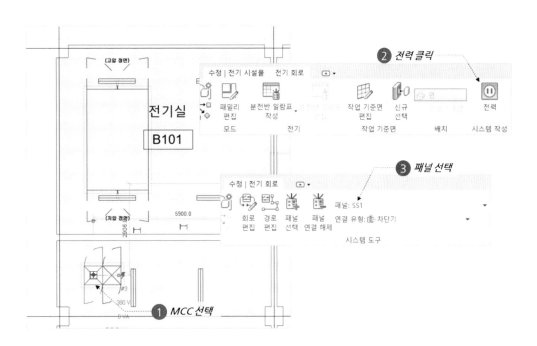

02

메뉴에서 [경로 편집]을 클릭합니다. 경로 간격띄우기에 3500을 입력합니다. 3500은 케이블 트레이의 높이를 예상한 값입니다. [경로 편집 마침]을 클릭하여 완료합니다.

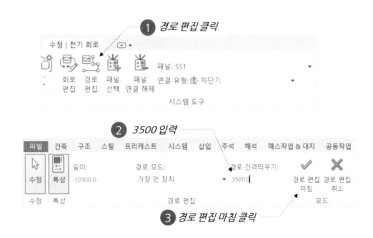

03

같은 방법으로 2번째 MCC의 회로를 작성합니다. 시스템 탐색기에서 작성한 회로를 확인합니다.

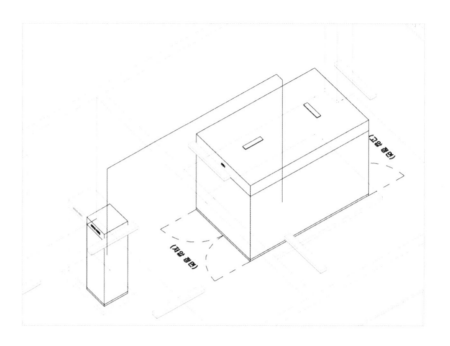

04

시스템 탐색기에서 작성한 회로를 확인합니다.

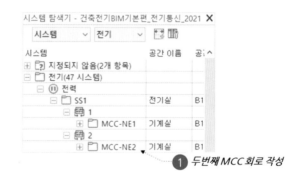

05

전기실의 분전반을 선택합니다. 메뉴에서 [전력]을 클릭하여 회로를 작성합니다.

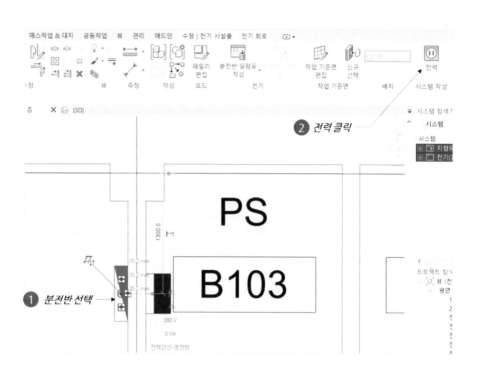

06

메뉴에서 패널을 'SS1'로 선택하고, [경로 편집]을 클릭합니다. 경로 간격띄우기를 3500으로 입력하고 [경로 편집 마침]을 클릭하여 완료합니다. 3500은 케이블트레이 및 전선관의 예상 높이입니다.

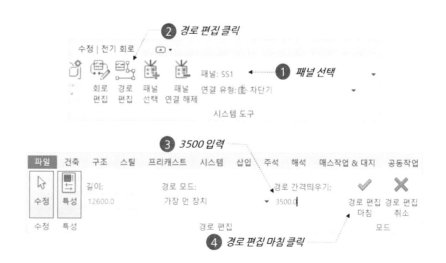

07

시스템 탐색기에서 작성한 회로를 확인합니다. 수배전반 아래 회로 번호가 표시되고, 회로
번호 아래 패널 이름이 표시됩니다.

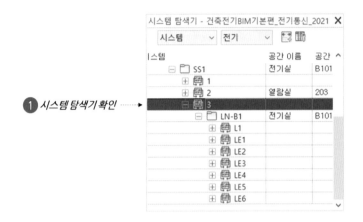

**전력인입 맨홀
패밀리 탐색 및
배치**

전력인입 맨홀 패밀리를 탐색하고 건물의 외부에 배치합니다. 전력인입 맨홀 패밀리는 전기적
특성 없이 형상만 표현합니다.

01

전력인입 맨홀 패밀리를 로드하기 위해 파일 탭의 열기에서 **[패밀리]**를 클릭합니다. 열기
창에서 예제파일의 '**전력인입맨홀**'을 선택하고 **[열기]**를 클릭합니다.

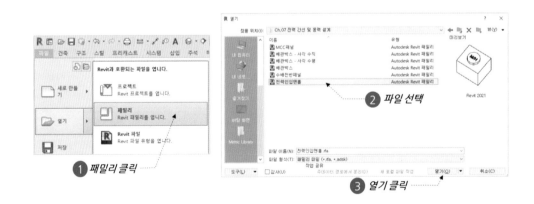

02

전력인입맨홀 패밀리는 3차원 형상 및 문자로 구성되어 있습니다. 참조 레벨에는 맨홀의 크기를 변경할 수 있는 참조 평면과 크기 매개변수가 작성되어 있습니다.

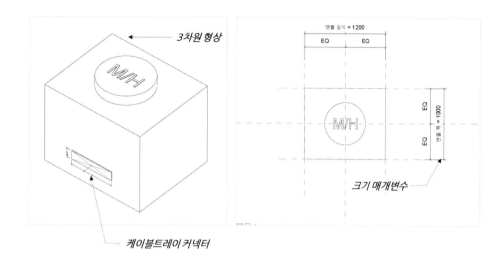

03

메뉴에서 **패밀리 유형**(⬚)을 클릭합니다. 패밀리 유형 창에서 재료, 치수 등의 설정을 확인할 수 있습니다. [확인]을 클릭하여 창을 닫습니다.

❶ 패밀리 유형 클릭

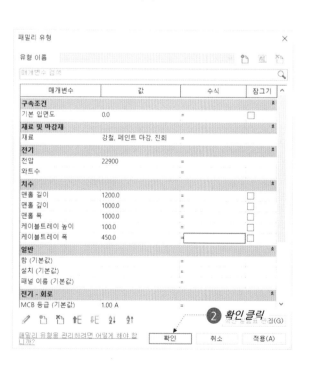

❷ 확인 클릭

04

메뉴에서 [프로젝트에 로드한 후 닫기]를 클릭합니다. 만약 파일 저장 창이 표시되면 [아니요]를 클릭합니다.

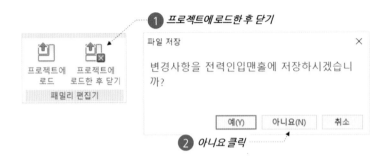

05

프로젝트에서 맨홀 요소의 배치 명령이 자동으로 실행되면 [esc]를 눌러 취소합니다. 프로젝트 탐색기에서 로드된 패밀리를 확인합니다.

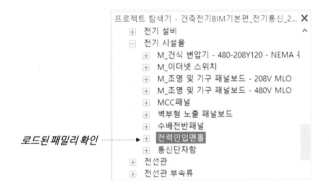

06

맨홀을 배치하기 위해 1층 평면을 엽니다. 지하1층의 장비를 뷰에 표시하기 위해 특성에서 분야는 **좌표**, 언더레이의 범위 기준 레벨은 지하1층을 선택합니다. 뷰에 수배전반 장비가 표시되는 것을 확인합니다.

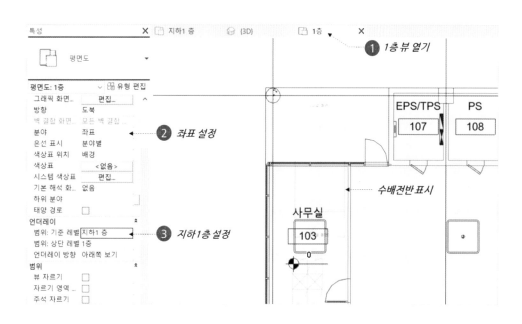

TIP

필요시 유형 편집을 클릭하여 유형의 이름, 크기 등을 수정하여 사용

07

메뉴에서 [전기 시설물]을 클릭합니다. 유형 선택기에서 '전력인입맨홀'을 선택합니다. 뷰에서 미리보기와 정렬선을 참고하여 지하1층의 수배전반과 중심이 일치하도록 클릭하여 맨홀을 작성합니다. esc 를 두 번 눌러 완료합니다.

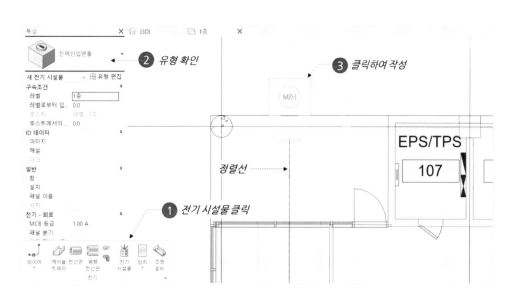

08

1층 평면뷰의 특성 창에서 다시 분야는 전기, 언더레이 범위 기준 레벨은 없음을 선택합니다.
3차원 뷰에서 작성된 맨홀을 확인합니다.

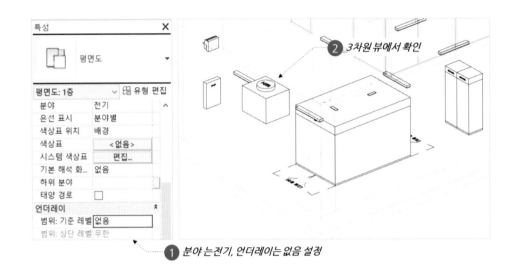

MEMO

SECTION

03 케이블트레이 작성

학습내용 | 설정, 작성-커넥터 이용, 작성-메뉴 이용, 부속류 수정, 트레이 진행 방향 수정,
트레이 높이 변경, 트레이 높이 수정, 트레이 유형 및 크기 수정, 수직 트레이와
수평 트레이 연결

학습 결과물 예시

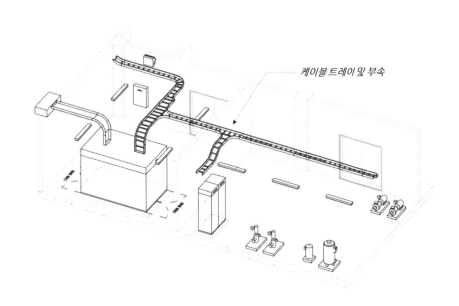

케이블트레이 및 부속

설정

전기 설정에서 케이블트레이의 일반적인 내용을 설정하고, 유형 특성에서 피팅의 종류를 설정
합니다.

01

메뉴에서 시스템 탭의 전기 패널에서 **설정**(ⅴ)을 클릭합니다. 전기 설정 창에서 케이블트
레이 설정의 '크기'를 클릭합니다. 크기는 케이블트레이의 폭입니다. 새 크기를 추가하
거나 수정할 수 있습니다. [확인]을 클릭하여 창을 닫습니다.

1 전기 설정 클릭

편집 메뉴

2 크기 클릭

3 확인 클릭

케이블 트레이 및 부속류
의 유형은 전기 템플릿
에 미리 포함되어 있음

02

프로젝트 탐색기에서 패밀리의 '케이블트레이'를 확장합니다. 케이블트레이의 패밀리 및 유형이
표시됩니다. 케이블 트레이 부속류를 확장하면 케이블 트레이 부속류의 패밀리 유형이 표시
됩니다.

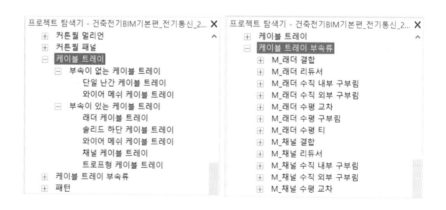

03

케이블트레이는 부속이 없는 것과 있는 패밀리가 있습니다. 부속이 없는 패밀리는 케이블 트레이의 연결 부분이 구분 없이 연속으로 표시됩니다. 부속이 있는 패밀리는 케이블트레이와 부속이 표시됩니다.

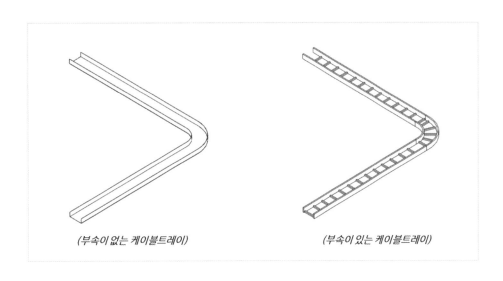

(부속이 없는 케이블트레이)   (부속이 있는 케이블트레이)

04

프로젝트 탐색기에서 부속이 있는 케이블 트레이의 유형 종류를 확인합니다. 래더 유형은 전기, 솔리드하단 유형은 고압, 채널 유형은 통신에 주로 사용합니다.

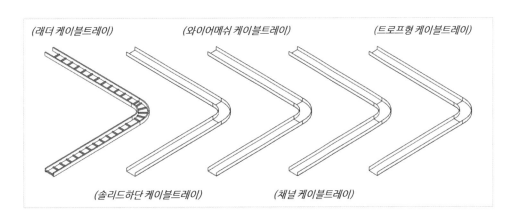

(래더 케이블트레이)   (와이어메쉬 케이블트레이)   (트로프형 케이블트레이)

(솔리드하단 케이블트레이)   (채널 케이블트레이)

TIP

프로젝트 탐색기에서
우클릭한 후 유형 특성
을 클릭할 수도 있음

05

프로젝트 탐색기에서 부속이 있는 케이블 트레이 패밀리의 '래더 케이블 트레이'를 더블 클릭합니다. 유형 특성 창이 표시되면 부속 설정을 확인합니다. 부속은 케이블 트레이가 연결되는 부분에 자동으로 생기는 부속의 종류를 설정할 수 있습니다. [확인]을 클릭하여 유형 특성 창을 닫습니다.

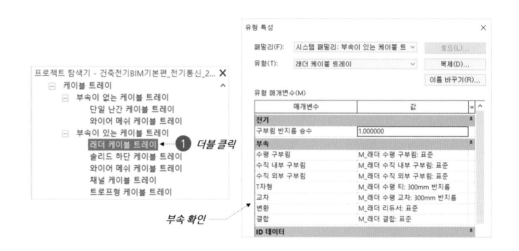

06

케이블트레이는 3차원 뷰, 평면도, 단면도 등 각 뷰의 **상세 수준**에 따라 다르게 표현됩니다. 상세 수준의 높음에서는 실제 모습이 표현되고, 중간은 박스 형태로 표현, 낮음은 선으로 표현됩니다.

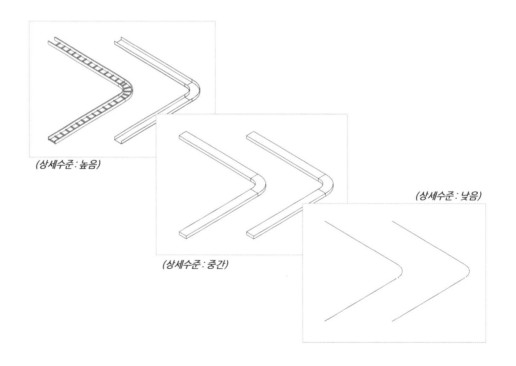

(상세수준 : 높음)

(상세수준 : 중간)

(상세수준 : 낮음)

07

케이블트레이는 시스템패밀리로 별도의 파일로 저장할 수 없습니다. 케이블트레이를 다른 프로젝트로 복사하기 위해서는 클립보드를 이용할 수 있습니다. 프로젝트 표준 전송을 이용하면 케이블 트레이의 설정, 유형, 크기를 다른 프로젝트로 복사할 수 있습니다.

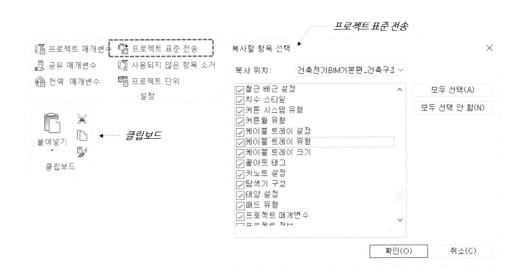

08

케이블 트레이 부속은 컴포넌트 패밀리로 패밀리 파일로 저장하여 다른 프로젝트에서 사용할 수 있습니다. 프로젝트 탐색기에서 케이블 트레이 부속류의 '래더 수평 구부림' 유형을 우클릭하여 [편집]을 클릭합니다.

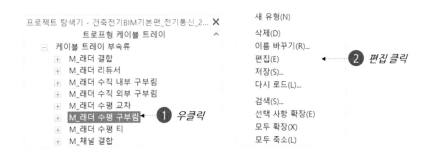

패밀리 파일이 열리고 뷰1이 표시됩니다. 3차원 뷰의 모습을 확인합니다. 뷰1을 닫아 패밀리 편집을 종료합니다. 만약 저장 창이 표시되면 [아니요]를 클릭합니다.

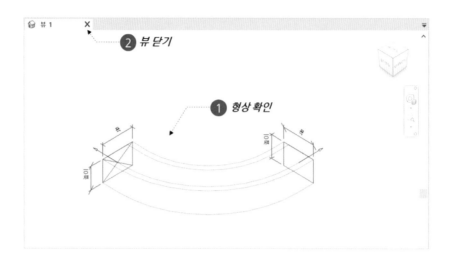

작성-커넥터 이용

수배전반, 분전반 등의 커넥터를 이용하여 케이블트레이를 편리하게 작성할 수 있습니다.

01

3차원 뷰를 열고, 특성 창에서 분야의 전기를 선택하고, 단면 상자를 체크합니다. 뷰에서 단면상자의 범위를 조정합니다.

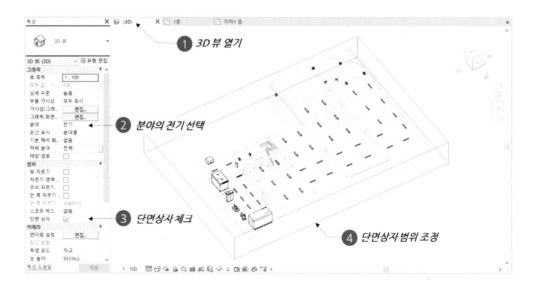

02

뷰에서 전력인입맨홀을 선택하고, 커넥터를 우클릭합니다. 우클릭 메뉴에서 [케이블 트레이 그리기]를 클릭합니다.

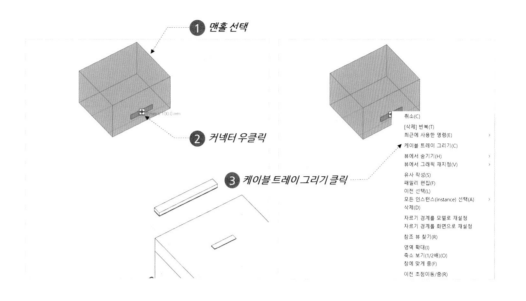

03

메뉴와 옵션바의 내용을 확인합니다. 기본 입력된 내용을 그대로 사용합니다. 유형 선택기에서 부속이 있는 케이블 트레이 패밀리의 솔리드 하단 케이블 트레이로 선택합니다. 뷰에서 수배전반의 커넥터를 클릭합니다.

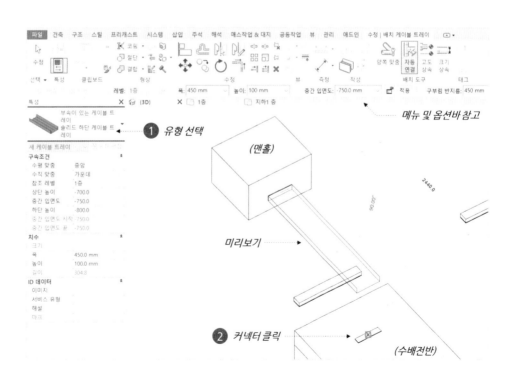

04

뷰에서 작성된 내용을 확인합니다. esc 를 눌러 완료합니다.

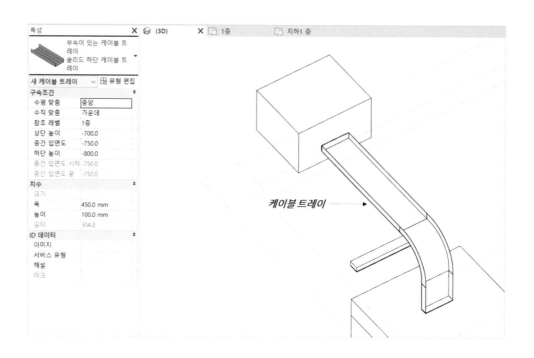

TIP

아래쪽 커넥터를 우클
릭하는 것에 주의

05

계속해서 케이블트레이를 작성하기 위해 수배전반을 선택하고, 커넥터를 우클릭합니다. 우
클릭 메뉴에서 [케이블 트레이 그리기]를 클릭합니다.

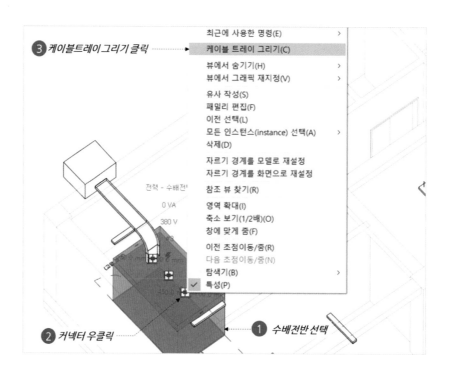

TIP

중간 입면도의 3200은
지하1층 레벨로부터 케
이블 트레이 중심까지의
위쪽 방향으로 거리를
말함

06

유형 선택기에서 부속이 있는 케이블 트레이 패밀리의 래더 케이블 트레이를 선택합니다. 옵션바에서 중간 입면도 3200을 입력하고, [enter]를 누릅니다. 뷰에서 마우스를 수배전 반의 오른쪽으로 이동하고 2500을 입력하고 [enter]를 누릅니다.

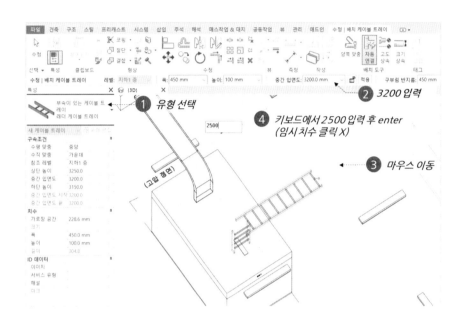

07

뷰에서 수직 및 수평 케이블 트레이가 작성된 것을 확인합니다. 케이블트레이의 크기를 변경 하기 위해 옵션바에서 폭을 300으로 입력합니다. 뷰에서 마우스를 진행 방향으로 이동한 후 키보드에서 1500을 입력하고 [enter]를 누릅니다.

08

케이블 트레이의 방향을 전환하기 위해 옵션바에서 **구부림 반지름**을 확인합니다. 구부림 반지름은 트레이를 연결하는 부속의 반지름입니다. 트레이의 폭이 기본 값으로 입력됩니다. 필요시 구부림 반지름 값을 변경하여 작성합니다.

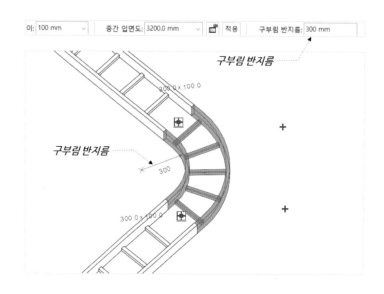

09

마우스의 방향을 90도 전환하여 이동한 후 키보드에서 3300을 입력하고 enter 를 누릅니다.

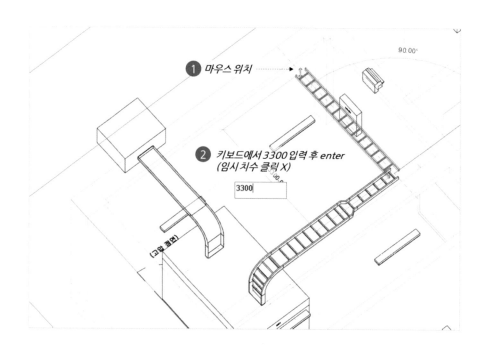

TIP

수직 케이블 트레이는
옵션바에서 중간 입면
도의 값 입력 후 적용
클릭하여 작성. 입력한
케이블 트레이의 상단
높이 8000은 임의의 값
으로 정확한 상단 높이는
다시 수정함

10

수직 케이블트레이를 작성하기 위해 옵션바에서 중간 입면도를 8000으로 입력하고 [적용]
버튼을 두 번 누릅니다. 8000은 수직방향 케이블트레이의 상단 높이입니다. 1~2초 후에
수직 방향 케이블트레이 및 부속류가 작성되면, esc 를 눌러 완료합니다.

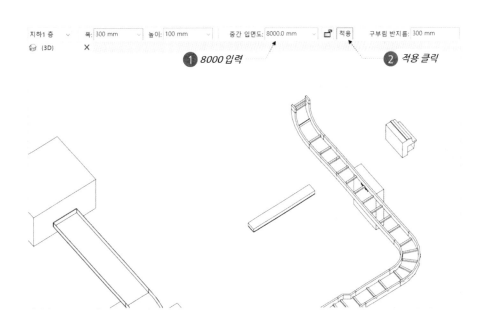

11

뷰에서 작성한 케이블트레이를 선택합니다. 케이블트레이의 양끝에 고도가 표시됩니다. 고도는
케이블트레이의 중심으로부터 레벨까지의 높이입니다. 옵션바에서 크기와 고도를 수정할 수
있습니다. 특성 창의 정보를 확인합니다.

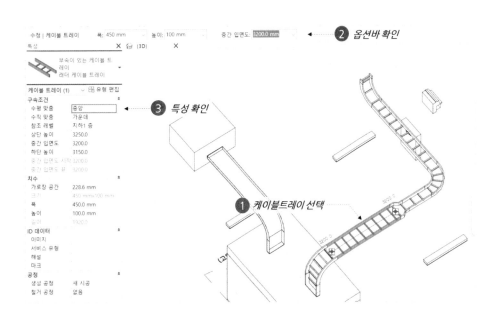

작성-메뉴 이용

메뉴를 이용하여 지하1층 전기실과 기계실에 케이블트레이를 작성합니다. 케이블트레이의 크기와 높이를 직접 입력하며 작성합니다.

01

3차원 뷰에서 전기실과 기계실이 보이도록 확대 또는 축소합니다. 메뉴에서 시스템 탭의 [케이블트레이]를 클릭합니다.

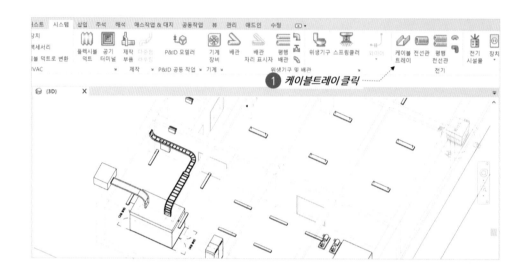

02

메뉴에서 [고도 상속]을 체크합니다. 고도 상속은 케이블트레이의 고도를 참고하는 요소의 값과 같도록 하는 기능입니다. 옵션바에서 폭은 300, 높이는 100을 입력합니다. 유형 선택기에서 래더 케이블 트레이 유형을 선택합니다. 참조 레벨은 지하1층을 선택합니다.

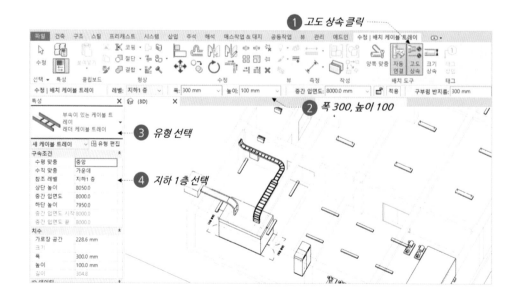

03

앞서 작성한 케이블 트레이의 중간에 마우스를 위치하면 삼각형의 **중간 스냅 마크**가 표시됩니다. 중간 스냅 마크 부분을 시작점으로 클릭합니다. 마우스를 수직 방향으로 이동한 후 끝점을 클릭합니다. esc를 두 번 눌러 완료합니다.

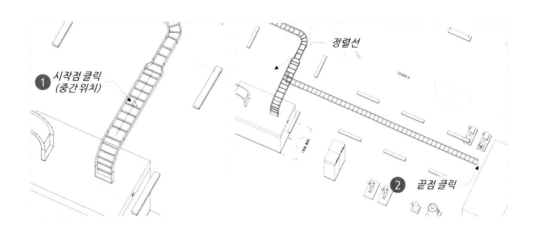

04

뷰에서 기존 케이블트레이의 고도에 맞춰 작성된 것을 확인합니다. 또한 연결 부위에 부속류가 작성된 것을 확인합니다.

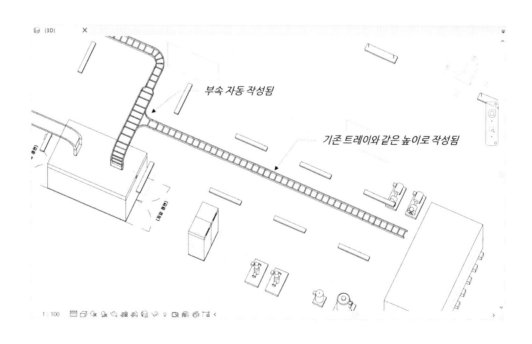

부속류 수정

작성된부속류의 반지름과 유형을 변경합니다.

01

3차원 뷰에서 앞서 작성한 부속류를 선택합니다. 부속류는 케이블 트레이 작성 시 자동으로 작성됩니다. 유형 선택기를 확장합니다. 부속류의 유형을 변경할 수 있습니다. 옵션바에서 **구부림 반지름**을 변경할 수 있습니다. 케이블 트레이의 폭이 기본값으로 설정됩니다.

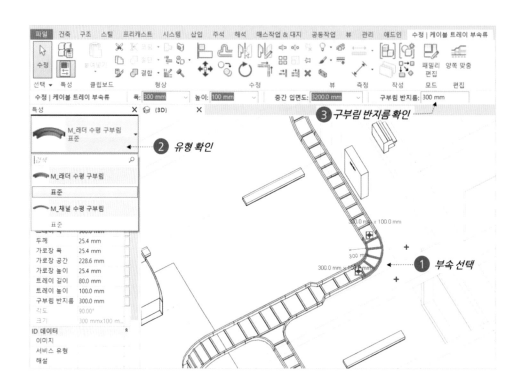

02

뷰에서 부속류 주위에 표시되는 + 마크를 클릭합니다. 부속류의 형태 및 유형이 변경되는 것을 확인합니다.

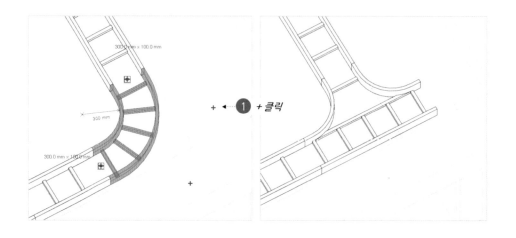

03

변경된 부속류를 선택합니다. 새로 추가된 커넥터를 우클릭합니다. 케이블 트레이 작성을 이용하여 새 케이블 트레이를 작성할 수도 있습니다. esc를 눌러 우클릭 메뉴를 취소합니다.

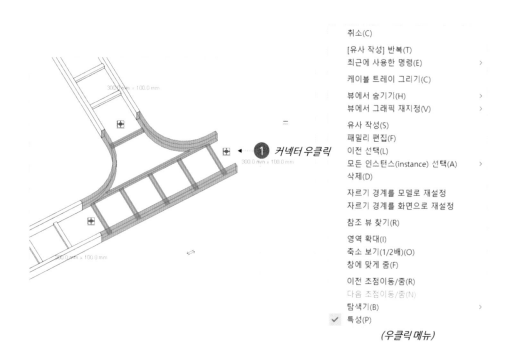

취소(C)
[유사 작성] 반복(T)
최근에 사용한 명령(E)
케이블 트레이 그리기(C)
뷰에서 숨기기(H)
뷰에서 그래픽 재지정(V)
유사 작성(S)
패밀리 편집(F)
이전 선택(L)
모든 인스턴스(instance) 선택(A)
삭제(D)
자르기 경계를 모델로 재설정
자르기 경계를 화면으로 재설정
참조 뷰 찾기(R)
영역 확대(I)
축소 보기(1/2배)(O)
창에 맞게 줌(F)
이전 초점이동/줌(R)
다음 초점이동/줌(N)
탐색기(B)
✓ 특성(P)

(우클릭 메뉴)

04

뷰에서 부속류 주위의 − 마크를 클릭합니다. 다시 부속류의 형태 및 유형이 변경된 것을 확인합니다.

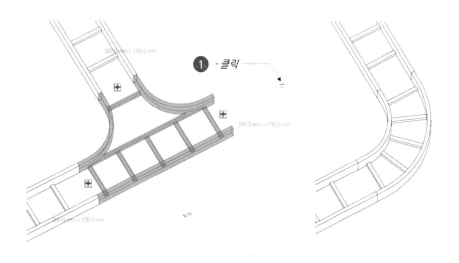

트레이 진행 방향 수정

트레이의 폭이 변경되는 부분에 트레이의 진행 방향을 수정합니다.

01

3차원 뷰에서 앞서 작성한 케이블 트레이 및 부속류를 선택합니다. 메뉴에서 [양쪽 맞춤]을 클릭합니다.

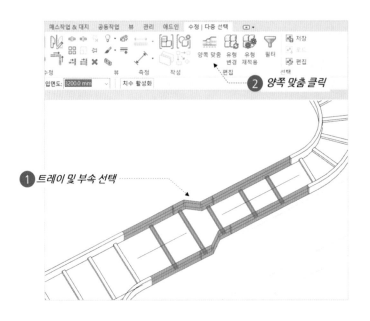

TIP

정렬선은 양쪽 맞춤의
기준을 3차원 뷰에서
직접 선택하는 기능

02

메뉴에 맞춤 관련 내용이 표시되고, 뷰에 방향을 나타내는 **화살표**가 표시됩니다. 메뉴에서 [제어점]을 클릭하면 화살표의 방향을 변경할 수 있습니다. 폭이 큰 케이블 트레이에 화살표가 위치하도록 [제어점]을 클릭하여 변경합니다.

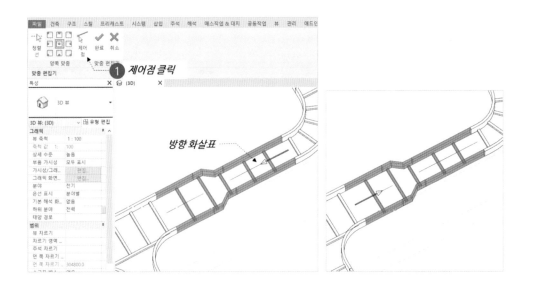

03

메뉴에서 **정렬 왼쪽 중간**을 선택합니다. 뷰에서 화살표의 위치가 변경된 것을 확인합니다.
메뉴에서 [완료]를 클릭합니다.

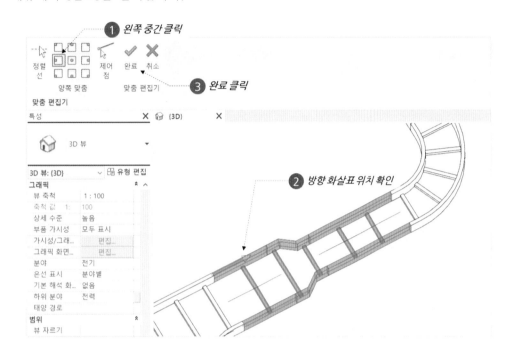

04

뷰에서 케이블 트레이 및 부속류가 변경된 것을 확인합니다.

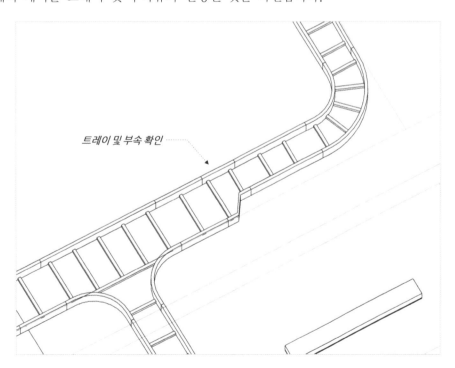

트레이 높이변경

케이블 트레이를 작성하는 과정에서 옵션바의 중간 입면도를 변경하면 트레이의 높이를 변경할 수 있습니다.

01

3차원 뷰에서 기계실 부분을 확대합니다. 앞서 작성한 케이블 트레이를 선택합니다. 메뉴에서 유사 작성(📑)을 클릭합니다.

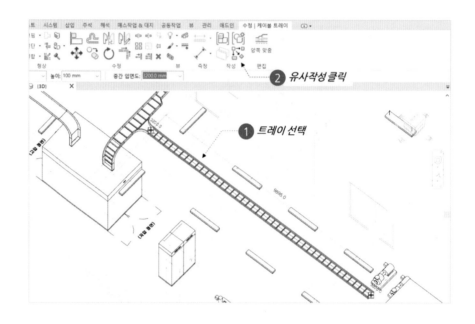

02

유형 선택기에서 앞서 선택한 요소와 같은 유형이 선택된 것을 확인합니다. 특성에서 같은 참조 레벨이 선택된 것을 확인합니다. 옵션바에서 앞서 선택한 요소와 같은 폭, 높이, 중간 입면도가 입력된 것을 확인합니다.

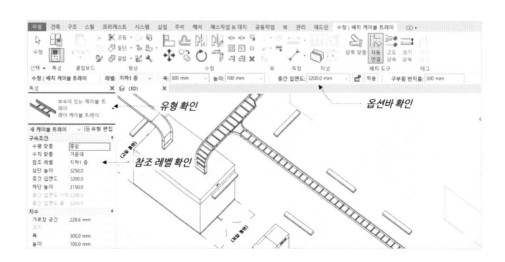

03

MCC 패널 주위에서 앞서 작성한 케이블 트레이의 중심선을 시작점으로 클릭합니다. 마우스를 수직 방향으로 이동한 후 키보드에서 800을 입력하고 enter 를 누릅니다. 정확한 위치는 중요하지 않습니다.

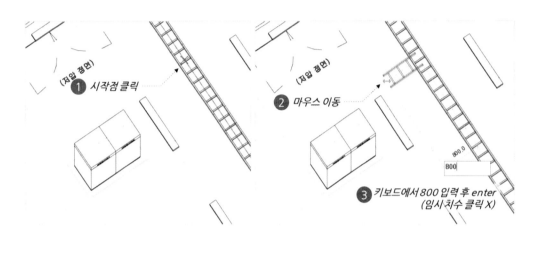

04

케이블 트레이가 작성되면 옵션바에서 중간 입면도를 2800으로 입력합니다. 1~2초 후 뷰에서 수직 케이블 트레이가 표시되는 것을 확인합니다. 마우스를 진행 방향으로 이동하여 끝점을 클릭하고 esc 를 두 번 눌러 완료합니다. 정확한 위치는 중요하지 않습니다.

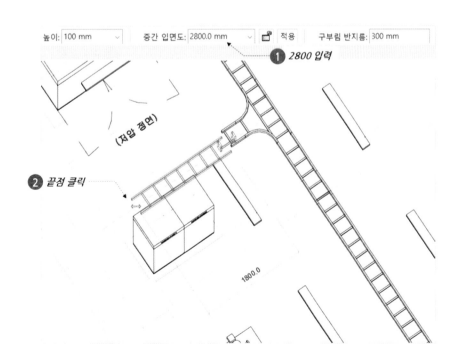

05

뷰에서 작성된 내용을 확인합니다. 케이블 트레이 작성 시 옵션바의 **중간 입면도**를 값을 변경하여 작성하면 케이블 트레이의 고도가 변경되고 관련 부속류가 자동으로 작성됩니다.

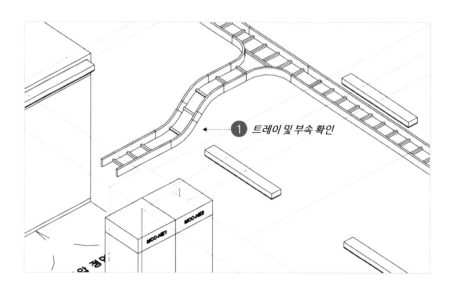

1 트레이 및 부속 확인

트레이 높이 수정

작성되어 있는 케이블 트레이의 높이를 분할 기능과 커넥터 연결을 이용하여 변경합니다.

01

메뉴에서 수정 탭의 **분할**(⬌)을 클릭합니다. 뷰에서 앞서 작성한 케이블 트레이의 중심선 임의의 위치를 클릭하고 esc를 두 번 눌러 완료합니다. 정확한 위치는 중요하지 않습니다.

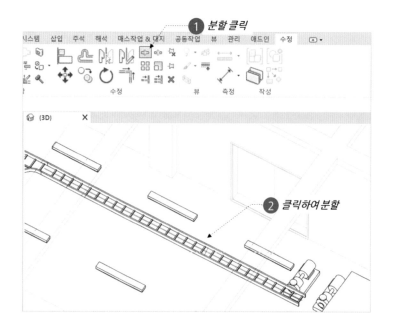

1 분할 클릭

2 클릭하여 분할

02

케이블 트레이가 분할되면 두 케이블 트레이를 연결하는 **결합 부속**이 만들어집니다. 결합 부속을 선택하고, 삭제합니다.

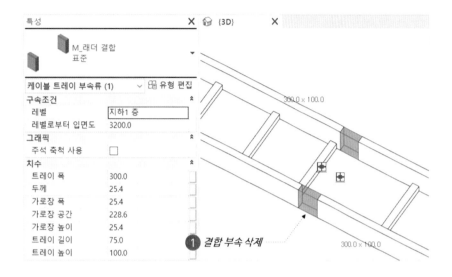

03

뷰에서 분할된 케이블 트레이의 오른쪽 케이블 트레이를 선택합니다. 옵션바에서 중간 입면 도를 2800으로 입력합니다.

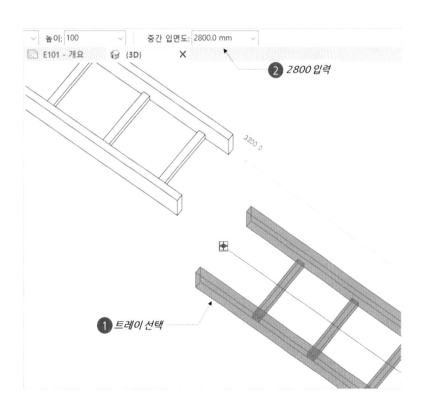

04

뷰의 오른쪽 위에 **뷰큐브**에서 평면도를 클릭합니다. 뷰에서 분할된 부분을 확대합니다. 뷰에서 케이블 트레이가 수직 방향으로 표시되어도 상관없습니다.

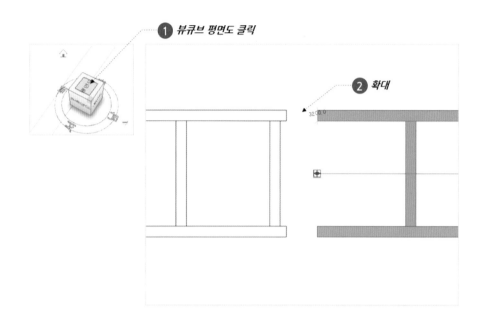

05

선택한 케이블 트레이의 커넥터를 드래그하여 다른 케이블 트레이의 커넥터에 **연결**합니다.

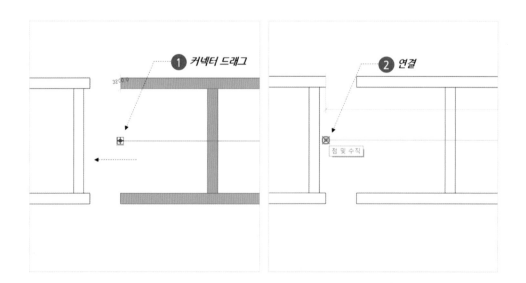

TIP

만약 뷰에서 케이블 트
레이의 모서리 선이 일부
보이지 않는다면 3차원
뷰의 특성에서 분야를
좌표로 변경한 후 다시
전기로 변경

06

뷰를 회전하여 연결된 내용을 확인합니다. 높이가 다른 케이블 트레이의 커넥터를 연결하면
부속 및 연결 케이블 트레이가 자동으로 작성됩니다. 이러한 기능은 구조 보, 덕트 등의 간
섭을 수정할 때 편리한 기능입니다.

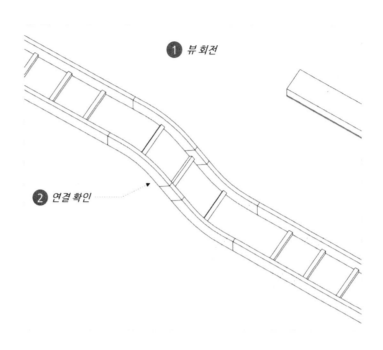

① 뷰 회전

② 연결 확인

07

케이블 트레이의 높이를 원래 높이로 다시 수정하기 위해 새로 작성된 부속 및 케이블 트레이를
선택하여 삭제합니다.

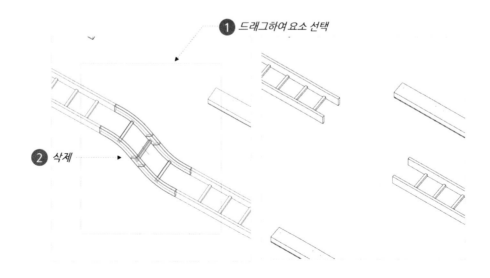

① 드래그하여 요소 선택

② 삭제

08

낮은 높이의 케이블 트레이를 선택합니다. 옵션바에서 중간 입면도를 3200으로 변경합니다.

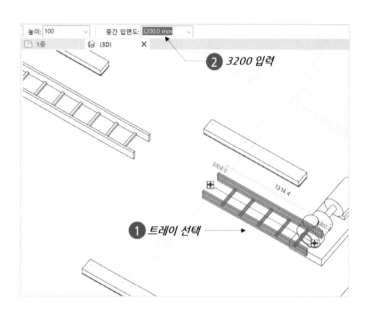

09

메뉴에서 수정 탭의 **코너로 자르기/연장**(📱)을 클릭합니다. 뷰에서 두 케이블 트레이를 차례로 선택합니다.

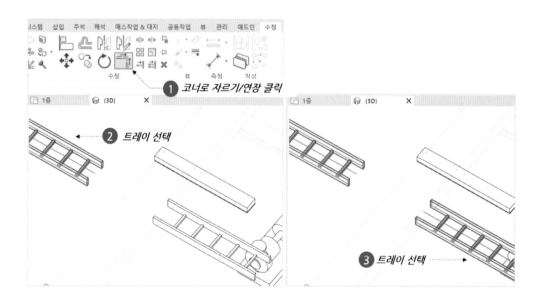

10

케이블 트레이를 선택하여 하나로 연결된 것을 확인합니다. 높이가 같고 중심선이 일치하는
케이블 트레이는 코너로 자르기/연장을 이용하여 하나의 케이블 트레이로 변경할 수 있습니다.

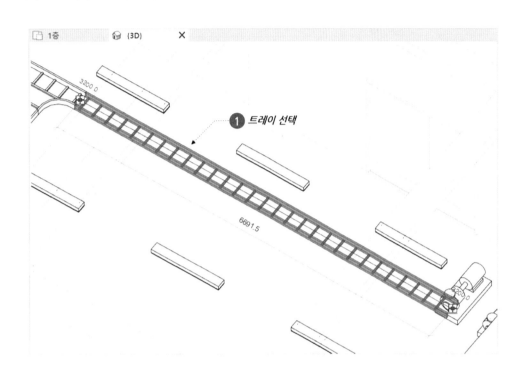

11

앞서 작성한 전기실 부분의 케이블 트레이를 선택합니다. 옵션바에서 중간 입면도를 3400
으로 입력합니다. 뷰에서 연결된 케이블 트레이 전체의 고도가 변경되는 것을 확인합니다.
다시 옵션바에서 중간 입면도를 3200으로 입력합니다.

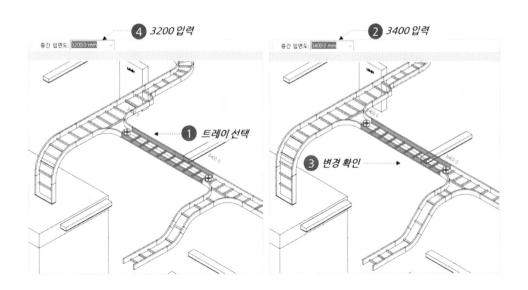

트레이 유형 및 크기 수정

유형 변경 기능을 이용하여 작성한 트레이의 유형을 변경할 수 있습니다. 변경하고자 하는 트레이 및 피팅을 선택하고 옵션바에서 크기를 입력하여 변경할 수 있습니다.

01

3차원뷰에서 전기실 부분을 확대하여 앞서 작성한 케이블 트레이 위에 마우스를 위치합니다. 키보드에서 tab 키를 눌러 연결된 전체 요소가 하이라이트되면 클릭하여 선택합니다. 메뉴에서 [필터]를 클릭하고, 필터 창에서 전기 시설물을 체크 해제하고 [확인]을 클릭합니다.

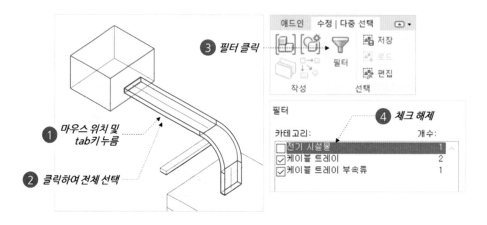

02

케이블 트레이 및 부속류만 선택된 상태에서 옵션바에서 폭을 300으로 입력합니다. 뷰에서 변경된 내용을 확인합니다. 옵션바에서 폭을 다시 450으로 입력합니다.

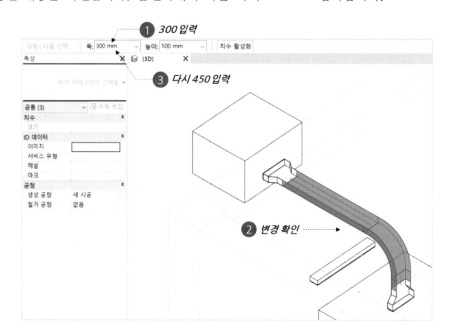

03

메뉴에서 [**유형 변경**]을 클릭합니다. 유형 선택기에는 현재 유형이 표시됩니다. 유형선택기에서 래더 케이블 트레이 유형으로 변경합니다. 뷰에서 변경된 내용을 확인합니다. 다시 유형을 솔리드 하단 케이블 트레이로 변경합니다. esc 를 눌러 선택을 취소합니다.

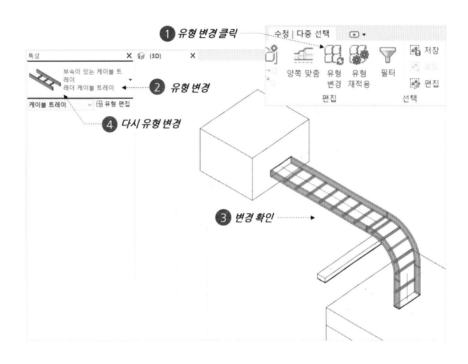

04

메뉴의 '**유형 재적용**'은 케이블 트레이의 유형 특성 중 부속의 변경이 있을 경우 다시 적용하는 기능입니다.

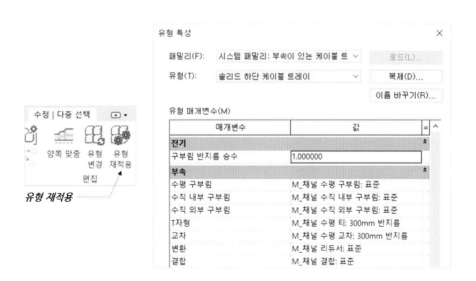

수직 트레이와
수평 트레이 연결

코너로 자르기/연장과 단일 요소 연장 기능을 이용하여 수직 트레이와 수평 트레이를 연결합니다.

TIP

가시성/그래픽 창에서
모두 버튼을 이용하면
편리

01

3차원 뷰의 특성에서 단면 상자를 체크 해제하여 전체가 보이도록 합니다. 가시성/그래픽을 실행하여 케이블 트레이 및 부속류만 체크하고 [확인]을 클릭합니다.

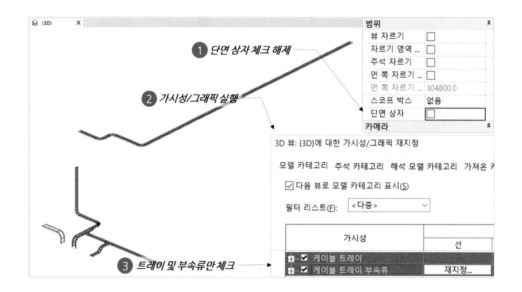

02

2층에 미리 작성되어 있는 케이블 트레이 및 부속을 [tab]키를 이용하여 모두 선택합니다. 메뉴에서 수정 탭의 클립보드 패널에서 **클립보드로 복사**(□)를 클릭합니다.

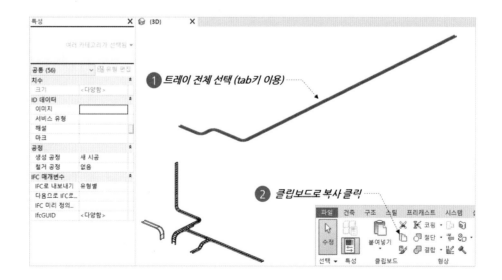

03

붙여 넣기가 활성화되면, 붙여 넣기를 확장합니다. 붙여 넣기는 클립보드에서 붙여넣기, 선택한 레벨에 정렬, 동일 위치에 정렬 등이 있습니다.

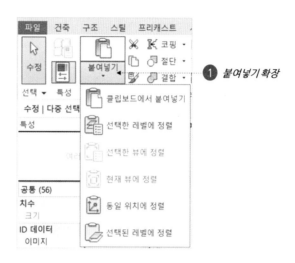

04

[선택한 레벨에 정렬]을 클릭합니다. 레벨 선택 창에서 1층을 선택하고 [확인]을 클릭합니다.

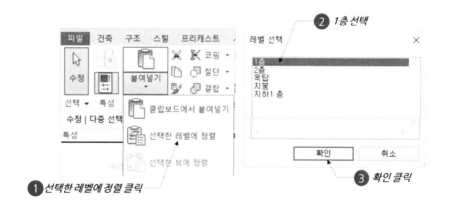

뷰에서 2층과 같은 케이블 트레이 및 부속이 1층에 복사된 것을 확인합니다. 선택한 레벨에 정렬은 요소를 다른 레벨의 같은 위치에 복사하는 편리한 기능입니다.

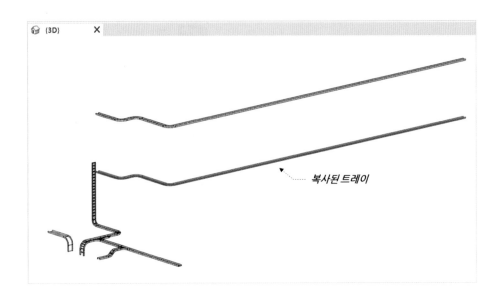

복사된 트레이

TIP

수직 트레이와 수평 트레이를 코너로 자르기/연장을 하기 위해서는 수평 위치가 일치해야 함

메뉴에서 수정 탭의 **코너로 자르기/연장**(🗔)을 클릭합니다. 뷰에서 수직과 수평 케이블 트레이를 차례로 클릭합니다.

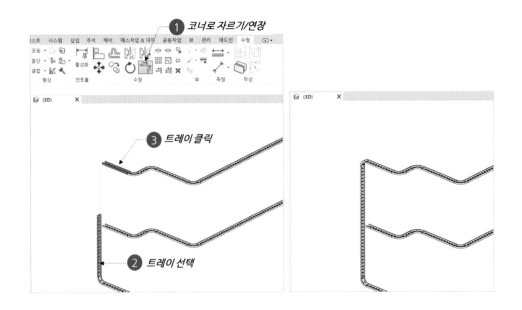

① 코너로 자르기/연장

③ 트레이 클릭

② 트레이 선택

07

메뉴에서 수정 탭의 **단일 요소 자르기/연장(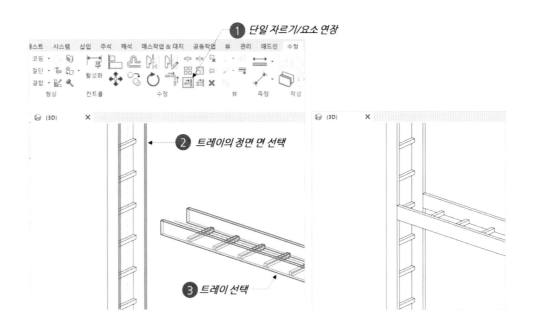)**을 클릭합니다. 뷰에서 수직 케이블 트레이의 정면 면을 선택합니다. 이어서 수평 케이블 트레이를 선택합니다.

08

코너로 자르기/연장 및 단일 요소 자르기/연장을 적용하여 수직 및 수평 케이블 트레이를 연결한 모습을 확인합니다.

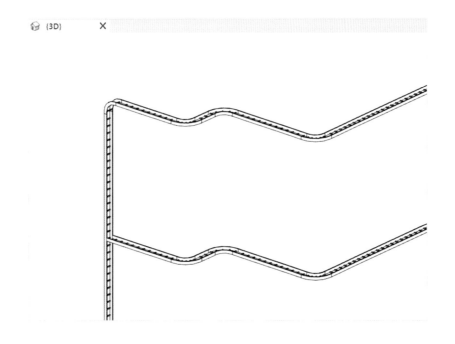

09

다시 **가시성/그래픽**을 실행하여 전체 카테고리를 체크합니다. 지형 카테고리만 체크 해제하고 [확인]을 클릭합니다. 케이블 트레이 작성이 완료된 모습을 확인합니다.

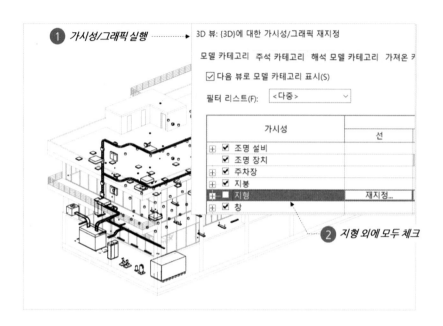

MEMO

SECTION

04 전선관 작성

학습내용 | 설정, 작성 – 개별 커넥터 이용, 작성 – 표면 커넥터 이용, 작성 – 메뉴 이용,
작성 – 평행 전선관, 전선관 유형 및 크기 수정, 전선관 높이 조정

학습 결과물 예시

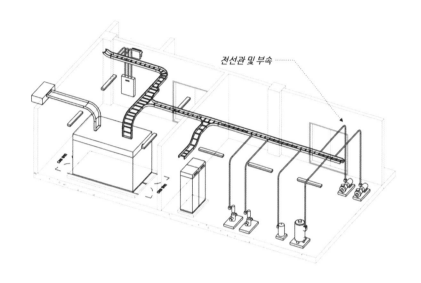

전선관 및 부속

설정

전기 설정에서 상승/하강의 주석 크기, 전선관의 유형 및 크기를 설정할 수 있습니다. 유형
특성에서는 부속류의 종류를 설정할 수 있습니다.

TIP

상승/하강 주석 크기는
뷰에서 수직 전선관을
표시하는 원의 크기

01

메뉴에서 시스템 탭의 전기 패널에서 **설정(↘)**을 클릭합니다. 전기 설정 창에서 전선관 설
정의 [상승 하강]을 클릭합니다. 전선관 상승/하강 주석 크기에 0.2를 입력합니다.

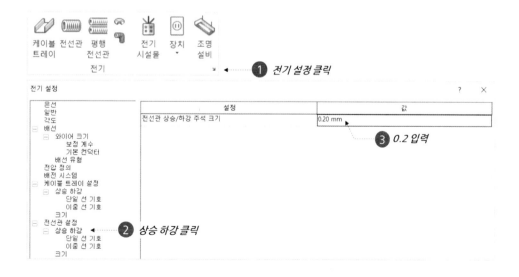

02

[크기]를 클릭합니다. 전선관의 종류와 크기를 설정할 수 있습니다. 전선관의 종류는 표준을 확장하여 확인할 수 있으며, 새로운 종류를 추가하고 크기를 수정할 수 있습니다. [확인]을 클릭합니다.

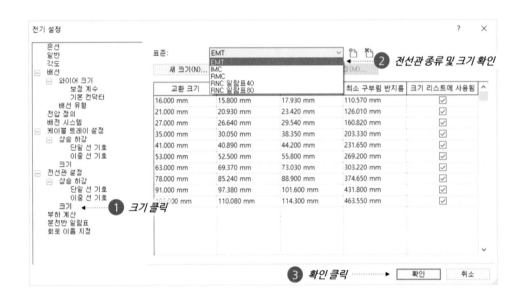

03

프로젝트 탐색기에서 패밀리의 **전선관**을 확장합니다. 전선관은 트레이와 같이 부속류가 없는 패밀리와 부속류가 있는 패밀리가 있습니다.

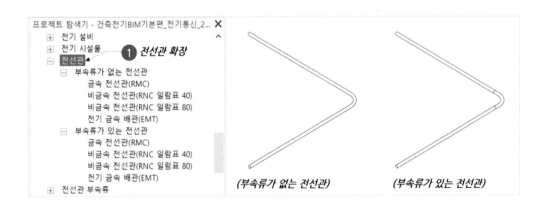

(부속류가 없는 전선관)   (부속류가 있는 전선관)

04

전선관의 유형은 금속, 비금속, 전기 유형이 있습니다. 모든 유형의 형상은 같으며, 유형에 따라 크기 및 부속의 종류가 다릅니다.

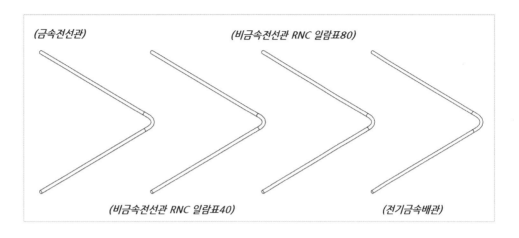

05

프로젝트 탐색기에서 부속류가 있는 전선관 패밀리의 '금속 전선관(RMC)' 유형을 우클릭하고 [유형 특성]을 클릭합니다. 유형 특성 창에서 부속의 내용을 확인하고 [확인]을 클릭합니다.

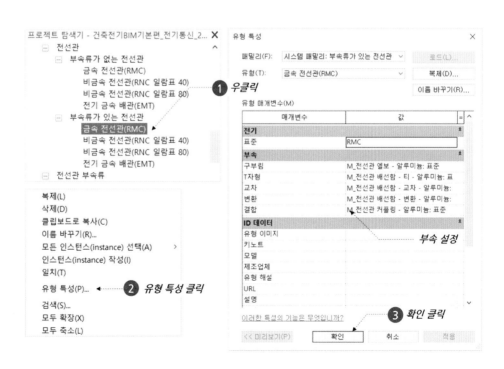

06

전선관의 부속류는 배선함, 엘보, 커플링이 있으며, 전선관 작성시 자동으로 작성됩니다.

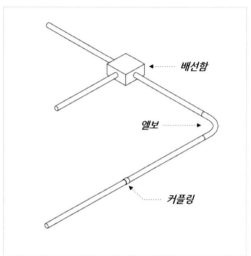

07

전선관은 뷰의 **상세 수준**에 따라 다르게 표현됩니다. 상세 수준의 낮음 및 중간에서는 선으로 표현되고, 높음에서는 실제 모습에 가깝게 표현됩니다.

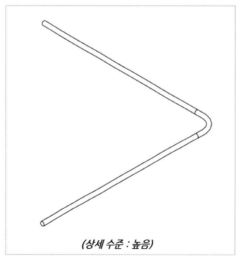

(상세 수준 : 높음)

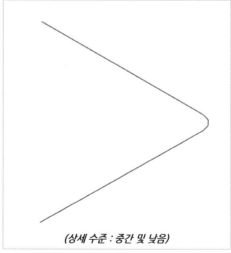

(상세 수준 : 중간 및 낮음)

08

전선관은 시스템패밀리로 별도의 파일로 저장할 수 없습니다. 전선관을 다른 프로젝트로 복사하기 위해서는 클립보드를 이용할 수 있습니다. 프로젝트 표준전송을 이용하면 전선관의 유형을 복사할 수 있습니다.

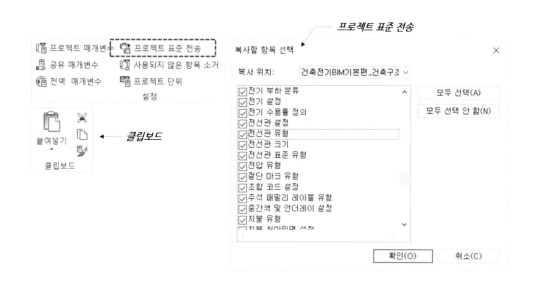

MEMO

배선박스에 포함된 커넥터를 이용하여 전선관을 작성합니다. 배선박스에 포함된 커넥터는 한 개의 커넥터에 한 개의 전선관을 작성할 수 있습니다.

01

3차원 뷰를 열고 특성 창에서 **단면 상자**를 체크합니다. 뷰에서 단면 상자의 위쪽 범위를 조정하고, 기계실 부분을 확대합니다.

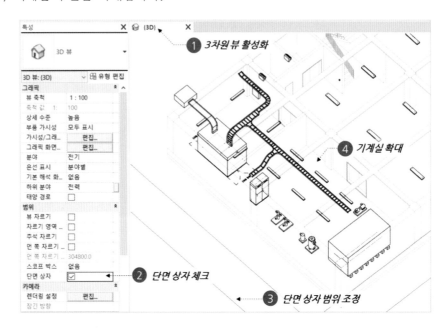

TIP

위쪽 커넥터를 우클릭하는 것에 주의

02

뷰에서 앞서 작성한 **모터박스**를 선택합니다. 모터박스의 위쪽 커넥터를 우클릭하고 [**전선관 그리기**]를 클릭합니다.

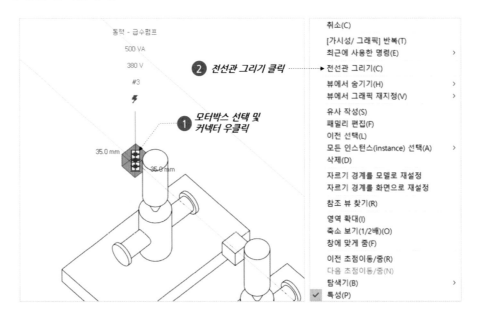

03

옵션바에서 중간 입면도 3200을 입력합니다. 1~2초 후에 뷰에서 수직 전선관이 표시되면
정렬선을 참고하여 케이블 트레이의 중심선을 클릭하여 전선관을 작성합니다.

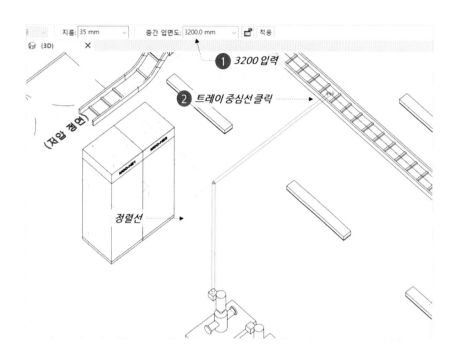

04

계속해서 전선관을 작성할 수 있는 상태에서 배선박스의 위쪽 커넥터를 클릭합니다.

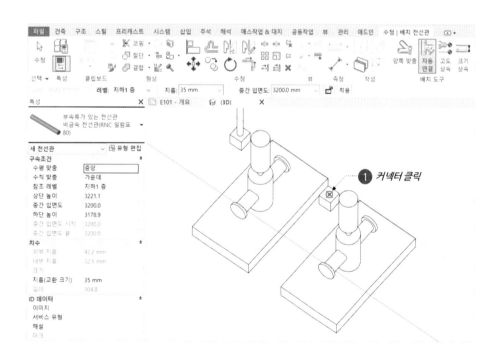

05

케이블트레이의 중심선을 클릭하여 전선관을 작성합니다.

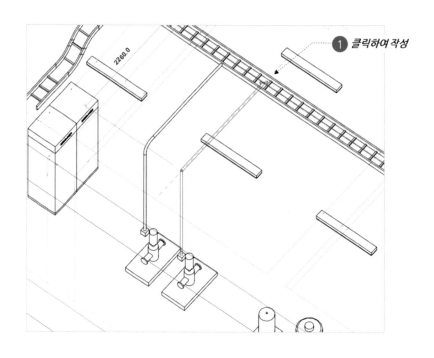

06

같은 방법으로 기계실의 나머지 모터박스 및 장비박스의 전선관을 작성하여 케이블 트레이와 연결합니다.

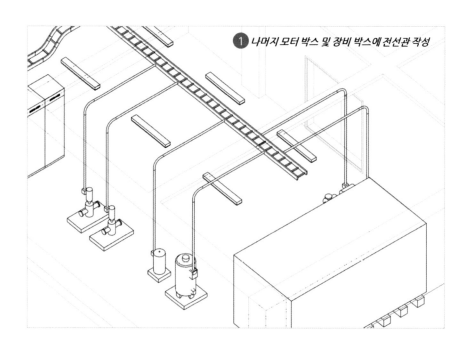

뷰에서 작성한 전선관을 선택합니다. 옵션바에서 지름 및 중간 입면도를 변경할 수 있습니다. 특성 창에서 전선관의 특성을 확인합니다.

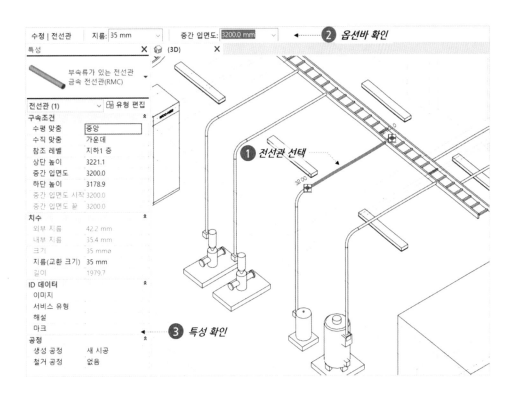

MEMO

**작성- 표면
커넥터 이용**

분전반에 포함된 커넥터를 이용하여 전선관을 작성합니다. 분전반에 포함된 커넥터는 한 개의 커넥터에 여러 개의 전선관을 작성할 수 있습니다.

01

3차원 뷰에서 전기실을 확대합니다. 전기실의 분전반과 그 앞에 있는 케이블 트레이를 선택합니다. 뷰 조절 막대에서 **임시 숨기기/분리 재설정( )**을 클릭하여 [요소 분리]를 클릭합니다.

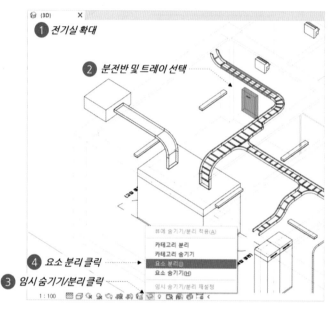

02

뷰에서 분전반을 선택합니다. 전선관 커넥터를 우클릭하고 [면에서 전선관 그리기]를 클릭합니다.

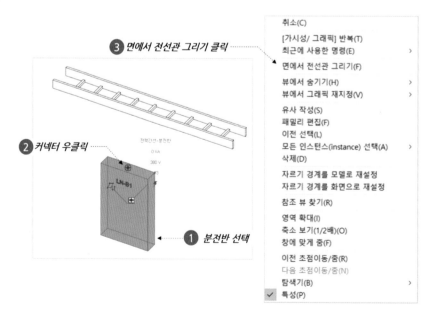

TIP

만약 뷰에서 커넥터에
임시 치수가 표시되지
않으면 메뉴에서 커넥터
이동 체크

03

분전반 상단면의 전선관 위치를 편집할 수 있는 상태가 됩니다. 수평 치수인 300을 클릭하고
450을 입력합니다. 전선관을 작성할 위치가 변경되는 것을 확인합니다. 메뉴에서 [연결 완료]
를 클릭합니다.

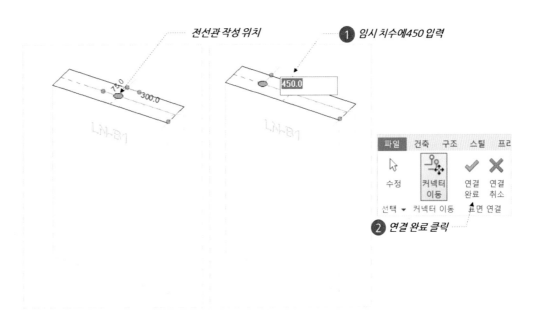

04

옵션바에서 지름은 35, 중간 입면도는 3200을 입력합니다. 뷰에서 정렬선을 참고하여 케이블
트레이의 **중심선**을 클릭하여 전선관을 작성합니다.

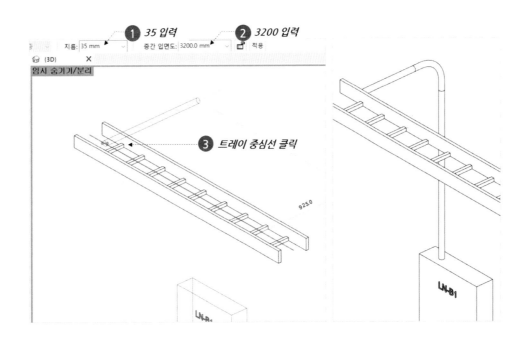

05

계속해서 전선관을 작성할 수 있는 상태에서 분전반의 윗면을 클릭합니다.

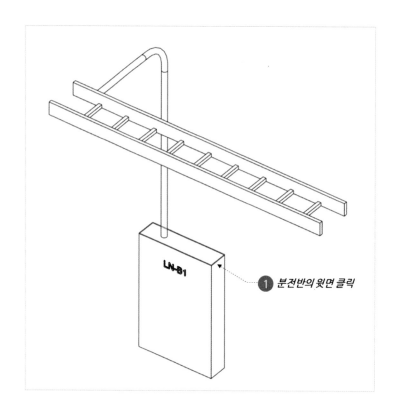

1 분전반의 윗면 클릭

06

전선관의 위치를 150 거리 위치하도록 수정하여, 케이블 트레이와 연결된 전선관을 작성합니다.

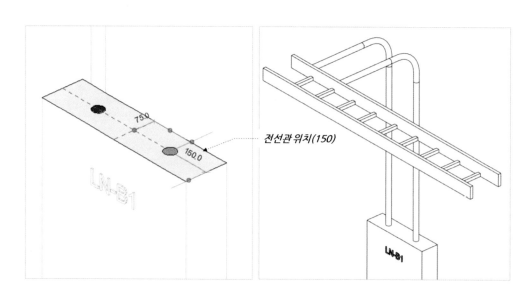

전선관 위치(150)

07

같은 방법으로 분전반 상단면의 **중심** 위치에 케이블 트레이를 연결하는 전선관을 작성합니다. 뷰에서 작성된 내용을 확인하고 뷰 조절 막대에서 **임시 숨기기/분리 재설정(🥽)**을 클릭하여 숨겨진 요소를 다시 표시합니다.

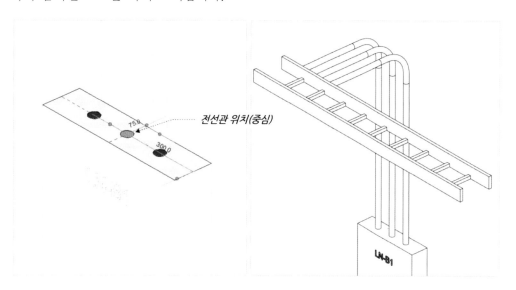

작성-메뉴 이용

메뉴를 이용하여 2층 열람실에 전선관을 작성합니다. 크기와 높이를 직접 입력하여 작성합니다.

01

프로젝트 탐색기에서 2층 평면도 뷰를 엽니다. 조명 설비와 CAD 링크 파일의 가시성을 해제하기 위해 특성 창에서 **가시성/그래픽의 [편집]** 버튼을 클릭합니다.

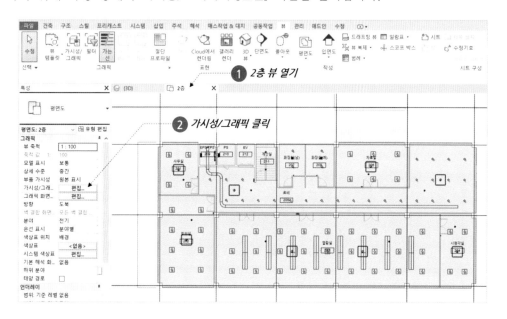

02

재지정 창에서 모델 카테고리의 조명 설비를 체크 해제합니다. 가져온 카테고리 탭에서 CAD 링크를 체크 해제하고 [확인]을 클릭합니다.

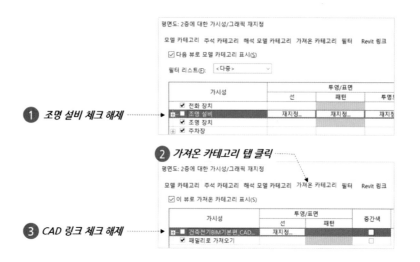

03

뷰에서 가시성이 변경된 것을 확인합니다. 메뉴에서 시스템 탭의 [전선관]을 클릭합니다.

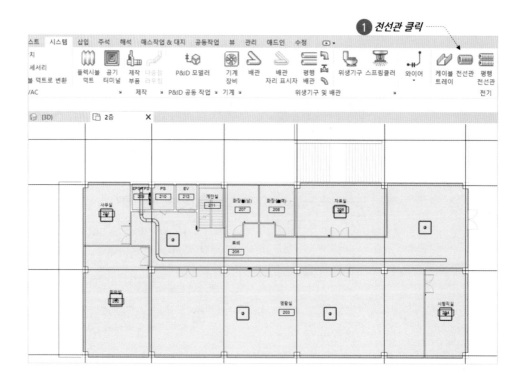

04

메뉴에서 [고도 상속]을 클릭합니다. 옵션바에서 지름 16을 입력합니다. 유형 선택기에서 부속류가 있는 전선관 패밀리의 **금속 전선관(RMC)**유형을 선택하고, 특성에서 참조 레벨을 2층 으로 선택합니다.

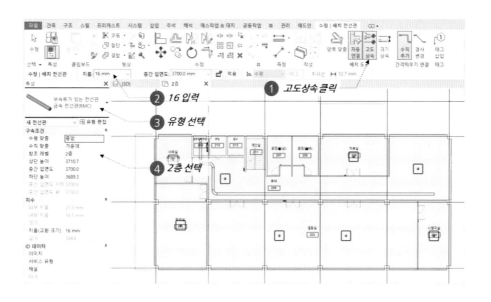

05

뷰에서 케이블 트레이의 중심선 선을 시작점으로 클릭합니다. 옵션바의 중간 입면도가 고도 상속을 체크하였기 때문에 케이블 트레이의 고도와 같은 3400으로 변경됩니다. 마우스를 아래 방향으로 이동하여 **끝점**을 클릭합니다. 정확한 위치는 중요하지 않습니다.

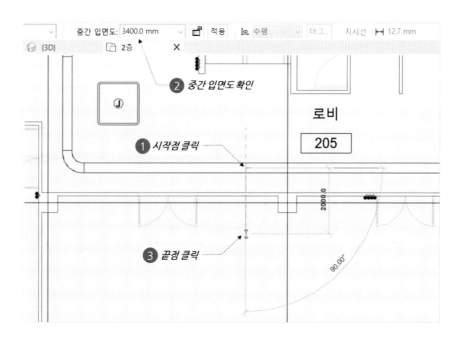

06

전선관의 고도를 변경하기 위해 옵션바에서 중간 입면도를 3700으로 변경합니다. 뷰에서 전선관의 끝점을 클릭합니다.

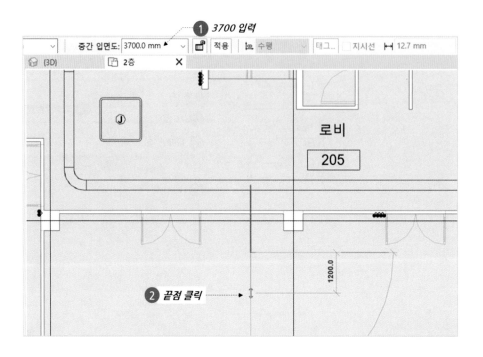

07

뷰에서 수직 방향으로 변경하여 전선관의 끝점을 클릭합니다. 정확한 위치는 중요하지 않습니다. esc를 두 번 눌러 완료합니다.

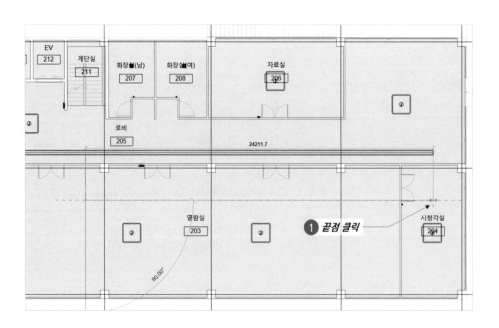

08

뷰에서 열람실 공간을 선택하고, 메뉴에서 **선택 상자**(🖿)를 클릭합니다. 3차원 뷰에서 단면 상자의 위쪽 범위를 조정하여 작성한 전선관을 확인합니다.

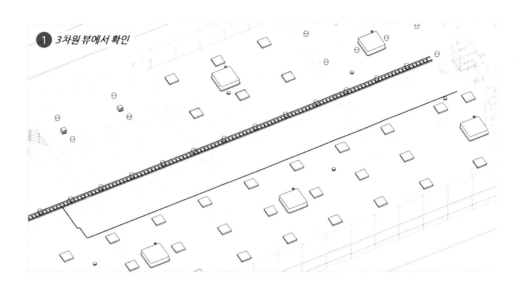

❶ 3차원 뷰에서 확인

작성-평행 전선관

평행 기능을 이용하여 기존에 작성된 전선관 및 부속에 평행한 여러 개의 전선관 및 부속을 작성할 수 있습니다.

01

3차원 뷰를 열고, 메뉴에서 시스템 탭의 전기 패널에서 [평행 전선관]을 클릭합니다.

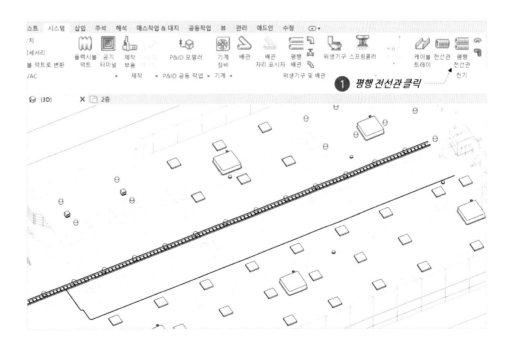

❶ 평행 전선관 클릭

02

메뉴에서 [동일한 구부림 반지름]을 선택하고, 수평 수 3, 수평 간격띄우기 200을 입력합니다. 뷰에서 마우스를 전선관 위에 위치하고, tab 키를 눌러 전체가 하이라이트 되도록합니다. 미리보기 점선이 표시되는 것을 확인합니다.

03

뷰에서 하이라이트된 전선관을 클릭하여 평행 전선관을 작성하고, 작성된 내용을 확인합니다.

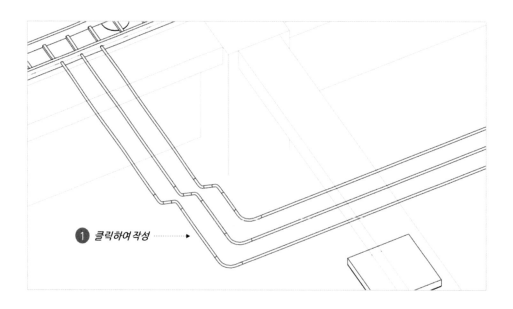

04

2층 평면도를 열고, 앞서 작성한 조인트 박스를 선택합니다.

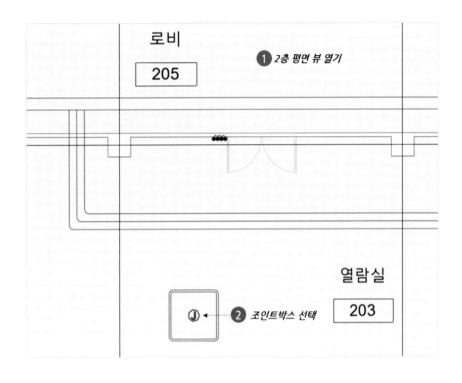

TIP

위쪽 커넥터를 우클릭
하는 것에 주의

05

조인트 박스의 전선관 커넥터를 우클릭합니다. 우클릭 메뉴에서 [전선관 그리기]를 클릭합니다.

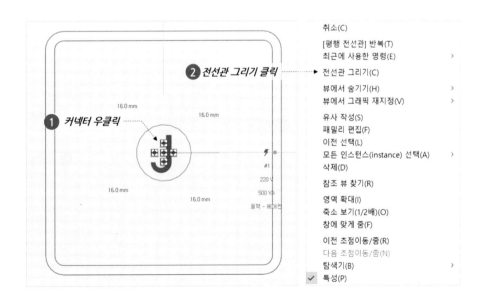

06

조인트박스의 위쪽 방향으로 전선관의 끝점을 클릭하고, esc 를 두 번 눌러 완료합니다.

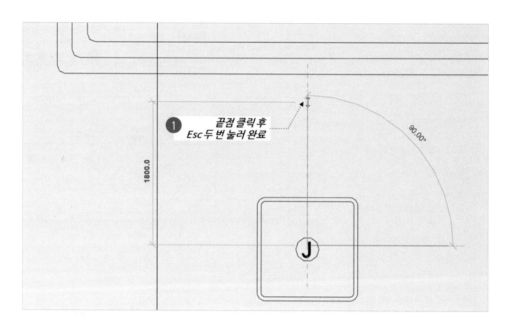

07

메뉴에서 수정 탭의 **코너로 자르기/연장(⬛)**을 클릭합니다. 뷰에서 수평 전선관과 수직 전선관을 차례로 클릭합니다.

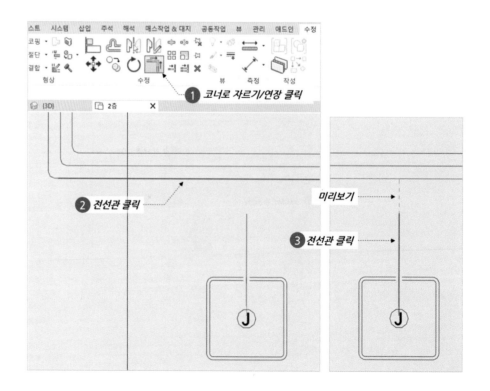

08

뷰에서 작성된 내용을 확인합니다. 같은 방법으로 2개의 조인트 박스의 전선관 작성 및 코너로 자르기/연장을 작성합니다.

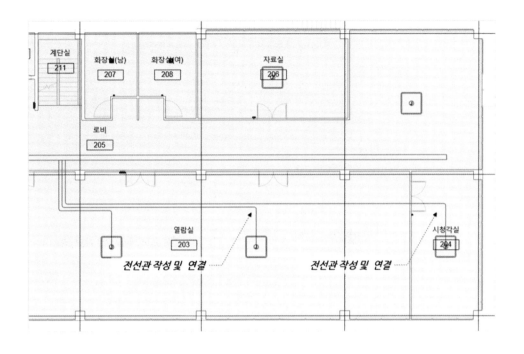

09

3차원 뷰를 열어 작성된 내용을 확인합니다.

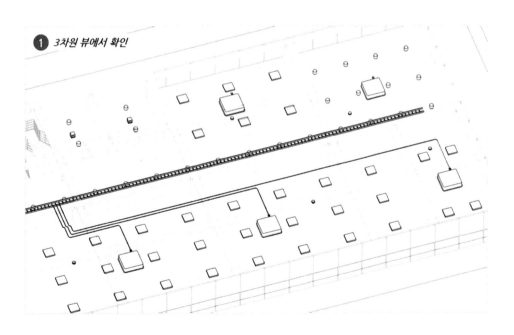

전선관 유형 및 크기 수정

전선관 및 부속을 선택하고, 옵션바에서 크기를 변경할 수 있습니다.

01

3차원 뷰에서 앞서 작성한 전선관 위에 마우스를 위치합니다. 키보드에서 [tab]키를 눌러 전체가 하이라이트되면 클릭하여 선택합니다.

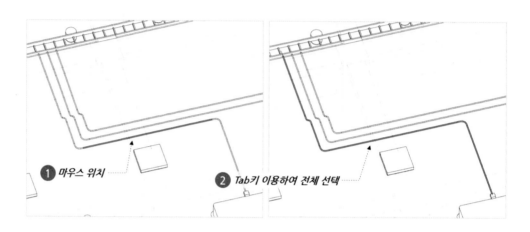

02

옵션바에서 전선관의 지름을 변경할 수 있습니다. 지름을 27로 변경합니다. 뷰에서 변경된 모습을 확인합니다. 전선관의 크기가 변경되거나, 전선관이 분기되는 곳에는 배선함이 자동으로 만들어 집니다. 옵션바에서 다시 지름을 16으로 변경합니다.

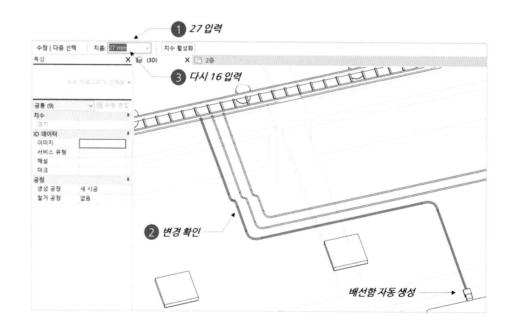

03

메뉴의 유형 변경은 선택한 전선관 및 부속의 유형을 변경하고, 유형 재적용은 전선관 유형 특성이 변경되었을 때 이를 적용할 수 있는 기능입니다.

전선관 높이 조정   작성한 전선관의 높이를 수정합니다.

01

3차원 뷰에서 앞서 작성한 전선관을 선택합니다. 옵션바에서 중간 입면도를 3000으로 변경합니다.

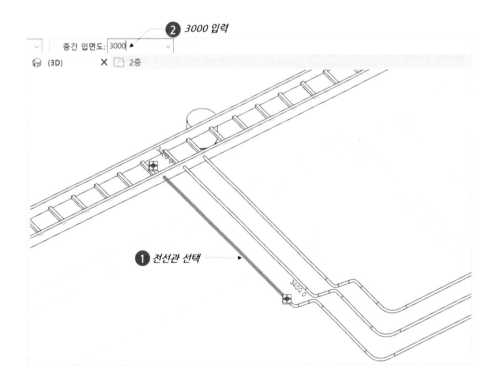

02

요소 연결을 해제해야 한다는 **경고 창**이 화면의 오른쪽 아래에 표시됩니다. 뷰에도 해당 요소가 강조됩니다. 케이블 트레이와 연결된 전선관은 케이블 트레이의 고도를 수정해야 합니다. 오류 창에서 [취소]를 클릭합니다.

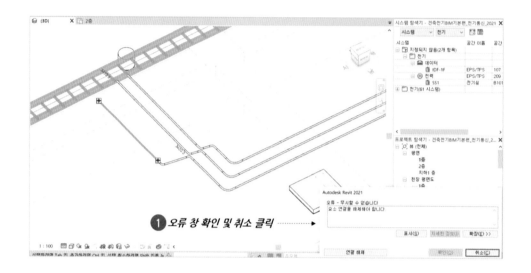

❶ 오류 창 확인 및 취소 클릭

03

전선관이 연결된 케이블 트레이를 선택합니다. 옵션바에서 중간 입면도를 3000으로 변경합니다. 케이블 트레이와 연결된 전선관의 고도가 함께 변경되는 것을 확인합니다.

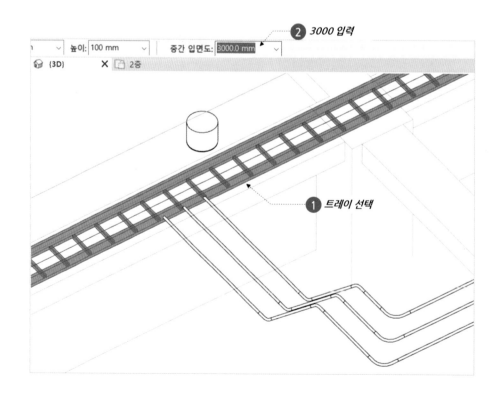

❷ 3000 입력

❶ 트레이 선택

TIP

케이블 트레이 및 전선관의 높이를 100만큼 높이고자 할 경우 케이블 트레이를 현재 높이에서 +400 값을 입력하여 높이 변경 후 다시 −300 값 입력하여 조정

04

같은 방법으로 케이블 트레이가 선택된 상태에서 옵션바에서 중간 입면도를 3100으로 입력합니다. 뷰에서 케이블 트레이와 전선관이 연결되지 않는 것을 확인합니다. 옵션바에서 중간 입면도를 3300으로 입력합니다. 전선관이 다시 연결되는 것을 확인합니다. 케이블 트레이의 고도 변경 시 300 이상 변경해야 연결된 전선관도 함께 변경됩니다.

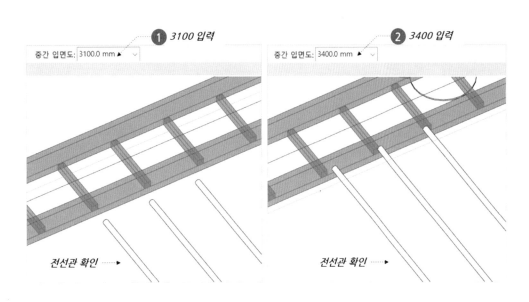

학습 완료

'Chapter 07. 전력 간선 및 동력 설계' 학습을 완료하였습니다. 열려 있는 모든 뷰를 닫아 프로젝트를 종료합니다. 필요시 파일을 다른 이름으로 저장합니다.

CHAPTER

08

전기설계 검토

SECTION

01 회로 및 연결 확인

학습내용 │ 회로 확인, 연결해제표시

학습 결과물 예시

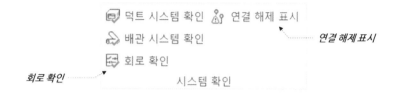

학습 시작

홈 화면에서 [열기]를 클릭하거나 또는 파일 탭의 [열기]를 클릭하고, 예제파일의 'Chapter 08. 전기 설계 검토 시작' 파일을 클릭합니다.

회로 확인

건물 전체에 대해 회로 검토 메뉴를 이용하여 회로에 패널이 연결되어 있는지를 검토할 수 있습니다.

01

3차원 뷰를 열고, 다른 뷰는 모두 닫습니다. 만약 3차원 뷰에 단면 상자가 적용되어 있다면, 특성에서 단면 상자를 체크 해제합니다. 메뉴에서 해석 탭의 [회로 확인]을 클릭합니다.

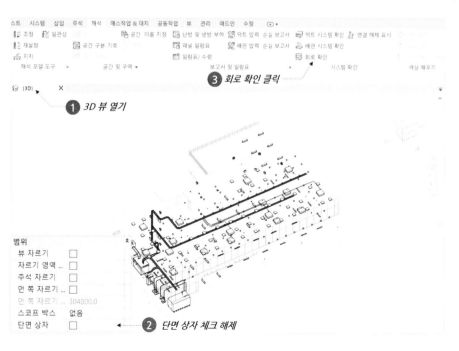

02

화면 오른쪽 아래에 경고 창이 표시됩니다. 회로가 패널에 지정되지 않았다는 경고 내용을
확인하고, 경고 대화상자 확장(国) 버튼을 클릭합니다.

03

경고 창이 표시되면 경고를 확장하여 내용을 체크하고 [표시] 버튼을 클릭합니다. 오류 처리
안내 창의 내용 확인 후 [닫기]를 클릭합니다.

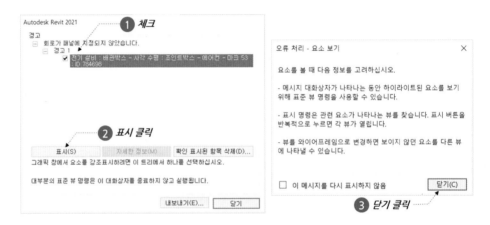

04

뷰에서 해당 요소가 확대 및 하이라이트 되는 것을 확인합니다. 경고 창에서 [닫기]를 클릭
하여 창을 닫습니다.

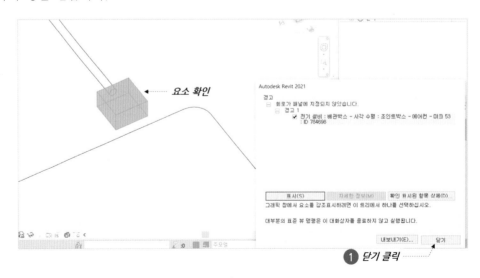

뷰에서 해당 요소를 선택합니다. 메뉴에서 '전기 회로 탭'을 클릭하고, 패널이 없음으로 되어 있는 것을 확인합니다. 패널을 'P-2F'로 선택하고, esc 를 눌러 완료합니다.

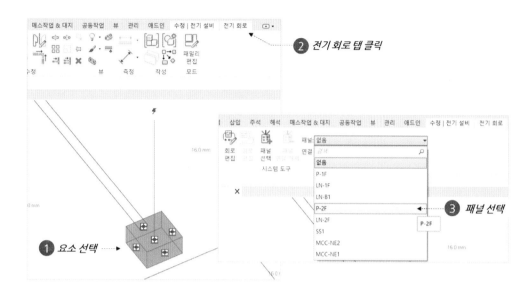

MEMO

연결해제표시 기능을 이용하여 회로가 작성되지 않은 것을 검토할 수 있습니다.

01

3차원 뷰를 열고, 메뉴에서 해석 탭의 **연결 해제 표시**를 클릭합니다. 연결 해제 옵션 표시 창에서 **전기**를 체크하고 [확인]을 클릭합니다.

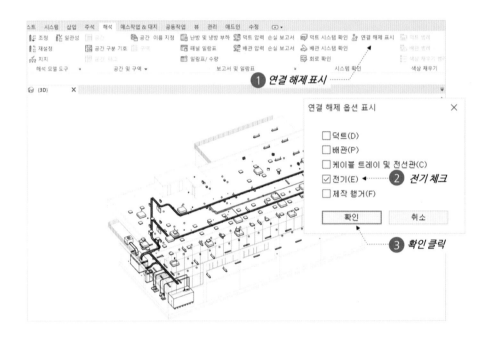

02

뷰에서 전기 회로 연결이 되지 않은 요소들이 표시됩니다. 표시된 요소들 중 **통신단자함**을 선택합니다.

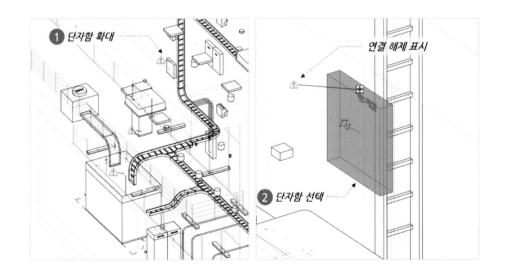

03

메뉴에서 [데이터]를 클릭합니다. 전기 회로 메뉴에서 패널에 `MDF`를 선택하고, esc 를 눌러 회로 작성을 완료합니다.

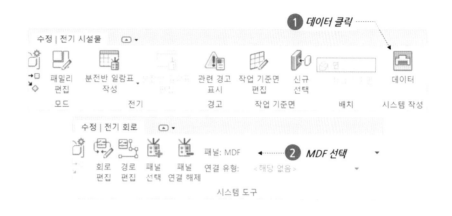

04

뷰에서 해당 요소에 대한 연결 해제 표시가 없어진 것을 확인합니다. 수배전반 및 MDF는 전기 회로의 최종 연결 요소이기 때문에 연결 해제가 표시되어도 괜찮습니다.

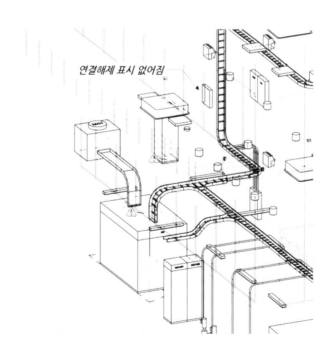

05

다시 뷰에서 연결 해제 표시를 해제하기 위해 메뉴에서 [연결 해제 표시]를 클릭합니다. 연결 해제 옵션 표시 창에서 '전기'를 체크 해제하고 [확인]을 클릭합니다.

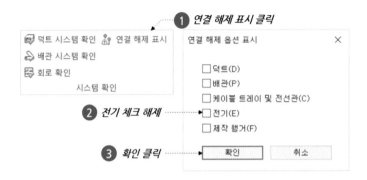

MEMO

조명 렌더링 및 평균조도 분석

학습내용 | 조명 렌더링, 평균조도분석, 평균조도컬러링

학습 결과물 예시

	0 lx
	21 lx
	127 lx
	190 lx
	205 lx
	313 lx
	357 lx
	370 lx
	393 lx
	418 lx
	446 lx

조명 렌더링

회의실에 카메라를 배치하고, 조명 설비의 유형 특성을 수정하여 렌더링을 실시합니다.

01

1층 평면도를 열고, 회의실 부분을 확대합니다. 메뉴에서 뷰 탭의 3D 뷰를 확장하여 [카메라]를 클릭합니다.

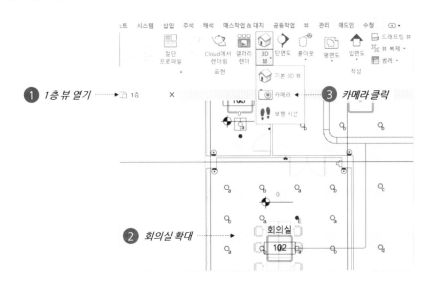

02

옵션바의 내용은 기본값을 유지합니다. 뷰에서 회의실 주위에 카메라의 위치와 대상의 위치를 차례로 클릭합니다. 정확한 위치는 중요하지 않습니다.

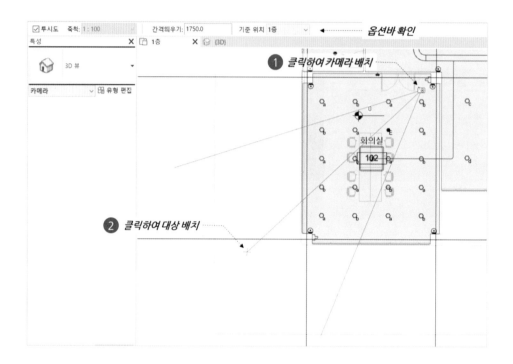

03

카메라가 작성되면 해당 뷰가 자동으로 열립니다. 만들어진 뷰는 프로젝트 탐색기에서 3D 뷰의 아래에서 확인할 수 있습니다.

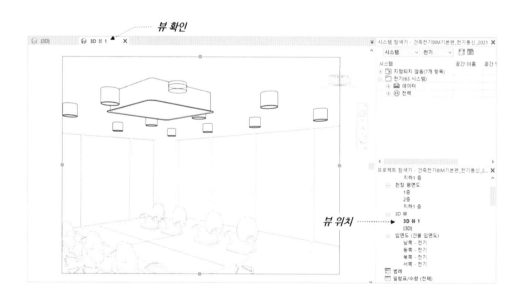

04

특성 창에서 분야는 좌표, 이름은 '**카메라뷰-회의실**'로 입력합니다. 뷰에서 **뷰의 범위**를 선택하고, 컨트롤을 드래그하여 뷰 범위를 조정합니다.

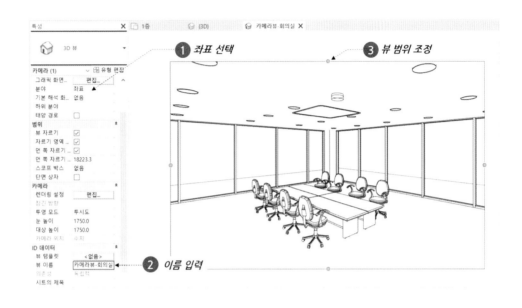

05

메뉴에서 뷰 탭의 [렌더]를 클릭합니다. 렌더링 창에서 조명의 구성표를 '내부 : 인공조명만'으로 선택합니다. [렌더] 버튼을 클릭하여 렌더링을 시작합니다.

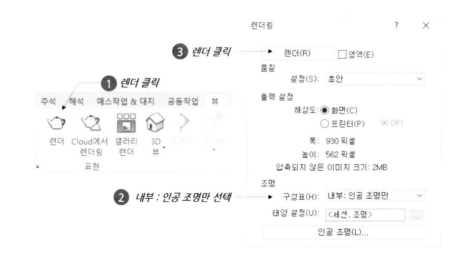

06

렌더링 된 내용을 확인합니다. 이미지의 밝기를 조정하기 위해 렌더링 창에서 [노출 조정]을
클릭합니다.

07

노출 컨트롤 창에서 노출 값을 7로 입력하고 [확인]을 클릭합니다. 노출 값은 이미지의 밝기를
조정하는 내용입니다.

08

뷰에서 이미지의 밝기가 조정된 것을 확인합니다.

09

렌더링 창에서 [프로젝트에 저장]을 클릭합니다. 저장 창에서 이름은 기본값을 그대로 사용하여 [확인]을 클릭합니다. 프로젝트 탐색기에서 렌더링 아래에서 저장된 이미지를 확인할 수 있습니다.

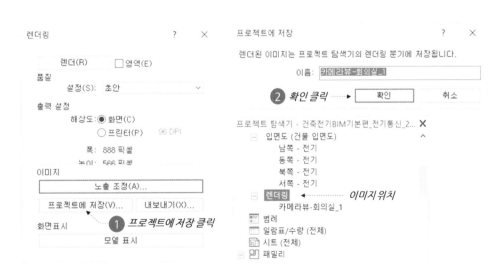

10

렌더링 창의 [내보내기]를 클릭하여 이미지 파일로 내보낼 수 있습니다. 또한 품질의 설정을
중간, 높음 등으로 높이면 렌더링의 품질을 높일 수 있습니다.

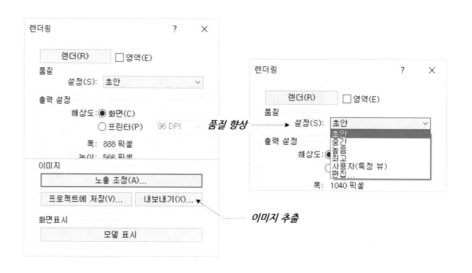

11

TIP

렌더링 모드 상태에서
는 뷰 조정 불가

렌더링 창에서 [모델 표시]를 클릭하면 다시 렌더링 모드에서 모델 모드로 변경됩니다. 렌
더링 창을 닫습니다.

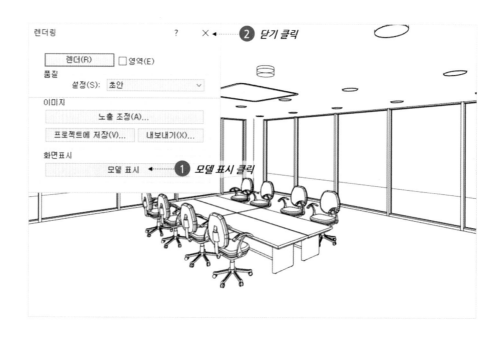

평균조도분석

각 공간에 배치된 조명 설비의 평균조도를 분석합니다. 조명 설비는 배치된 공간을 자동으로 인식하며, 조명 설비의 높이, 조도, 반사율 등을 이용하여 각 공간의 평균조도가 계산됩니다.

01

1층 평면도 뷰를 열고, 회의실의 공간을 선택합니다. 특성에서 면적, 반사율, 평균조도 등을 확인할 수 있습니다. 이러한 공간의 정보를 리스트로 표현하여 평균조도 분석에 사용할 수 있습니다.

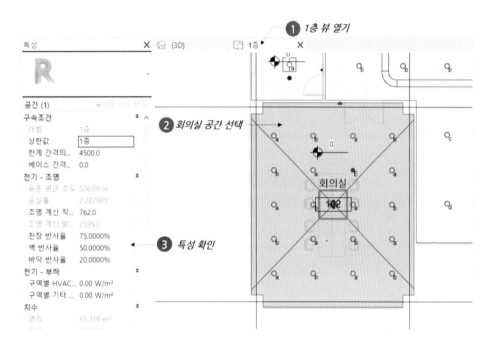

02

메뉴에서 뷰 탭의 일람표를 확장하여 [일람표/수량]을 클릭합니다. 새 일람표 창의 카테고리에서 [공간]을 선택합니다. 이름은 '평균조도분석'으로 입력하고, [확인]을 클릭합니다.

03

일람표 특성 창의 사용 가능한 필드에서 번호, 이름, 면적, 조명 계산 발광체 기준면, 천장 반사율, 벽 반사율, 바닥 반사율, 공실률, 표준 평균 조도를 차례로 더블 클릭하여, 일람표 필드에 추가합니다. 추가 또는 제거 버튼을 사용할 수도 있습니다.

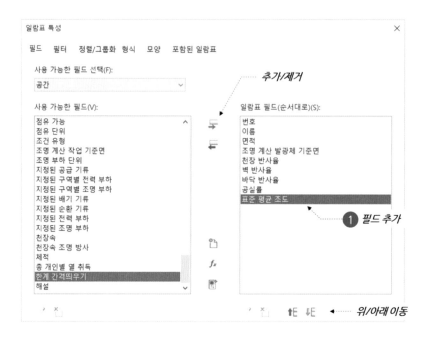

모든 인스턴스 항목화는
모든 요소를 일람표에
표시하는 기능으로,
체크하지 않을 경우
중복되는 요소는 리스
트에 표시되지 않음

04

일람표 특성 창에서 [정렬/그룹화] 탭을 클릭합니다. 정렬 기준에 **번호**와 **이름**을 추가합니다. [확인]을 클릭합니다.

05

작성한 일람표가 자동으로 열립니다. 일람표의 내용을 확인합니다. 작성한 일람표는 프로젝트 탐색기의 일람표/수량에서 확인할 수 있습니다.

일람표 위치

평균조도가 0인 공간은 EV, 계단실 등의 조명 이 배치되지 않은 공 간임

06

작성한 일람표를 편집하기 위해 특성 창에서 필터의 [편집] 버튼을 클릭합니다. 일람표 특성 창에서 필터의 기준은 표준 평균 조도, 보다 큼 선택, 값은 0을 입력합니다.

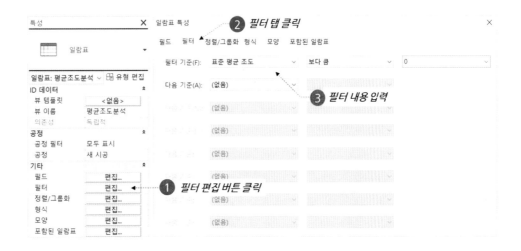

❷ *필터 탭 클릭*

❸ *필터 내용 입력*

❶ *필터 편집 버튼 클릭*

07

일람표 특성 창에서 [모양] 탭을 클릭합니다. 데이터 앞에 빈 행을 체크 해제하고 [확인]을
클릭합니다.

08

평균조도분석 일람표가 변경된 것을 확인합니다. 일람표를 이용하여 각 공간의 표준 평균
조도를 확인할 수 있습니다.

	A	B	C	D	E	F	G	H	I
	번호	이름	면적	조명 계산 할당체 기준	천장 반사율	벽 반사율	바닥 반사율	공실율	표준 평균 조도
	101	로비	172 m²	2595	75.00%	50.00%	20.00%	2.199557	318 lx
	102	회의실	65 m²	2595	75.00%	50.00%	20.00%	2.287981	576 lx
	103	사무실	18 m²	2595	75.00%	50.00%	20.00%	4.425976	388 lx
	104	강당	303 m²	2595	75.00%	50.00%	20.00%	1.109645	231 lx
	105	화장실(남)	15 m²	2595	75.00%	50.00%	20.00%	5.277034	205 lx
	106	화장실(여)	16 m²	2595	75.00%	50.00%	20.00%	4.939342	190 lx
	107	EPS/TPS	5 m²	2700	75.00%	50.00%	20.00%	8.704327	21 lx
	108	PS	6 m²	2700	75.00%	50.00%	20.00%	8.245286	21 lx
	109	계단실	12 m²	2056	75.00%	50.00%	20.00%	3.922706	127 lx
	110	외부창고	98 m²	3850	75.00%	50.00%	20.00%	3.28946	126 lx
	201	사무실	31 m²	2595	75.00%	50.00%	20.00%	3.347061	446 lx
	202	회의실	76 m²	2595	75.00%	50.00%	20.00%	2.206071	370 lx
	203	물함실	250 m²	2595	75.00%	50.00%	20.00%	1.458203	393 lx
	204	시청각실	39 m²	2595	75.00%	50.00%	20.00%	3.123165	357 lx
	205	로비	169 m²	2595	75.00%	50.00%	20.00%	2.635236	313 lx
	206	자료실	50 m²	2595	75.00%	50.00%	20.00%	2.711958	418 lx
	207	화장실(남)	15 m²	2595	75.00%	50.00%	20.00%	5.277034	205 lx
	208	화장실(여)	16 m²	2595	75.00%	50.00%	20.00%	4.939342	190 lx
	209	EPS/TPS	5 m²	2700	75.00%	50.00%	20.00%	8.704327	21 lx
	210	PS	6 m²	2700	75.00%	50.00%	20.00%	8.245286	21 lx
	211	계단실	12 m²	2056	75.00%	50.00%	20.00%	3.922706	127 lx
	B101	전기실	42 m²	2330	75.00%	50.00%	20.00%	2.454466	177 lx
	B102	기계실	76 m²	2330	75.00%	50.00%	20.00%	1.908765	151 lx
	B103	PS	6 m²	2700	75.00%	50.00%	20.00%	8.244564	21 lx
	B104	주차장	635 m²	2330	75.00%	50.00%	20.00%	0.776875	123 lx
	B105	창고	39 m²	2700	75.00%	50.00%	20.00%	3.264362	6 lx

평균조도컬러링

평면도에서 각 공간의 평균조도 값에 따라 공간에 색상을 적용합니다.

01

1층 평면도를 새로 추가하기 위해 프로젝트 탐색기에서 1층을 우클릭 합니다. 메뉴에서
뷰 복제의 [복제]를 클릭합니다.

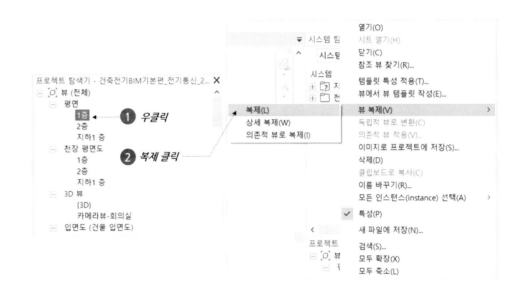

02

특성 창에서 축척을 1:200으로 변경합니다. 뷰 이름은 평균조도분석-1층으로 입력합니다.
뷰의 가시성을 변경하기 위해 메뉴에서 [가시성/그래픽]을 클릭합니다.

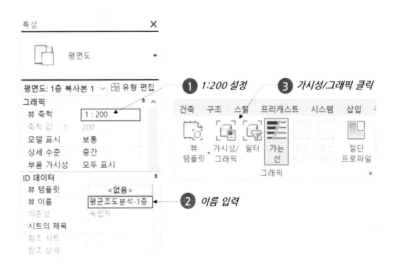

03

재지정 창에서 전선관 및 부속류, 조명 설비 및 조명 장치, 지형, 케이블 트레이 및 부속류를 체크 해제합니다.

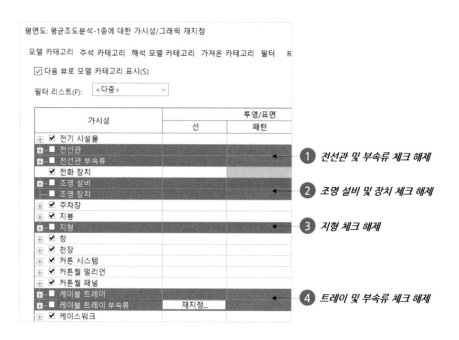

04

재지정 창에서 주석 카테고리 탭을 클릭합니다. 그리드와 입면도를 체크 해제하고, [확인]을 클릭합니다.

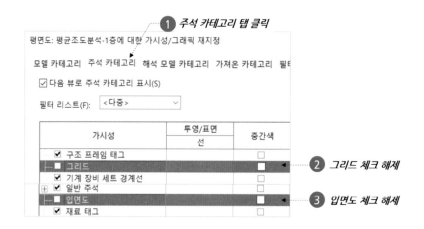

05

메뉴에서 주석 탭의 [모든 항목 태그]를 클릭합니다. 창에서 공간 태그를 체크하고, 'M_공간 태그_1.5mm : 공간 태그'를 선택합니다. [확인]을 클릭합니다.

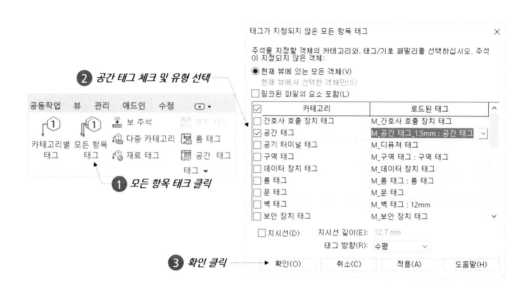

06

뷰에서 공간 태그가 작성된 내용을 확인합니다. 특성에서 **색상표**의 〈없음〉 버튼을 클릭합니다.

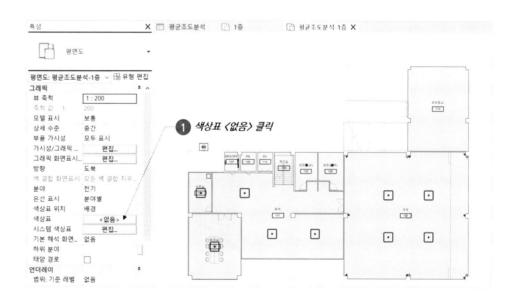

07

색상표 편집 창에서 색상표의 '스키마1'을 선택합니다. 색상표 정의에서 색상을 **표준 평균 조도**로 선택합니다. 색상이 유지되지 않음 창에서 [확인]을 클릭합니다. 스키마1의 내용이 변경되기 때문에 표시되는 창입니다.

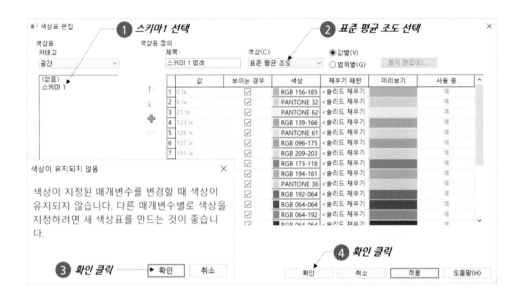

08

뷰에서 색상이 적용된 것을 확인합니다. 특성 창에서 색상표 위치를 '전경'으로 변경합니다. 전경은 모델 요소보다 색상표가 위에 표시됩니다. 메뉴에서 [색상 채우기 범례]를 클릭합니다.

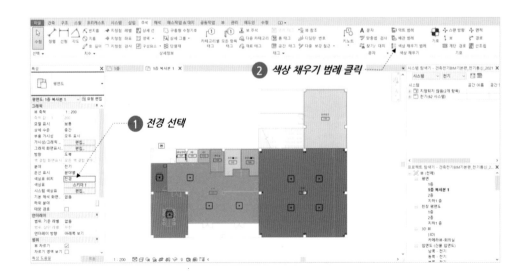

09

뷰에서 마우스의 위치에 미리보기가 표시됩니다. 클릭하여 범례를 작성합니다. 정확한 위치는
중요하지 않습니다.

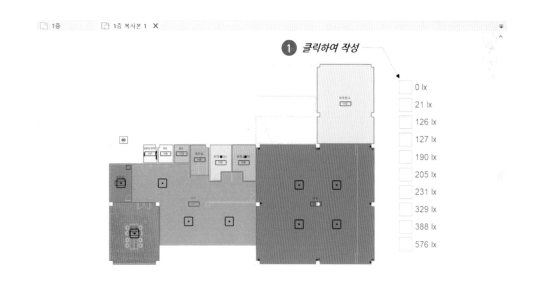

10

같은 방법으로 2층 평면도를 복사한 후 가시성을 설정하고, 색상표 및 범례를 적용합니다.

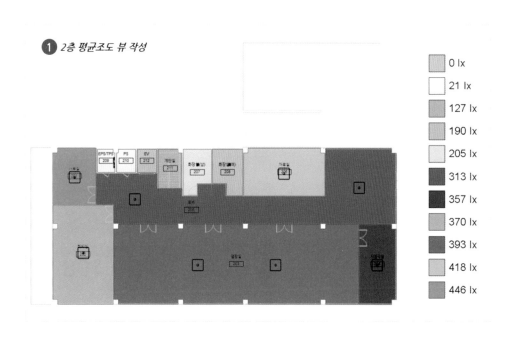

SECTION

03 부하 분석

학습내용 | 분전반 일람표, 배전반 패널 일람표, 패널 일람표 템플릿

학습 결과물 예시

분기 패널: LN-1F

패널 정보

위치: EPS/TPS 107	전압: 220/380 3상4선식	A.I.C. 등급:
수전 원천: SS1	극수: 3	주 경로:
상향: 표준	와이어: 4	주 등급: 100 A
변경표시: 유형 1		MCB 등급: 225 A

CKT	회로 설명				눈금	극	A	B	C
L1	조명 사무실 103				20 A	1	100 VA		
L2	조명 로비 101				20 A	1		1350 VA	
L3	조명 회의실 102				20 A	1			950 VA
LE1	조명 - 비상 룸 109, 211				20 A	1	150 VA		
L4	조명 화장실(남) 105				20 A	1		100 VA	
LE2	조명 - 비상 EPS/TPS 107				20 A	1			50 VA
LE3	조명 - 비상 PS 108	회로 정보			20 A	1	50 VA		
L5	조명 외부창고 110				20 A	1		300 VA	
L6	조명 강당 104				20 A	1			1600 VA
L7	조명 화장실(여) 106				20 A	1	100 VA		
LE4	조명 - 비상 룸 103, 102, 101, 104				20 A	1		300 VA	
LE5	조명 - 비상 룸 206, 203, 204, 202, 201, 205				20 A	1			400 VA
R1	리셉터클 강당 104				20 A	1	720 VA		

부하 분류	연결된 부하	수요 요소	예상 수요	분전반 집계		
리셉터클	720 VA	100.00%	720 VA			
조명	4500 VA	100.00%	4500 VA	총 연결 부하:	6170 VA	
조명 - 비상	950 VA	100.00%	950 VA	예상 수요 전체:	6170 VA	
				연결 전체 전류:	9 A	
				예상 수요 전체 전류:	9 A	

부하 합계

분전반 일람표

분전반 일람표는 분전반에 연결된 모든 부하의 합계를 표현하고, A/B/C 각 상에 부하를 분배하는 내용을 표현합니다.

01

1층 평면도 뷰를 엽니다. EPS/TPS 실의 전등/전열 분전반을 선택합니다. 메뉴에서 분전반 일람표 작성을 확장하여 [기본 템플릿 사용]을 클릭합니다.

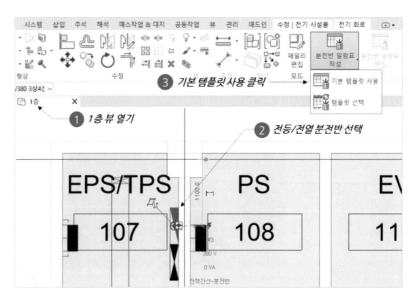

02

분전반 일람표 뷰가 표시되고, 메뉴에 관련 명령이 표시됩니다. ctrl 키를 누른 상태로 마우스 스크롤을 변경하여 뷰를 확대 또는 축소 할 수 있습니다.

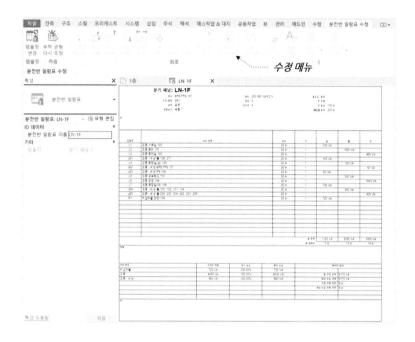

03

분전반 일람표는 상단에 패널 정보가 표시되고, 리스트에는 연결된 회로의 정보가 표시됩니다. 하단에는 부하의 합계 정보가 표시됩니다.

분전반 일람표 뷰에서 연결된 회로인 'L1'을 선택합니다. 특성 창에는 선택한 L1 회로의 정보가 표시됩니다. 메뉴에는 일람표를 수정할 수 있는 내용이 표시됩니다.

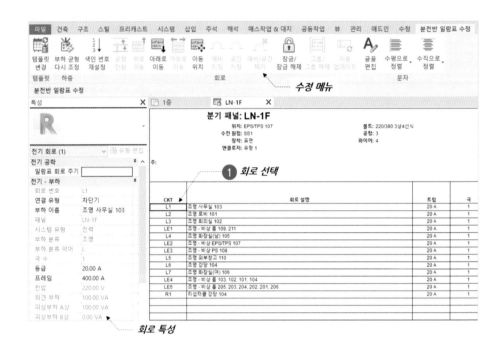

작성한 분전반 일람표는 프로젝트 탐색기의 분전반 일람표에 추가됩니다.

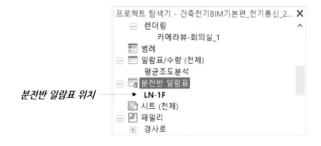

배전반패널 일람표

각 분전반 및 MCC가 연결된 수배전반의 패널 일람표를 작성합니다. 연결된 모든 부하의 합계를 표현합니다.

01

지하1층 평면도 뷰를 열고, 전기실의 수배전반을 선택합니다. 메뉴에서 분전반 일람표 작성을 확장하여 [기본 템플릿 사용]을 클릭합니다.

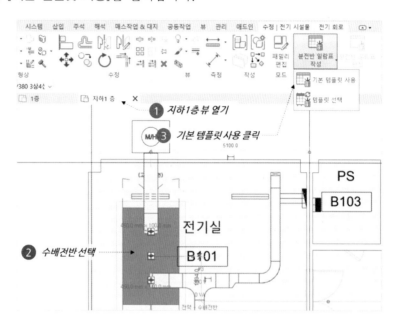

02

수배전반의 분전반 일람표는 연결된 모든 분전반 및 MCC가 표시됩니다. 합계에는 건물 전체의 부하 분류 및 전체 부하 합계가 표시됩니다.

전력 간선 회로

CKT	회로 설명	극 수	프레임 크기	트립 등급	부하	비고
1	MCC-NE1	3	400 A	20 A	2500 VA	
2	MCC-NE2	3	400 A	20 A	600 VA	
3	LN-B1	3	400 A	20 A	2320 VA	
4	LN-1F	3	400 A	20 A	6170 VA	
5	P-1F	3	400 A	20 A	4500 VA	
6	LN-2F	3	400 A	20 A	4100 VA	
7	P-2F	3	400 A	20 A	4000 VA	
8						
9						
10						
11						
12						
13						
14						
15						
16						
17						
18						
19						
20						
				총 연결 부하:	24190 VA	
				총 암페어:	37 A	

범례:

전체 부하

부하 분류	연결 부하	청구 요소	예상 수요	분전반 합계	
리셉터클	720 VA	100.00%	720 VA		
조명	9300 VA	100.00%	9300 VA	총 연결 부하:	24190 VA
조명 - 비상	2570 VA	100.00%	2570 VA	예상 수요 전체:	24190 VA
동력 - 급수펌프	1000 VA	100.00%	1000 VA	총 연결:	37 A
동력 - 소화펌프	600 VA	100.00%	600 VA	예상 수요 전체:	37 A
동력 - 팽창탱크	500 VA	100.00%	500 VA		
동력 - 보일러	1000 VA	100.00%	1000 VA		
동력 - 에어컨	8500 VA	100.00%	8500 VA		

03

작성한 수배전반의 분전반 일람표는 프로젝트 탐색기에서 확인할 수 있습니다.

분전반 일람표 위치

패널 일람표
템플릿

분전반 일람표는 템플릿을 통해서만 표시형식을 변경할 수 있습니다.

01

관리 탭의 설정 패널에서 분전반 일람표 템플릿 확장하면 '템플릿 관리'와 '템플릿 편집'을 확인할 수 있습니다. 템플릿 관리는 템플릿 복사, 기본 템플릿 선택 등을 할 수 있고, 템플릿 편집은 각 템플릿의 형식을 편집할 수 있습니다. [템플릿 관리]를 클릭합니다.

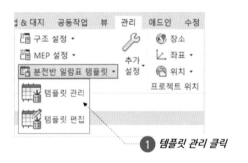

① 템플릿 관리 클릭

02

템플릿 관리 탭은 템플릿을 복사, 삭제 등을 할 수 있고, 템플릿 적용 탭은 템플릿 유형 별로 기본 적용 값을 설정할 수 있습니다. [확인]을 클릭하여 창을 닫습니다.

03

TIP

템플릿 유형은 분전반 또는 수배전반을 말하여, 패널 구성은 회로 표시 형식을 말함

분전반 일람표 템플릿을 확장하여 [템플릿 편집]을 클릭합니다. 템플릿 편집 창에서 패널 구성을 한 개 열로 선택합니다. [열기]를 클릭합니다

04

템플릿을 편집할 수 있는 모드로 변경됩니다. 템플릿은 앞서 작성한 분전반일람표의 템플릿입니다.

05

템플릿에서 〈부하 이름〉을 클릭합니다. 선택한 셀을 수정할 수 있는 메뉴가 표시됩니다. 메뉴에서 부하 이름을 확장합니다. 매개변수를 변경할 수 있습니다. 메뉴에서 [템플릿 취소]를 클릭합니다.

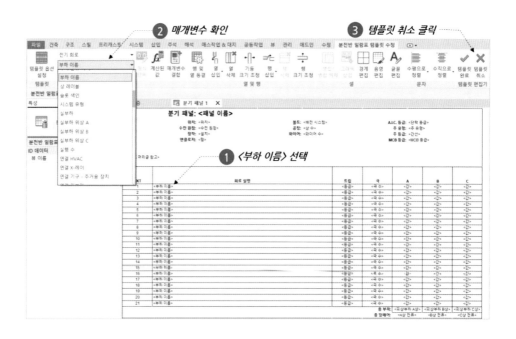

SECTION

04 간섭 검토

학습내용 | 간섭 확인, 결과 확인

학습 결과물 예시

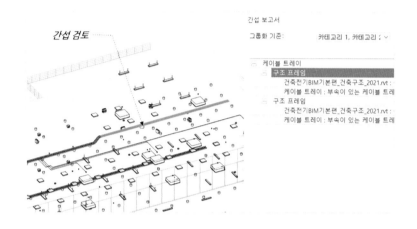

간섭 확인

3차원 형상을 가진 요소들의 물리적 간섭을 검토할 수 있습니다. 간섭 검토는 주로 케이블트레이 및 전선관과 구조 보의 간섭 등을 검토하며, 링크된 레빗 모델을 활용할 수 있습니다.

TIP

만약 3차원 뷰에 단면 상자가 적용되어 있다면 특성에서 단면 상자를 체크 해제함

01

3차원 뷰를 엽니다. 간섭 검토는 모든 뷰에서 실행할 수 있으며, 3차원 뷰는 결과를 확인하는데 편리합니다. 메뉴에서 공동작업탭의 좌표 패널에서 간섭확인을 확장하여 [간섭 확인 실행]을 클릭합니다.

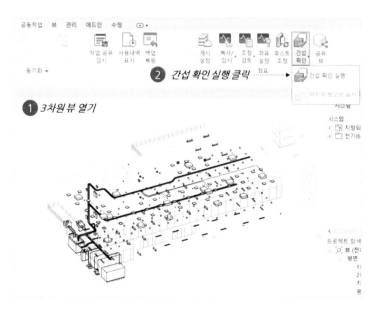

02

간섭 확인 창에서 카테고리 위치를 왼쪽은 현재 문서, 오른쪽은 건축구조 모델을 선택합니다. 왼쪽 현재 문서의 카테고리는 케이블 트레이를 체크하고, 오른쪽의 건축구조 모델의 카테고리는 구조 기둥 및 구조 프레임을 체크합니다. [확인]을 클릭합니다.

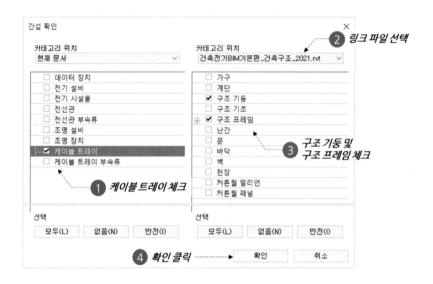

03

간섭 확인이 완료되면 간섭 보고서 창이 표시됩니다. 리스트에는 간섭 내용이 표시됩니다. 간섭 내용은 카테고리, 패밀리 이름, 유형 이름, ID가 표시됩니다.

04

간섭 보고서 창에서 구조 프레임을 선택합니다. 3차원 뷰에서 해당 케이블 트레이가
하이라이트 됩니다. 뷰에서 확대 및 축소, 회전 등을 하여 요소를 확인할 수 있습니다.

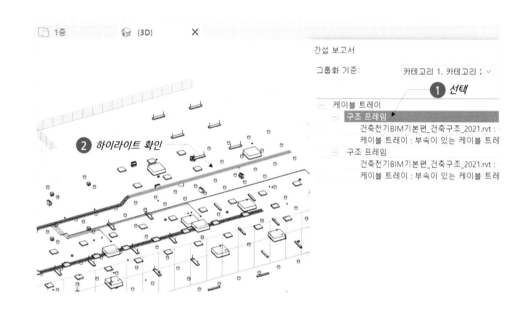

05

창의 아래에는 작성 날짜와 버튼이 표시됩니다. [내보내기]를 클릭하면 html 형식으로 결
과를 내보낼 수 있습니다. [확인]을 클릭하여 창을 닫습니다.

결과 확인

01

공동작업탭의 좌표 패널에서 간섭 확인을 확장하여 [마지막 보고서 표시]를 클릭합니다.

❶ *마지막 보고서 표시 클릭*

TIP

간섭 검토 결과는 프로젝트에 저장되지 않기 때문에 내보내기 필요

02

앞서 실행한 간섭 보고서 창이 다시 열립니다. 간섭 보고서 창은 마지막에 실행한 보고서만 다시 열 수 있기 때문에 필요한 경우 반드시 내보내기합니다. [내보내기]를 클릭합니다.

간섭 보고서

그룹화 기준: 카테고리 1, 카테고리 2 ∨

	메시지

□ 케이블 트레이
　　□ 구조 프레임
　　　　건축전기BIM기본편_건축구조_2021.rvt : 구조 프레임 : 콘크리트-직사각형 보 : RC - 400 x 600mm : ID 373378
　　　　케이블 트레이 : 부속이 있는 케이블 트레이 : 래더 케이블 트레이 : ID 781334
　　□ 구조 프레임
　　　　건축전기BIM기본편_건축구조_2021.rvt : 구조 프레임 : 콘크리트-직사각형 보 : RC - 400 x 600mm : ID 373370
　　　　케이블 트레이 : 부속이 있는 케이블 트레이 : 래더 케이블 트레이 : ID 781334

작성됨:　　　　　　2022년 7월 11일 월요일 오후 9:22:10
마지막 업데이트:
　　　　　　　주: 위에 나열된 업데이트 간섭을 새로 고칩니다.

[표시(S)]　[내보내기(E)...]　[새로 고침(R)]　　　　　　　　　　[확인]

❶ *내보내기 클릭*

03

간섭 보고서를 파일로 내보내기 창에서 파일 형식이 html 인 것을 확인합니다. 이름은 검토
내용과 날짜를 알 수 있도록 '**간섭검토_전기vs건축구조_20220711**'로 입력합니다. [저장]을
클릭합니다.

04

폴더에서 해당 파일을 더블 클릭하여 엽니다. 인터넷 창에서 간섭 보고서가 표시됩니다. 케
이블 트레이의 ID를 확인합니다.

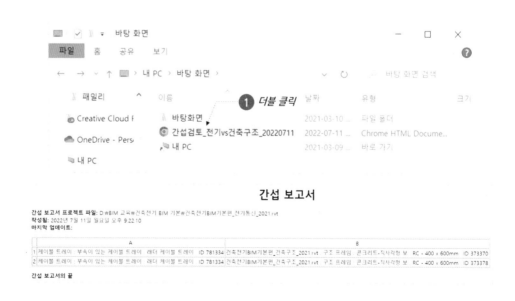

TIP

모든 요소는 ID 정보
를 갖고 있음

05

ID를 이용하여 해당 요소를 찾기 위해 레빗 프로그램의 메뉴에서 관리탭의 조회 패널에서
ID별로 선택(🔳)을 클릭합니다.

TIP

관리 탭의 조회 패널
에서 선택항목 ID를
클릭하여 선택한 요소
의 ID 확인 가능

06

ID 창에서 ID를 입력합니다. 복사 및 붙여넣기를 사용할 수도 있습니다. **표시** 버튼을 클릭
하면 뷰에서 해당 요소가 하이라이트 및 선택됩니다. [확인]을 클릭하여 창을 닫습니다.

학습 완료

'Chapter 08. 전기설계 검토' 학습이 완료되었습니다. 열려 있는 모든 뷰를 닫아 프로젝트를
종료합니다. 필요시 파일을 다른 이름으로 저장합니다.

MEMO

PART

03

도면 작성

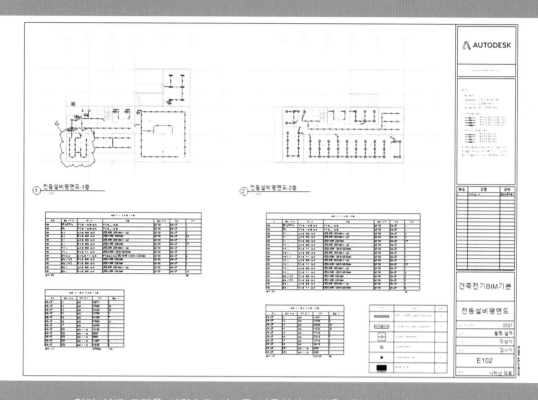

전기 설계 모델을 바탕으로 시트를 이용하여 도면을 생성하고, 와이어, 상세 및 일람표,
주석 등을 이용한 도면 작성을 학습합니다.

CHAPTER

09

시트

시트 작성

학습내용 | 새 시트 작성, 제목블럭 패밀리 탐색

학습 결과물 예시

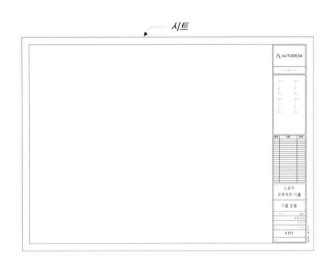

······ 시트

학습 시작

홈 화면에서 [열기]를 클릭하거나 또는 파일 탭의 [열기]를 클릭하고, 예제파일에서 'Chapter 09. 시트 시작' 파일을 엽니다.

새 시트 작성

새 시트를 만들고, 제목 블록을 선택하고, 뷰를 배치하여 시트(도면)를 작성하게 됩니다.

TIP

시트는 도면 용지를 말하며, 제목 블록 안에 뷰를 배치하여 도면 작성

01

메뉴에서 뷰탭의 시트 구성 패널에서 [시트]를 클릭합니다. 또는 프로젝트 탐색기에서 시트 (전체)를 우클릭하여 [새 시트]를 클릭합니다.

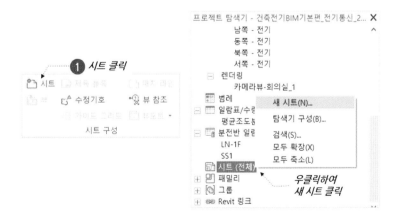

제목 블록은 시트용
템플릿으로, 프로젝트
이름, 도면 번호 등을
표시함
프로그램의 버전에 따
라 자리 표시자 또는
대행자 시트 용어가
사용됨

02

새 시트 창에서 제목 블록을 'A1 미터법'으로 선택합니다. A1 미터법은 A1 용지의 크기를 말합니다. 자리 표시자 시트 선택은 시트 일람표를 이용하여 다수의 시트를 한 번에 만들 때 사용하는 기능입니다. 새가 선택된 상태에서 [확인]을 클릭합니다.

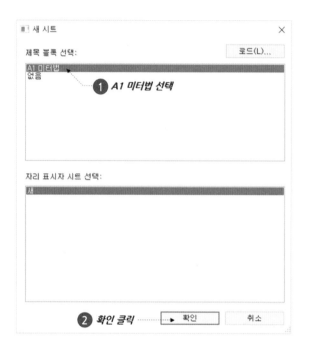

03

새 시트의 뷰가 자동으로 열리고, A1 미터법의 제목 블록이 표시됩니다. 프로젝트 탐색기의 시트에 추가됩니다.

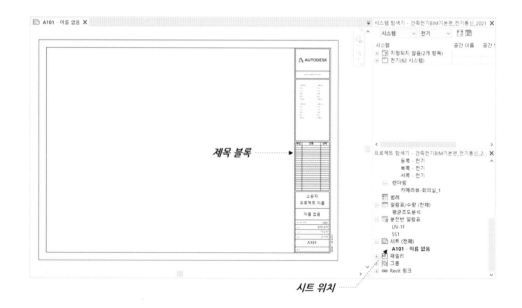

제목블럭 패밀리 탐색

제목블럭 패밀리는 선, 문자 및 레이블, 수정기호 일람표 등으로 구성되어 있습니다. 필요시 이러한 내용을 수정하여 사용할 수 있습니다.

01

제목블럭 패밀리는 프로젝트 탐색기에서 패밀리의 주석기호에서 확인할 수 있습니다. A1 미터법을 선택하고, 우클릭하여 [편집]을 클릭합니다. 또는 뷰에서 제목블럭을 선택하고, 메뉴에서 [패밀리 편집]을 클릭합니다.

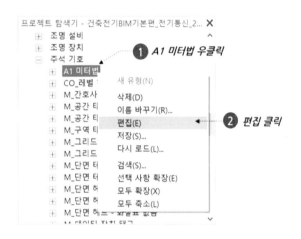

02

패밀리 파일이 열리고, 뷰가 표시됩니다. 뷰에서 왼쪽의 선을 선택합니다. 특성 창에서 길이를 확인합니다. 길이가 A1 용지의 크기와 같은 594인 것을 확인합니다.

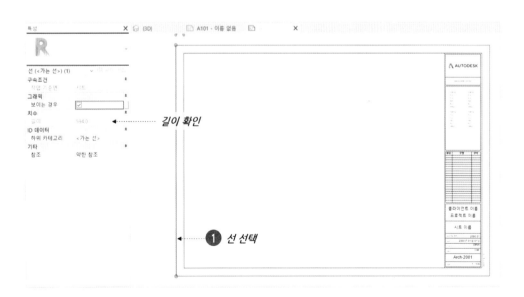

03

프로젝트 이름을 선택합니다. 수정 | 레이블 탭의 레이블 패널에서 [레이블 편집]을 클릭합니다. 프로젝트 이름은 프로젝트에서 입력된 내용을 표시할 수 있도록 매개변수로 작성되어 있습니다.

04

레이블 편집 창에서 표시하고자 하는 매개변수를 설정할 수 있습니다. [확인]을 클릭하여 창을 닫습니다.

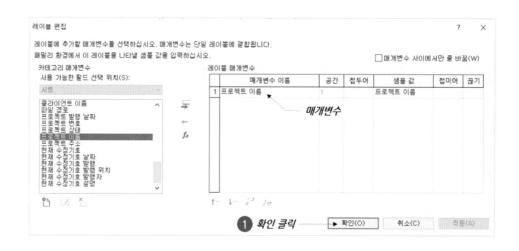

05

컨설턴트가 적힌 문자와 클라이언트 이름을 선택하고, delete 를 눌러 삭제합니다.

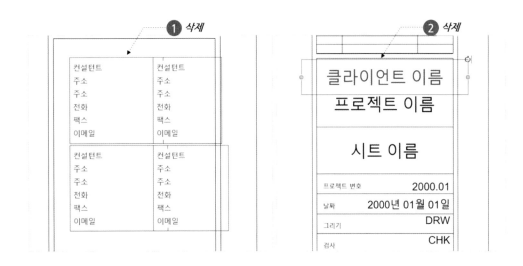

TIP

패밀리 저장 창에서
아니요를 클릭해도 변
경 사항이 프로젝트에
반영됨

06

프로젝트 이름을 선택하고, shift 를 누른 상태로 위쪽으로 드래그하여 위치를 이동합
니다. 정확한 위치는 중요하지 않습니다. 메뉴에서 [프로젝트에 로드한 후 창 닫기]를
클릭합니다. 저장 창에서 [아니요]를 선택합니다.

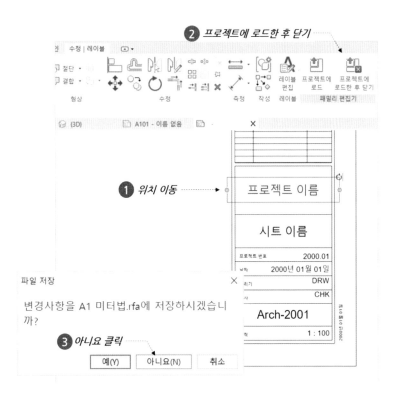

07

매개변수 기존 버전 덮어쓰기 창에서 [기존 버전 덮어쓰기]를 클릭합니다. 뷰에서 제목블럭이 변경된 것을 확인합니다.

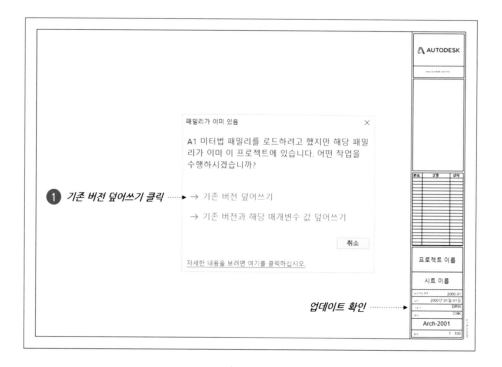

08

관리탭의 설정 패널에서 [프로젝트 정보]를 클릭합니다. 프로젝트 이름을 '건축전기BIM기본'으로 입력하고 [확인]을 클릭합니다. 입력한 내용은 이미 작성된 시트 및 앞으로 작성하는 모든 시트에 자동으로 적용됩니다.

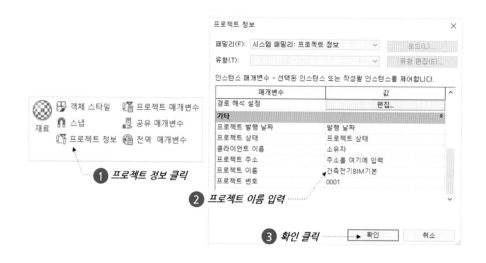

특성에서 **시트 번호와 이름**을 E101과 개요로 입력합니다. 같은 방법으로 새 시트를 추가하고
번호 및 이름을 입력합니다.

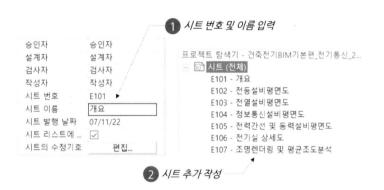

① *시트 번호 및 이름 입력*

승인자	승인자
설계자	설계자
검사자	검사자
작성자	작성자
시트 번호	E101 ▶
시트 이름	개요
시트 발행 날짜	07/11/22
시트 리스트에 ...	☑
시트의 수정기호	편집...

프로젝트 탐색기 - 건축전기BIM기본편_전기통신_2...
⊟ 🗐 시트 (전체)
　　E101 - 개요
　　E102 - 전등설비평면도
　　E103 - 전열설비평면도
　　E104 - 정보통신설비평면도
　　E105 - 전력간선 및 동력설비평면도
　　E106 - 전기실 상세도
　　E107 - 조명렌더링 및 평균조도분석

② *시트 추가 작성*

MEMO

SECTION

02

뷰 배치

학습내용 | 전등설비평면도, 뷰 템플릿, 전열설비평면도, 정보통신설비평면도, 전력간선 및 동력설비 평면도, CAD 파일 활용 (계통도, 결선도 등)

학습 결과물 예시

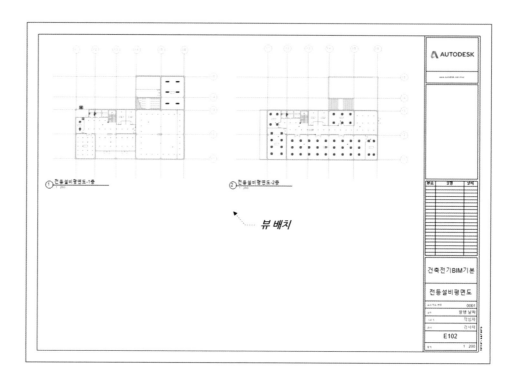

전등설비평면도

기존의 천장평면도 뷰를 복사하여 시트에 배치할 전등설비평면도를 작성합니다. 1개의 뷰는 1개의 시트에만 배치할 수 있습니다. 같은 뷰를 2개 이상의 시트에 배치할 수는 없습니다.

01

조명 설비 평면도를 작성하기 위해 프로젝트 탐색기에서 뷰(전체)의 평면 1층을 우클릭하고, 뷰 복제의 [복제]를 클릭합니다.

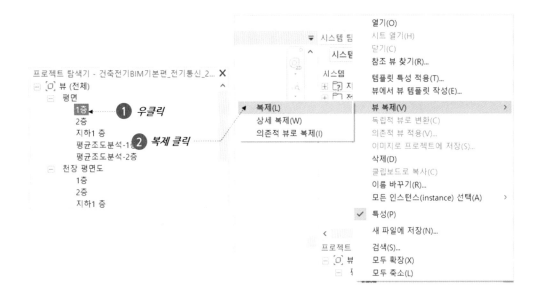

02

특성 창에서 축척은 1:200 선택, 이름은 '전등설비평면도-1층'을 입력합니다.

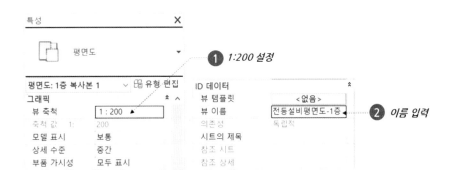

TIP

가시성/그래픽의 실행은
메뉴 또는 특성 창에서
할 수 있음

03

특성 창에서 가시성/그래픽 재지정의 [편집] 버튼을 클릭합니다. 재지정 창에서 공간을 확장
하여 내부를 체크 해제합니다.

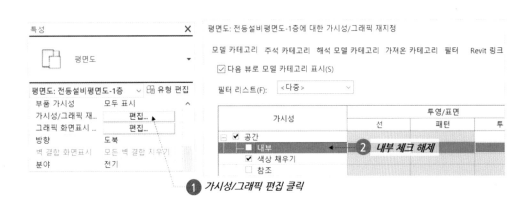

04

계속해서 가구, 기계 장비, 데이터 장치, 전기설비, 전선관 및 부속류, 전화장치, 지형, 케이블트레이 및 부속류, 통신 장치를 체크 해제합니다.

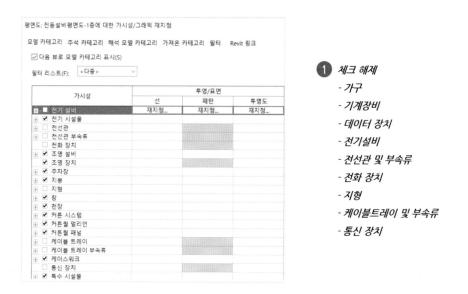

① 체크 해제
 - 가구
 - 기계장비
 - 데이터 장치
 - 전기설비
 - 전선관 및 부속류
 - 전화 장치
 - 지형
 - 케이블트레이 및 부속류
 - 통신 장치

05

[주석 카테고리] 탭을 클릭합니다. 공간 태그와 그리드의 중간색을 체크하고 [확인]을 클릭합니다.

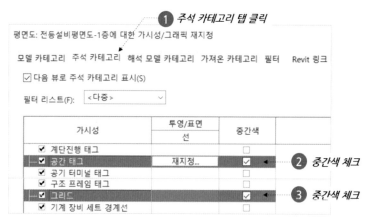

TIP

뷰 자르기 아이콘에
X 표시가 없어야 뷰
를 자르는 상태임

06

뷰의 아래에 뷰 조절 막대에서 상세 수준은 중간, 비주얼스타일은 은선, 자르기 영역 표시
(🔲)를 클릭합니다.

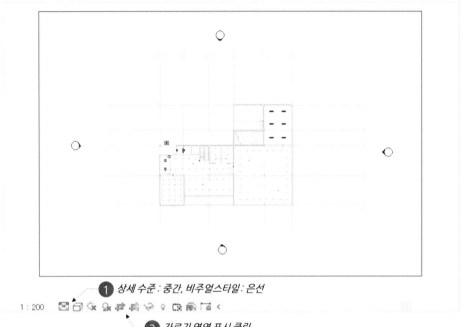

① *상세 수준 : 중간, 비주얼스타일 : 은선*

② *자르기 영역 표시 클릭*

07

뷰에서 자르기 영역을 선택하고 자르기 영역을 조정합니다. 뷰 조절 막대에서 자르기 영역을
숨기기 위해 **자르기 영역 숨기기(🔲)**를 클릭합니다.

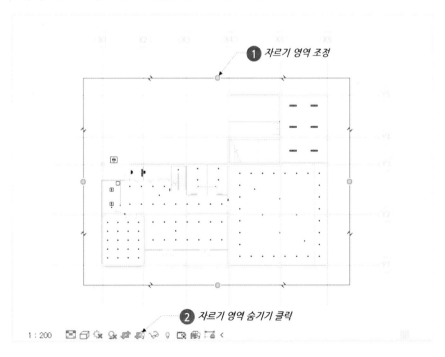

① *자르기 영역 조정*

② *자르기 영역 숨기기 클릭*

08

메뉴에서 주석 탭의 [모든 항목 태그]를 클릭합니다. 태그 창에서 공간 태그를 체크하고, 공간 태그_1.5mm : 공간 태그를 선택합니다. [확인]을 클릭합니다.

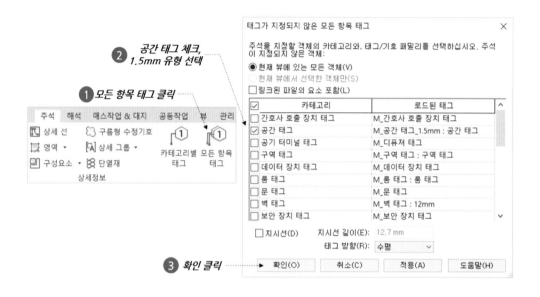

09

프로젝트 탐색기에서 전등설비평면도 시트를 열고, '전등설비평면도-1층'을 드래그하여 시트 안으로 마우스를 이동합니다. 마우스 클릭을 해제하면, 뷰의 미리보기가 표시됩니다. 클릭하여 뷰를 배치합니다. 정확한 위치는 중요하지 않습니다.

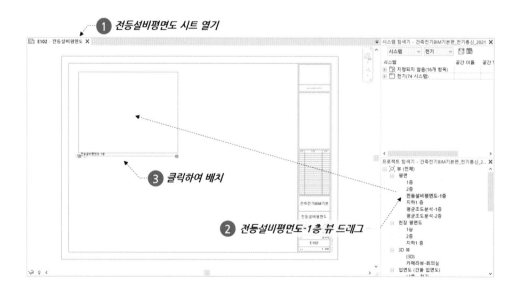

10

배치한 뷰를 선택하고, 뷰 제목 선의 끝점을 드래그하여 이동합니다. 뷰 선택을 취소하고, 뷰 제목을 선택합니다. 드래그하여 위치를 이동할 수 있습니다.

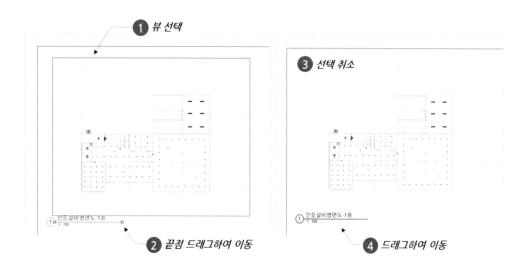

뷰 템플릿

뷰 템플릿은 뷰의 특성, 가시성 설정 등을 템플릿으로 저장하여, 다른 뷰에 적용할 수 있습니다.

01

프로젝트 탐색기에서 '전등설비평면도-1층' 뷰를 엽니다. 뷰탭의 그래픽 패널에서 뷰 템플릿을 확장하여 [현재 뷰에서 템플릿 작성]을 클릭합니다. 새 뷰 템플릿 창에서 이름을 '전기통신평면도'로 입력하고, [확인]을 클릭합니다.

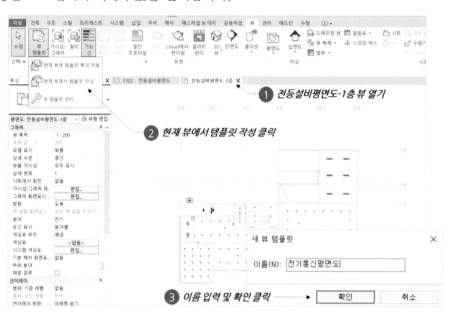

02

뷰 템플릿 창에는 프로젝트에 작성되어 있는 **평면도** 템플릿이 표시됩니다. 작성한 템플릿을 선택하고, V/G 재지정 모델의 [편집] 버튼을 클릭합니다.

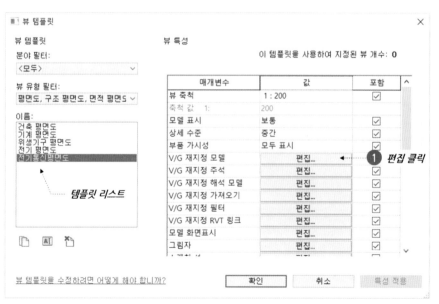

TIP

리스트의 기존 템플릿
은 새 프로젝트 작성
시 선택한 템플릿에
미리 작성되어 있는
템플릿

03

재지정 창에서 조명 설비와 조명 장치를 체크 해제하고 [확인]을 클릭합니다. 뷰 템플릿 창도
[확인]을 클릭하여 템플릿 작성을 완료합니다.

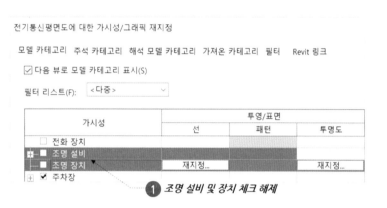

① 조명 설비 및 장치 체크 해제

04

메뉴에서 뷰탭의 뷰 템플릿을 확장하여 [뷰 템플릿 관리]를 클릭합니다. 프로젝트에 포함된
모든 템플릿이 표시됩니다. 각 템플릿을 선택하여 뷰 특성을 수정할 수 있습니다. [확인]을
클릭하여 창을 닫습니다.

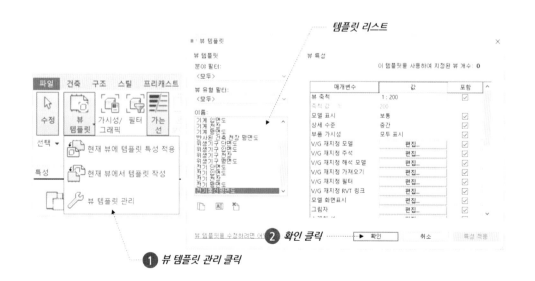

템플릿 리스트

① 뷰 템플릿 관리 클릭

② 확인 클릭

05

프로젝트 탐색기의 2층을 복제하고, 이름을 '전등설비평면도-2층'으로 변경합니다.

06

메뉴에서 뷰 탭의 뷰 템플릿을 확장하여 [현재 뷰에 템플릿 특성 적용]을 클릭합니다. 적용 창에서 '전기통신평면도'를 선택하고 [확인]을 클릭합니다.

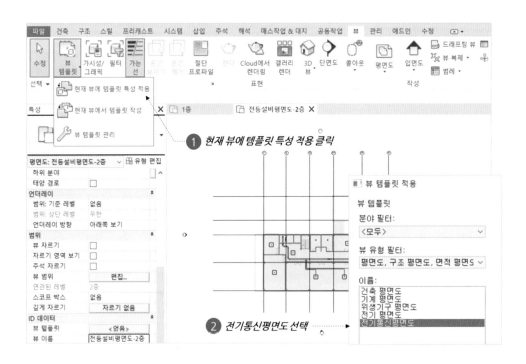

07

메뉴에서 뷰 탭의 가시성/그래픽을 클릭하여 실행합니다. 재지정 창에서 조명 설비 및 장치를 체크합니다. [확인]을 클릭하여 창을 닫습니다.

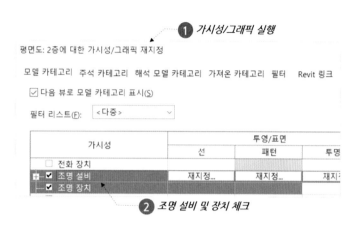

08

뷰 조절 막대에서 뷰 자르기와 자르기 영역 표시를 차례로 클릭합니다. 뷰에서 자르기 영역을 조정하고, 다시 자르기 영역 숨기기(⬛)를 클릭합니다.

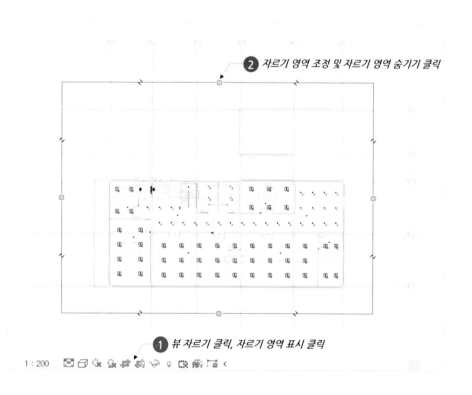

09

메뉴에서 주석 탭의 [모든 항목 태그]를 클릭합니다. 태그 창에서 공간 태그를 체크하고 공간
태그_1.5mm : 공간 태그를 선택합니다. [확인]을 클릭합니다.

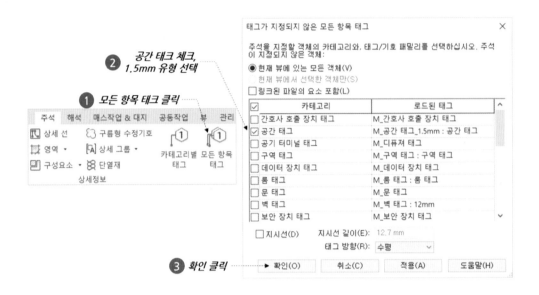

TIP

와이어(배선)은 뒤에서
작성

10

프로젝트 탐색기에서 전등설비평면도 시트를 열고, '전등설비평면도-2층' 뷰를 드래그하여
시트에 배치합니다. 뷰포트의 위치 및 길이를 조정합니다.

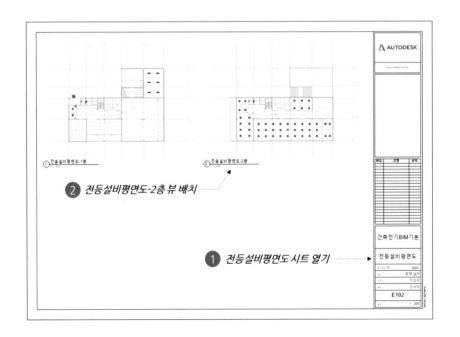

전열설비평면도

기존의 평면도 뷰를 복사하여 시트에 배치할 전열 평면도를 작성합니다.

TIP

상세 복제는 뷰 특정 요소인 문자, 치수, 태그 등을 함께 복사하는 기능

01

프로젝트 탐색기에서 '전등설비평면도-1층'을 우클릭합니다. 뷰 복제를 확장하여 [상세 복제]를 클릭합니다.

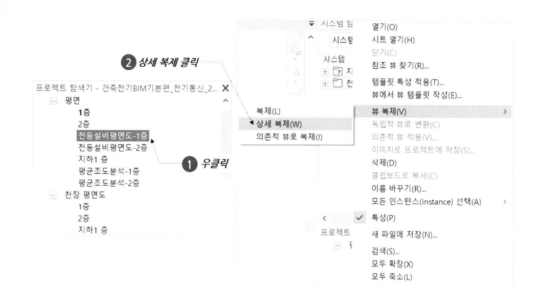

02

뷰의 이름을 '전열설비평면도-1층'으로 변경합니다. 메뉴에서 [가시성/그래픽]을 클릭합니다. 재지정 창에서 전기 설비를 체크하고, 조명 설비 및 장치를 체크 해제합니다. [확인]을 클릭합니다.

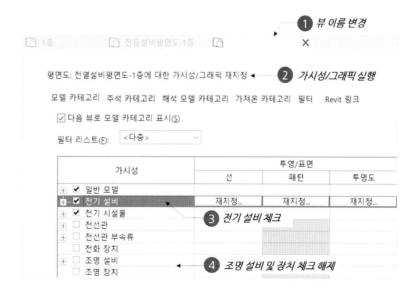

03

뷰에서 조인트 박스가 표시되는 것을 확인합니다. 조인트 박스를 뷰에서 표시하지 않기 위해 특성에서 뷰 범위의 [편집] 버튼을 클릭합니다.

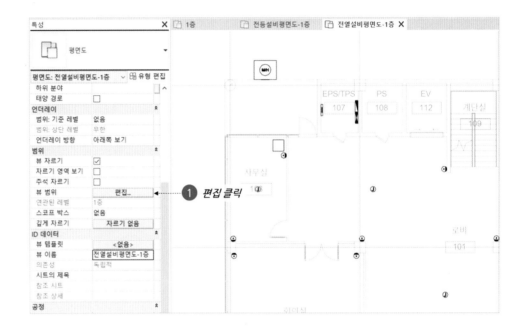

04

뷰 범위 창에서 상단을 '연관된 레벨(1층)'으로 선택하고 2400을 입력합니다. [확인]을 클릭합니다.

05

프로젝트 탐색기에서 전열설비평면도 시트를 열고, 전등설비평면도-1층 뷰를 배치합니다.
같은 방법으로 전열설비평면도-2층을 작성하여 시트에 배치합니다.

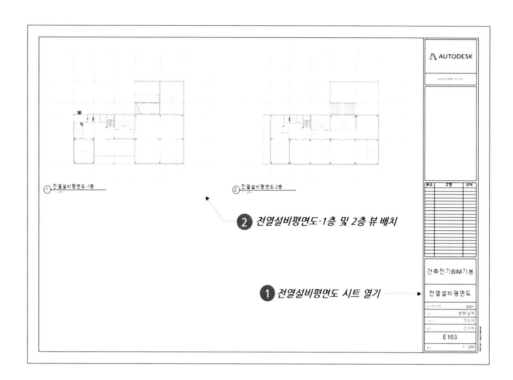

② 전열설비평면도-1층 및 2층 뷰 배치

① 전열설비평면도 시트 열기

정보통신설비
평면도

기존의 평면도 뷰를 복사하여 시트에 배치할 정보통신 평면도를 작성합니다.

01

앞선 방법과 같이 전열설비평면도-1층 뷰를 상세 복제하고, 이름을 '정보통신설비평면도-1층'
으로 변경합니다.

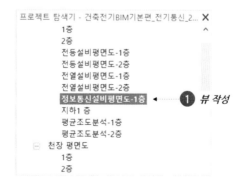

① 뷰 작성

02

메뉴에서 뷰 탭의 [가시성/그래픽]을 클릭합니다. 재지정 창에서 데이터 장치를 체크하고, 전기 설비를 체크 해제합니다. [확인]을 클릭하여 창을 닫습니다.

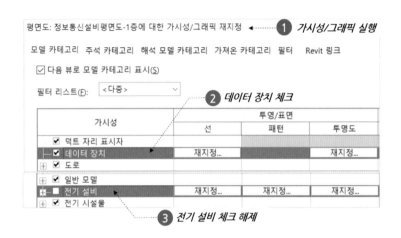

TIP

와이어(배선)은 뒤에서 작성

03

프로젝트 탐색기에서 정보통신설비평면도 시트를 열고, 정보통신설비평면도-1층 뷰를 드래그 하여 배치합니다. 같은 방법으로 정보통신설비평면도-2층을 작성하여 배치합니다.

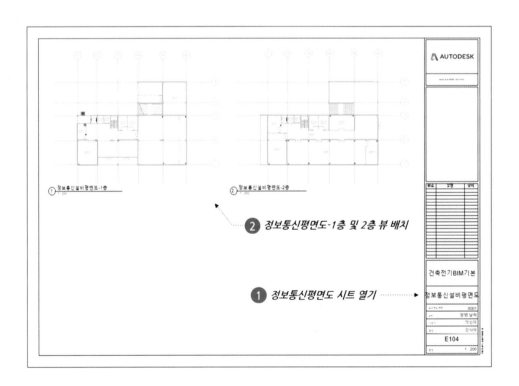

전력간선 및 동력 설비 평면도

기존의 평면도 뷰를 복사하여 시트에 배치할 전력간선 및 동력설비 평면도를 작성합니다.

01

프로젝트 탐색기에서 전등설비평면도-1층을 상세 복사하고, 이름을 '전력간선및동력설비-1층'으로 변경합니다.

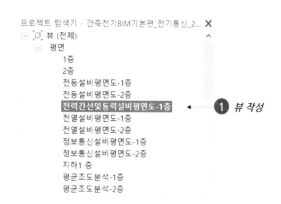

02

메뉴에서 뷰 탭의 [가시성/그래픽]을 클릭합니다. 재지정 창에서 기계 장비, 전기 설비, 전선관 및 부속류, 케이블트레이 및 부속류를 체크합니다. 조명 설비 및 장치는 체크 해제하고, [적용]을 클릭합니다.

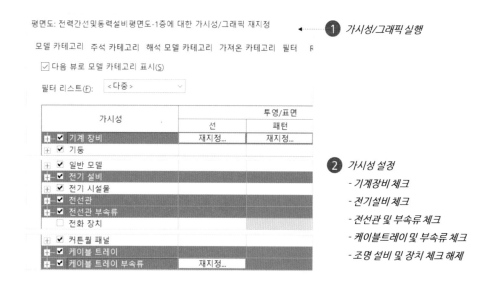

03

뷰에서 전기 설비인 콘센트 요소들을 표시하지 않기 위해 재지정 창에서 [필터] 탭을 클릭하고, [편집/새로만들기]를 클릭합니다.

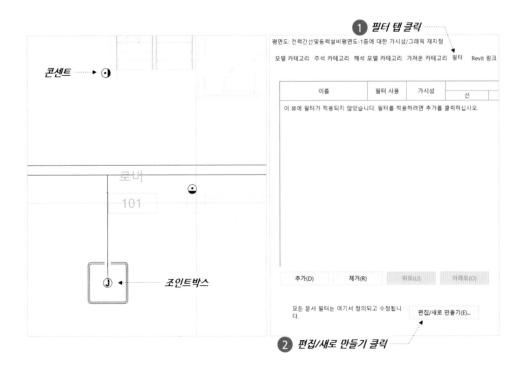

04

필터 창에서 새로 만들기( )를 클릭합니다. 필터의 이름을 '콘센트 패밀리'로 입력하고 [확인]을 클릭합니다.

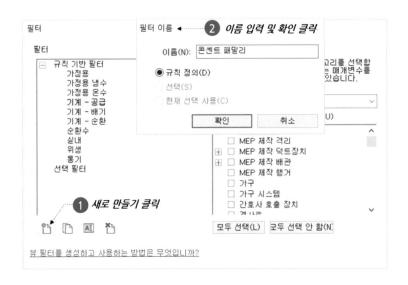

05

필터 창의 카테고리에서 콘센트의 카테고리인 전기 설비를 체크합니다. 필터 규칙에서 매개
변수는 패밀리 이름, 연산자는 포함하는 문자, 값은 콘센트를 입력하고 [확인]을 클릭합니다.

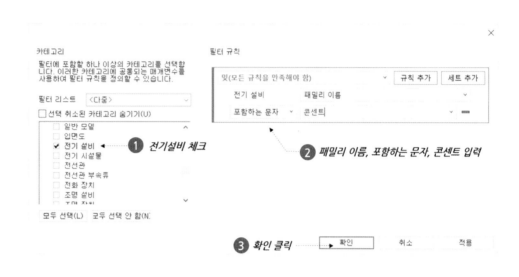

TIP

가시성/그래픽 재지정
창의 적용 버튼은 창을
닫지 않고 설정한 내
용을 뷰에 표시하는
기능

06

재지정 창에서 [추가]를 클릭합니다. 필터 추가 창에서 작성한 콘센트 패밀리를 선택하고
[확인]을 클릭합니다. 추가한 콘센트 패밀리의 가시성을 체크 해제하고 [적용]을 클릭합니다.

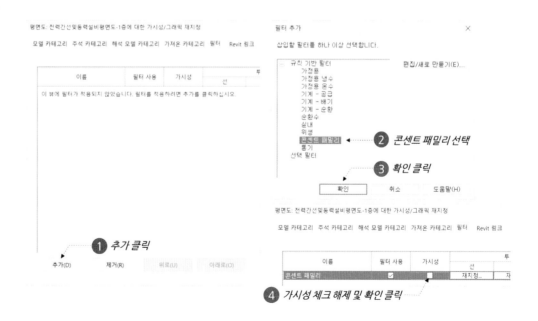

07

뷰에서 콘센트가 표시되지 않는 것을 확인합니다. 뷰에서 전선관의 선 표시를 변경하기 위해
재지정 창에서 [모델 카테고리]를 클릭하고, 전선관의 선 [재지정] 버튼을 클릭합니다.

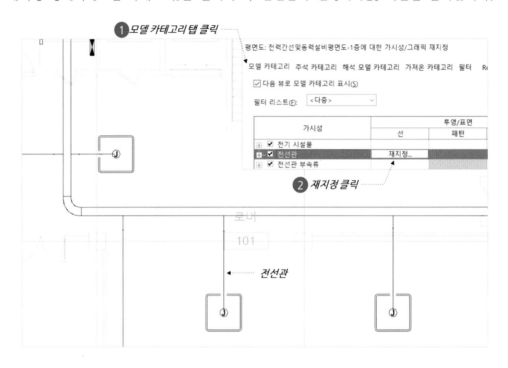

TIP

배관배선-노출 패턴
은 학습을 위해 예제
파일에 미리 만들어
놓은 패턴이며, 선의
패턴 작성은 뒤에서
학습함

08

선 그래픽 창에서 패턴을 '배관배선-노출'로 선택하고 [확인]을 클릭합니다. 재지정 창도
[확인]을 클릭합니다. 뷰에서 전선관의 표시가 변경된 것을 확인합니다.

09

프로젝트 탐색기에서 전력간선 및 동력설비평면도 시트를 열고, 전력간선및동력설비평면도-1층 뷰를 배치합니다. 같은 방법으로 전력간선및동력설비평면도-2층을 작성 및 배치합니다.

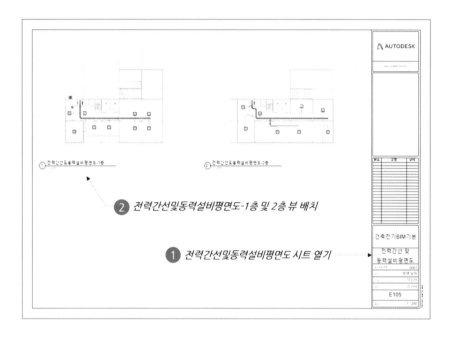

TIP

평균조도분석 1층 및 2층 뷰는 뷰 자르기의 범위 조정 후에 시트에 배치

10

프로젝트 탐색기에서 조명렌더링 및 평균조도분석 시트를 엽니다. 시트에 평균조도분석 1층 및 2층, 카메라뷰-회의실1, 평균조도분석 일람표를 배치합니다.

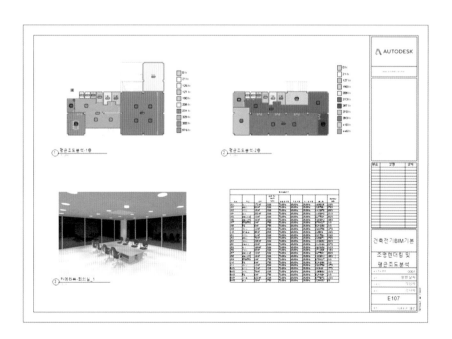

CAD 파일 활용 (계통도, 결선도 등)

계통도, 결선도 등은 레빗에서 편리하게 작성할 수 있는 기능이 없습니다. 따라서 외부 프로그램에서 작성한 CAD 파일을 레빗 프로젝트에서 링크하여 사용합니다. 뷰 탭의 드래프팅 뷰를 이용하여 새 뷰를 만들고, CAD 파일을 링크한 후 시트에 배치하여 도면 세트를 완성할 수 있습니다.

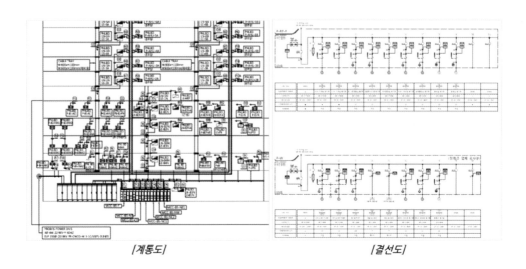

[계통도]   [결선도]

내보내기

학습내용 | CAD 내보내기, PDF 출력, 이미지 내보내기

학습 결과물 예시

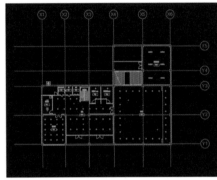

CAD 내보내기

CAD 내보내기는 여러 시트를 한 번에 출력할 수 있고, 레이어, 선 패턴 등을 설정할 수 있습니다.

01

파일탭의 내보내기에서 CAD 형식의 [DWG]를 선택합니다. DWG 내보내기 명령은 어느 뷰에서든 실행할 수 있습니다.

02

DWG 내보내기 창에서 내보내기 설정을 위해 축소 버튼(…)을 클릭합니다. 설정 수정 창에서 레이어, 선, 패턴, 문자 및 글꼴, 색상, 솔리드, 단위 및 좌표, 일반 등을 설정할 수 있습니다.

TIP

색상 ID의 숫자는
AutoCAD 프로그램의
색상 번호와 같음

03

레이어 탭에서는 레이어 내보내기 옵션과 카테고리별 레이어의 이름 및 색상을 설정할 수 있습니다. [확인]을 클릭합니다.

레이어　선　　패턴　문자 및 글꼴 색상　솔리드 단위 및 좌표 일반

레이어 내보내기 옵션(E): 　　　　　　　　카테고리 특성 BYLAYER 및 재지정 BYENTITY를 내보내십시 ∨

표준에서 레이어 로드(S): 　　　　　　　　미국 건축학회 표준(AIA)　　　　　　　　　∨

카테고리	투영			잘라내기			^
	레이어	색상 ID	레이어 수정	레이어	색상	레이어 수정	
⊟ 모델 카테고리							
⊞ HVAC 구역	M-ZONE	51					
⊞ MEP 제작 격리	E-CABL-TRAY	211					
⊞ MEP 제작 덕트장치	M-HVAC-DUCT	70					
⊞ MEP 제작 배관	P-PIPE	3					
⊞ MEP 제작 행거	Z-MNTG	3					
⊞ 가구	I-FURN	30					
⊞ 가구 시스템	I-FURN-PNLS	30					
간호사 호출 장치	E-NURS	2					
⊞ 경사로	A-FLOR-LEVL	51		A-FLOR-LEVL	51		
⊞ 계단	S-STRS	31		S-STRS	31		
⊞ 공간	M-AREA	32					
공기 터미널	M-HVAC-CDFF	50					
⊞ 교각	S-BRDG-PIER	2		S-BRDG-PIER	2		∨

카테고리별 이름 및 색상 설정

모두 확장(X)　　모두 축소(O)　　모든 항목에 대한 수정자 추가/편집(M)…

❶ 확인 클릭 ┈┈┈┈ ▶ 확인　　　　　　취소

04

DWG 내보내기 창에서 내보내기를 〈세션 뷰/시트 세트〉로 선택합니다. 목록에 표시는 모델의 시트를 선택하고, 리스트에서 원하는 시트를 체크하고 [다음]을 클릭합니다.

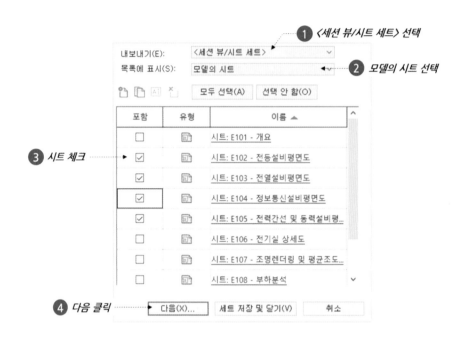

05

저장 창에서 이름을 입력하고, 원하는 파일 형식을 선택합니다. 시트의 뷰 및 링크를 외부 참조로 내보내기는 체크 해제하고 [확인]을 클릭합니다.

06

CAD 프로그램에서 내보낸 파일을 엽니다. 시트의 내용을 확인합니다. 모드가 Layout1 인 것을 확인합니다.

Layout1 탭 확인

07

[모형] 탭을 클릭합니다. 각 뷰가 표시되는 것을 확인합니다.

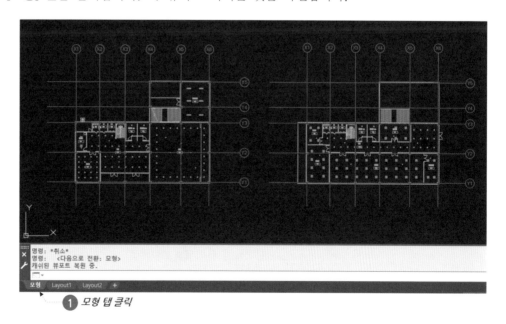

❶ *모형 탭 클릭*

PDF 출력

PDF는 인쇄 기능을 이용하여 내보낼 수 있으며, 인쇄를 위해서는 Microsoft Office 또는 Adobe 관련 제품이 설치되어 있어야 합니다. 레빗의 2022년 버전부터는 이러한 프로그램이 없어도 PDF를 인쇄할 수 있도록 파일의 내보내기에 PDF 기능이 추가되었습니다. 교육에서는 인쇄 기능을 이용하여 PDF를 출력합니다.

01

파일탭의 인쇄에서 [인쇄]를 클릭합니다. 인쇄 명령은 어느 뷰에서든 실행 할 수 있습니다.

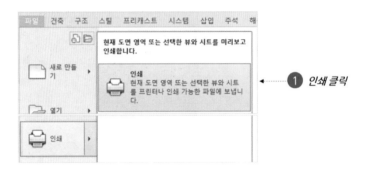

TIP

파일의 통합 또는 별
도 파일은 필요에 따라
선택

02

인쇄 창에서 프린터의 종류를 'Microsoft Print to PDF' 또는 'Adobe PDF'로 선택합니다. 파일에서 여러 개의 선택된 뷰/시트를 단일 파일로 통합을 선택합니다. 인쇄 범위에서 선택된 뷰/시트를 체크하고, [선택] 버튼을 클릭합니다.

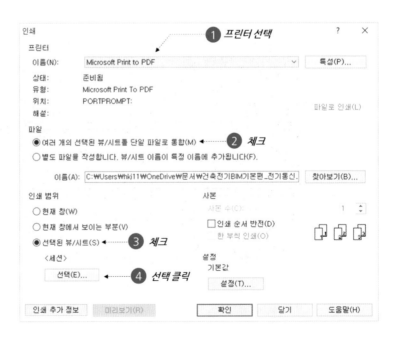

03

인쇄 범위에서 내보낼 뷰 및 시트를 선택하고, [확인] 버튼을 클릭합니다. 만약 설정 저장 창이 표시되면 [아니요]를 클릭합니다.

TIP

만약 인쇄-음영처리 된 뷰에 대해 변경된 설정 창이 표시되면 닫기 클릭

04

인쇄 창에서 설정의 [설정] 버튼을 클릭합니다. 인쇄 설정 창에서 도면 크기는 A3, 용지 배치는 코너에서 간격 띄우기로 체크하고 여백 없음을 선택하고 [확인]을 클릭합니다. 인쇄 창도 [확인]을 클릭합니다.

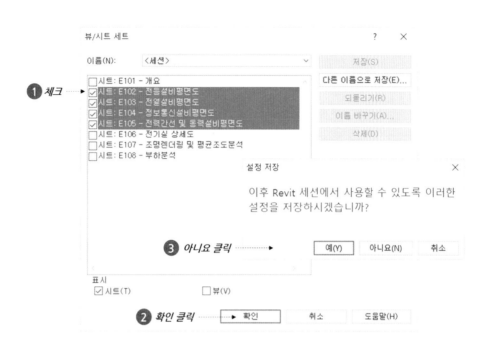

05

저장 창에서 이름을 입력하고, [저장]을 클릭합니다.

06

내보낸 PDF 파일을 열어서 내용을 확인합니다.

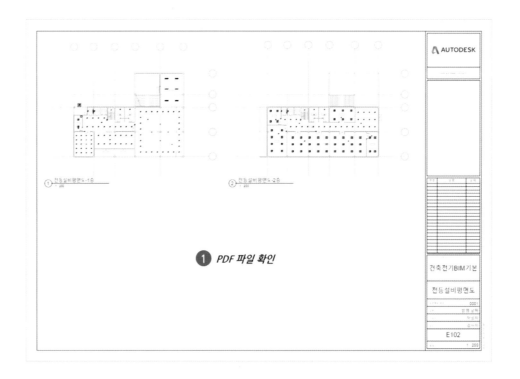

이미지 내보내기

프로젝트에서 대부분의 뷰 또는 시트를 이미지로 파일로 내보낼 수 있습니다.

01

프로젝트 탐색기에서 렌더링 아래의 '카메라뷰–회의실_1' 뷰를 엽니다.

02

파일 탭의 내보내기에서 아래 방향 화살표를 클릭하여 이미지 및 동영상이 표시되면, 확장하여 [이미지]를 클릭합니다.

TIP

프로그램 버전에 따라
창의 모습이 다를 수
있으며, 선택되지 않은
뷰 숨기기가 체크 되어
있다면 체크 해제
만약 설정 저장 창이
표시되면 [아니요] 클릭

03

이미지 내보내기 창에서 출력의 [변경] 버튼을 클릭합니다. 저장 창에서 이름 및 위치를
선택합니다. 내보내기 범위에서 선택된 뷰/시트의 [선택]을 클릭하고, 뷰/시트 세트 창
에서 '렌더링 : 카메라뷰-회의실_1'을 체크하고 [확인]을 클릭합니다.

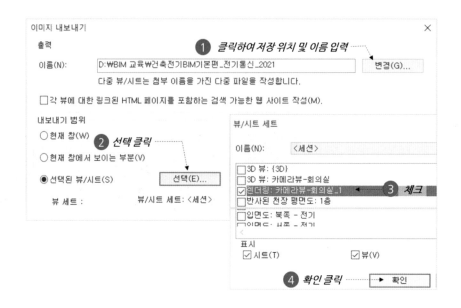

04

이미지 내보내기 창에서 이미지 크기의 줌을 선택하고 100을 입력합니다. 형식의 래스터
이미지 품질을 150으로 변경하고 [확인]을 클릭합니다.

TIP

평면도, 단면도, 3차원 뷰 등 모든 뷰를 이 미지로 내보내기 가능

05

내보낸 이미지 파일을 확인합니다.

① *이미지 파일 확인*

학습 완료

Chapter 09. 시트 학습이 완료되었습니다. 열려 있는 모든 뷰를 닫아 프로젝트를 종료합니다. 필요시 파일을 다른 이름으로 저장합니다.

SECTION
01
와이어 작성

학습내용 | 와이어 표시 및 유형 설정, 와이어 작성 – 회로 이용, 와이어 작성 – 메뉴 이용, 와이어 편집, 와이어 종류, 와이어 크기 계산

학습 결과물 예시

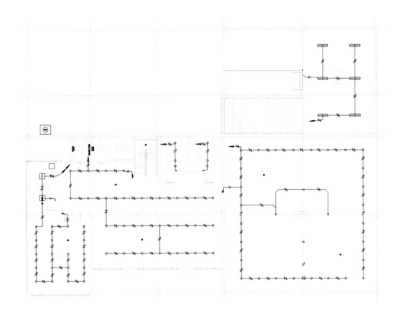

학습 시작

홈 화면에서 [열기]를 클릭하거나 또는 파일 탭의 [열기]를 클릭하고, 예제파일에서 'Chapter 10. 와이어 시작' 파일을 엽니다.

와이어 표시 및 유형 설정

01

메뉴에서 시스템 탭의 전기 패널에서 설정(◢)을 클릭합니다. 전기 설정 창에서 '배선'을 클릭합니다.

02

핫 와이어 눈금 마크, 접지 와이어 눈금 마크, 중립 와이어 눈금 마크를 모두 'M_짧은
와이어 눈금 표식'으로 선택합니다. 핫 와이어는 전원선, 접지 와이어는 접지선, 중립
와이어는 중선선을 말합니다.

설정	값
주변 온도	30 ℃
배선 교차 간격	2
핫 와이어 눈금 마크	M_짧은 와이어 눈금 표식
접지 와이어 눈금 마크	M_짧은 와이어 눈금 표식
중립 와이어 눈금 마크	M_짧은 와이어 눈금 표식
눈금 마크 전체의 경사 선	예
눈금 마크 표시	항상
분기 회로 와이어 규격 조정을 위해 최대 전압 강하	2.00%
공급장치 회로 와이어 규격 조정을 위해 최대 전압 …	3.00%
다중 회로 귀로 화살표	복수 화살표
귀로 화살표 스타일	MEP - 채워진 화살표 15도

① *짧은 와이어 눈금 표식 선택*

03

'눈금 마크 전체의 경사 선'은 예를 선택합니다. 경사 선은 배선에 접지 선이 있는 경우
경사로 표시하는 옵션입니다. 접지 선을 구분하기 위해 예를 선택합니다.

설정	값
주변 온도	30 ℃
배선 교차 간격	2
핫 와이어 눈금 마크	M_짧은 와이어 눈금 표식
접지 와이어 눈금 마크	M_짧은 와이어 눈금 표식
중립 와이어 눈금 마크	M_짧은 와이어 눈금 표식
눈금 마크 전체의 경사 선	예
눈금 마크 표시	항상
분기 회로 와이어 규격 조정을 위해 최대 전압 강하	2.00%
공급장치 회로 와이어 규격 조정을 위해 최대 전압 …	3.00%
다중 회로 귀로 화살표	복수 화살표
귀로 화살표 스타일	MEP - 채워진 화살표 15도

① *예 선택*

TIP

단열재 등의 일부 설정
이 국내 규격과 다르기
때문에 세부 설정을
사용하지 않음

04

'배선 유형'을 선택합니다. 와이어 작성 시 기본 값으로 사용되는 2번 유형의 이름을 '도면표기참고'로 변경합니다. 배선의 유형은 별도의 설정 없이 도면에서 직접 표시합니다. [확인]을 클릭합니다.

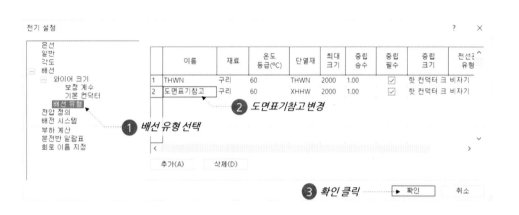

와이어 작성 – 회로 이용

01

프로젝트 탐색기에서 '전등설비평면도–1층' 뷰를 엽니다. 뷰에서 회의실의 조명 설비 위에 커서를 위치하고 tab키를 한 번 눌러 회로가 하이라이트 되면, 클릭하여 회로를 선택합니다.

TIP

회로의 선택은 해당 요소를 선택한 후 메뉴에서 전기 회로 탭을 클릭해도 됨

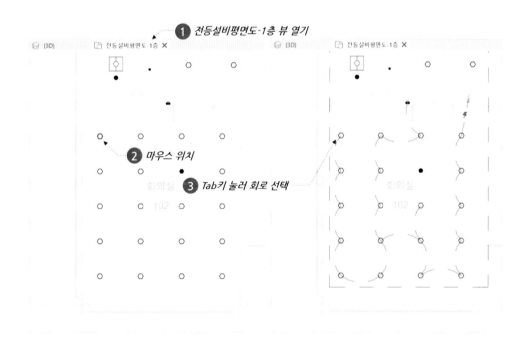

02

전기 회로를 선택하면 와이어를 작성할 수 있는 명령이 메뉴와 뷰에 표시됩니다. 전기 회로를 이용하여 작성 할 수 있는 와이어의 종류는 호 와이어와 모따기 된 와이어가 있습니다. 메뉴에서 [모따기 된 와이어]를 클릭합니다.

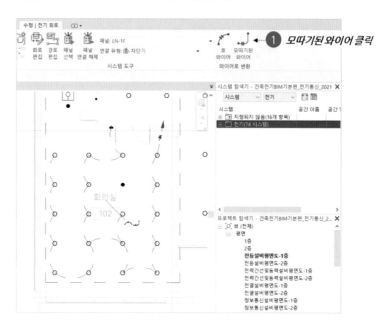

TIP

와이어는 작성한 뷰에만 표시됨

03

뷰에서 와이어가 작성되고, 작성된 와이어가 선택됩니다. 유형 선택기에는 앞서 작성한 도면표기참고 유형이 기본 값으로 선택됩니다. 특성 창에서 **와이어의 특성**을 확인합니다. esc를 눌러 선택을 취소합니다.

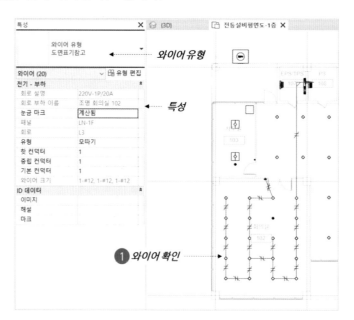

04

뷰에서 분전반으로 향하는 **귀로 와이어**를 선택합니다. 중간의 정점을 드래그하여 이동하고, 끝 정점을 드래그하여 이동합니다. 정확한 위치는 중요하지 않습니다. esc 를 눌러 완료합니다.

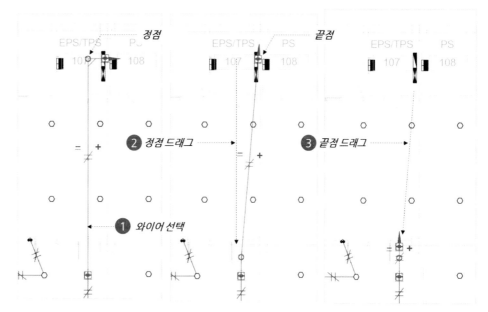

05

프로젝트 탐색기에서 '정보통신설비평면도-1층' 뷰를 엽니다. 회의실에 작성된 데이터 장치에 커서를 위치하고, tab 키를 눌러 데이터 회로로 전환되면 클릭하여 회로를 선택합니다. 뷰에서 회로에 표시된 모따기된 와이어를 클릭합니다.

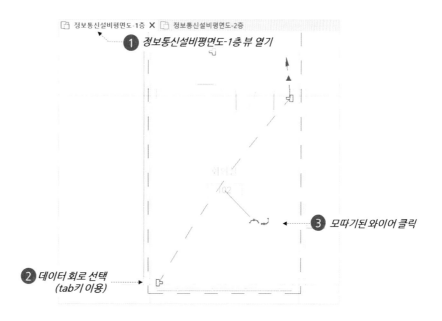

뷰에서 와이어를 확인합니다. 데이터, 전화, 보안 등의 회로에는 컨덕터가 표시되지 않는 것을 확인할 수 있습니다.

**와이어 작성 –
메뉴 이용**

01

전등설비평면도-1층 뷰에서 사무실 부분을 확대합니다. 조명 설비 위에 커서를 위치하고 tab 키를 한 번 눌러 조명 회로를 확인합니다. 선택은 하지 않습니다.

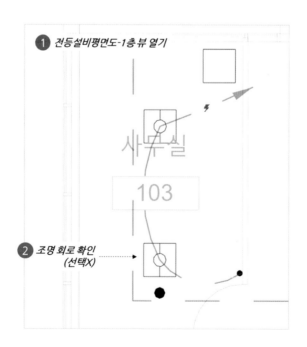

02

와이어를 작성하기 위해 메뉴에서 시스템 탭의 와이어를 확장하여 [모따기 된 와이어]를
클릭합니다.

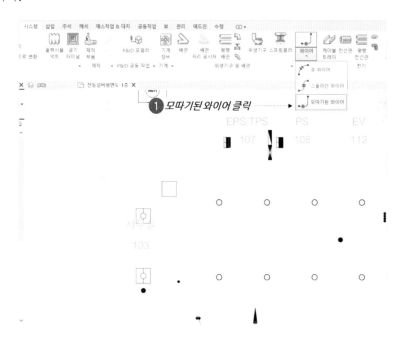

TIP

와이어 작성은 전기
커넥터를 클릭하여 작
성해야 하며, 커넥터가
여러 개일 경우 해당
커넥터를 선택해야 하
는 것에 주의

03

유형 선택기에서 도면표기참고 유형이 선택된 것을 확인합니다. 특성 창에서 각 컨덕
터가 0으로 표시되는 것은 기본 값인 1개를 말합니다. 뷰에서 스위치의 커넥터 스냅을
시작점으로 클릭합니다.

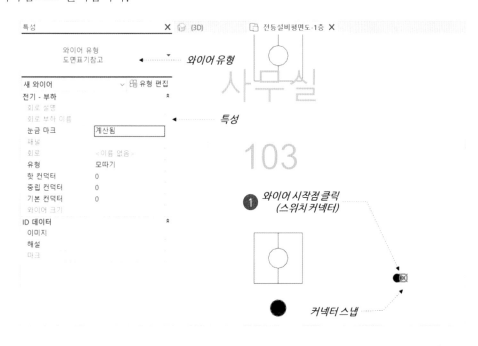

04

조명 설비의 중심에 커서를 위치하여 **커넥터**를 끝점으로 클릭합니다. 와이어가 작성되고 계속해서 와이어를 작성할 수 있는 상태가 됩니다.

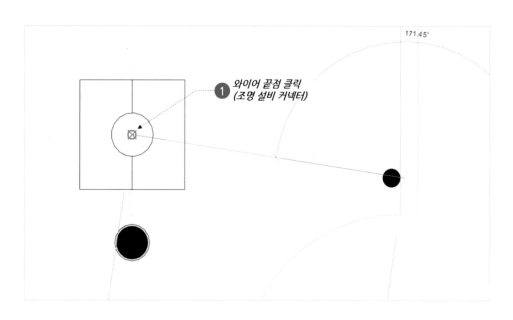

05

계속해서 조명 설비를 차례로 클릭하여 와이어를 작성합니다.

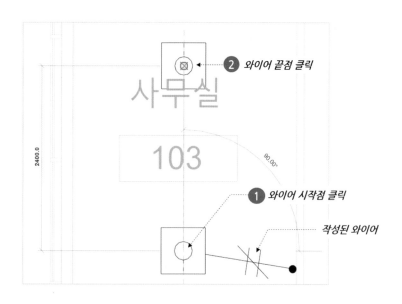

06

귀로 와이어는 조명 설비의 커넥터를 클릭하고, 분전반 방향의 빈 곳을 차례로 클릭합니다. esc를 눌러 완료합니다. 빈 곳을 한번만 클릭하고 esc를 눌러도 됩니다.

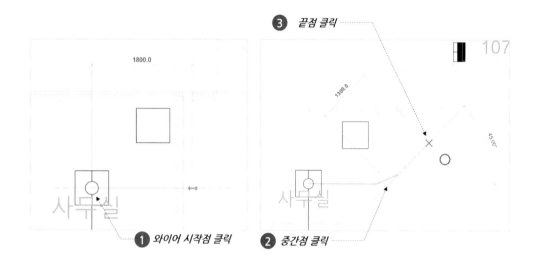

❸ 끝점 클릭

❶ 와이어 시작점 클릭

❷ 중간점 클릭

TIP

배선의 가닥수를 표시하는 눈금 마크의 위치는 와이어 작성 후 수정할 수 있음

07

작성된 와이어를 확인합니다.

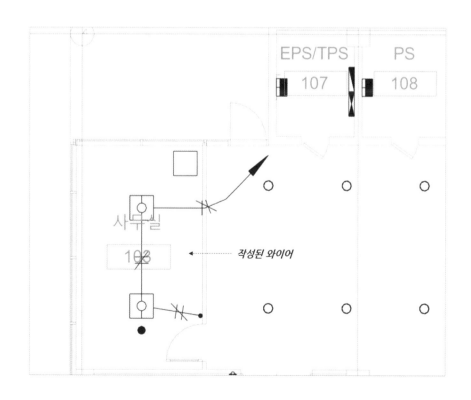

작성된 와이어

와이어 편집

작성한 와이어는 눈금 마크 수정, 정점 삽입 및 삭제, 교차 와이어 정렬, 귀로 연결 등을 수정할 수 있습니다.

01

뷰에서 앞서 작성한 회의실의 스위치에 작성된 **와이어**를 선택합니다. 와이어는 정점 이동, 끝 간격띄우기 변경, 눈금 마크, 눈금 마크 이동, 핫 컨덕터 수 증가, 핫 컨덕터 수 감소로 구성됩니다.

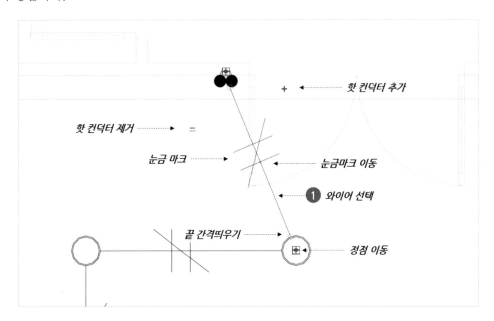

02

눈금 마크는 핫 컨덕터, 중립 컨덕터, 기본 컨덕터로 구성됩니다. 핫 컨덕터와 중립 컨덕터는 와이어에 수직으로 표시되고, 기본 컨덕터는 경사로 표시됩니다.

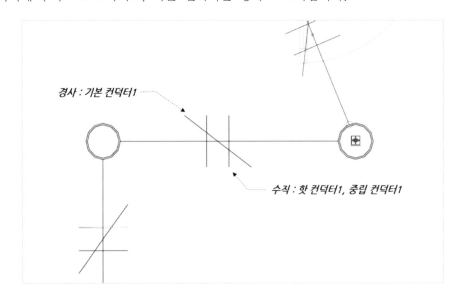

03

뷰에서 핫 컨덕터 수 증가를 클릭합니다. 눈금 마크가 추가되는 것을 확인합니다. 특성
창에서 핫 컨덕터의 수가 1에서 2로 변경되는 것을 확인합니다.

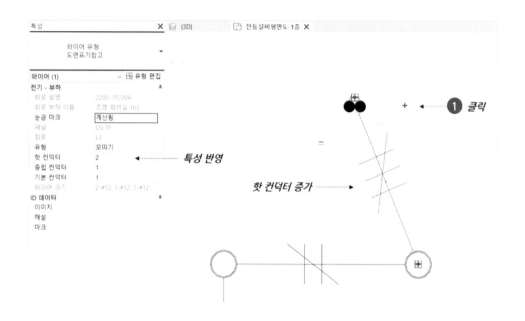

04

뷰에서 눈금 마크 이동을 드래그하여 눈금 마크의 위치를 변경합니다.

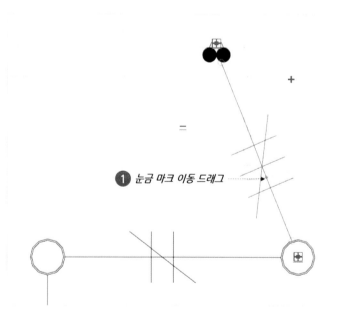

05

와이어를 우클릭하고, [정점 삽입]을 클릭합니다. 와이어의 내부에 파란점이 표시되는 위치를 클릭하여 정점을 배치합니다.

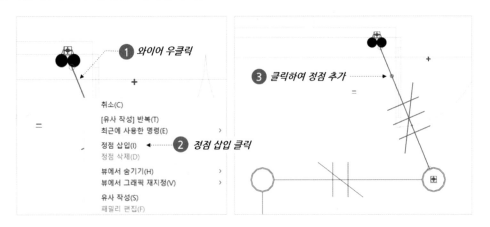

06

정점을 드래그하여 위치를 이동합니다.

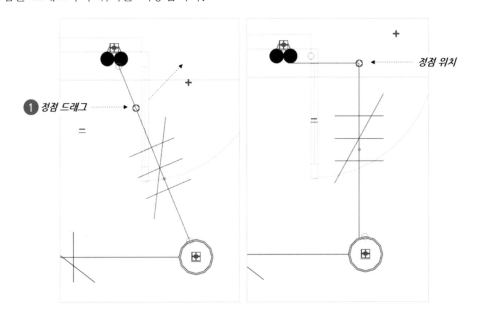

07

와이어가 선택된 상태에서는 메뉴에서 **정렬** 기능을 사용할 수 있습니다. 정렬은 와이어가 교차되는 경우 와이어 표시의 우선 순위를 설정할 수 있습니다.

08

뷰에서 회의실 전기 회로의 귀로 표시 와이어를 선택하고 삭제합니다.

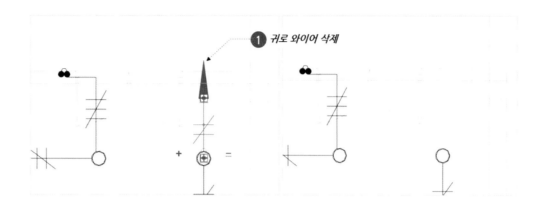

09

귀로 표시 와이어를 새로 작성하기 위해 메뉴에서 [모따기된 와이어]를 클릭합니다. 뷰에서 와이어를 작성합니다. esc 를 눌러 완료합니다.

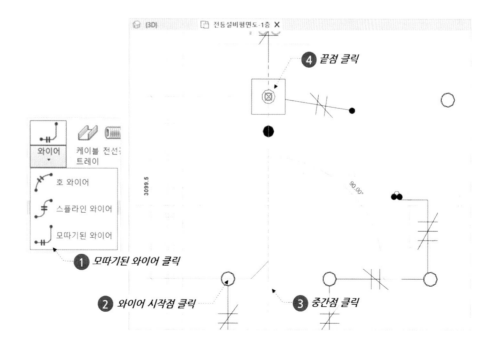

10

사무실의 귀로 표시 와이어에 귀로 화살표가 다중으로 표시되는 것을 확인합니다.

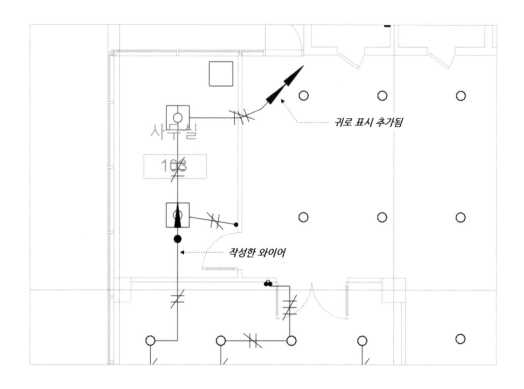

귀로 표시 추가됨

작성한 와이어

와이어 종류

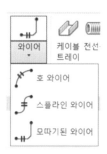

와이어는 호 유형, 스플라인 유형, 모따기된 유형이 있습니다. 호 유형은 호 곡선으로 와이어를 표현하며, 시작점, 중간점, 끝점을 클릭하여 작성합니다. 스플라인 유형은 스플라인 곡선으로 와이어를 표현하여, 시작점, 여러 중간점, 끝점을 클릭하여 작성합니다. 모따기된 유형은 직선으로 와이어를 표현하며, 시작점, 여러 중간점, 끝점을 클릭하여 작성합니다.

와이어 크기 계산

레빗은 회로 보호를 위해 지정된 크기, 전압 강하 계산 및 보정 계수를 기준으로 전력 회로에 대한 와이어 크기를 자동으로 계산합니다. 본 학습에서는 와이어 유형에 대한 특성을 설정하지 않았기 때문에 계산된 와이어 크기를 사용할 수 없습니다. 따라서 아래의 내용은 레빗에서 와이어의 크기를 계산하는 방법을 참고로만 설명합니다.

회로 보호를 위해 지정된 크기는 레빗으로 자동으로 지정하지 않고, 회로의 인스턴스 정격 매개변수에서 사용자가 직접 회로 보호의 크기를 지정합니다. 전압 강하 계산은 회로의 단방향, 길이, 지정된 와이어 유형에 대한 와이어 크기 임피던스 테이블의 컨덕터 저항, 부하 전류를 이용하여 계산합니다.

와이어 유형은 회로에 지정된 와이어 유형으로 유형의 세부 설정은 전기 설정에서 할 수 있습니다.

핫 와이어 크기의 조정은 회로 전류 정격, 와이어 유형, 온도 등급(60ºC, 75ºC, 90ºC), 보정 계수에 의해 결정된 다음, 공급장치의 경우 2% 내, 분기 회로의 경우 3% 내로 전압 강하를 유지하도록 조정됩니다. 레빗에서는 이러한 요소를 기준으로 기본 와이어 크기 테이블에 따라 핫 와이어 크기를 지정합니다.

접지 와이어의 크기는 회로 등급에 따라 접지 와이어 크기 조정 테이블에 의해 지정됩니다.

중립 와이어의 크기는 회로의 핫 컨덕터 크기에 따라 조정되거나, 또는 핫 컨덕터가 불균형 전류에 따라 크기가 조정됩니다. 중립 승수가 지정된 경우 중립 와이어 크기 테이블에 따라 크기를 계산합니다.

02 와이어 선 스타일

학습내용 | 선 패턴, 선 스타일, 뷰 적용, 추가 설정

학습 결과물 예시

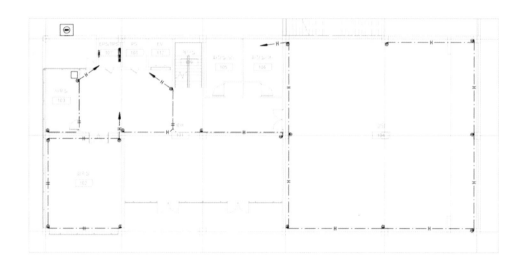

선 패턴

> 선 스타일은 선 두께, 선 색상, 선 패턴으로 구성됩니다. 바닥 은폐를 표시하기 위한 점선 패턴을 작성합니다.

01

메뉴에서 관리 탭의 추가 설정을 확장하여 [선 패턴]을 클릭합니다. 선 패턴 창에서 [배관배선-노출]을 선택하고, [편집]을 클릭합니다.

02

선 패턴 특성 창에서 작성된 내용을 확인합니다. 배관 배선 - 노출은 '대시'와 '공간'으로 구성되어 있으며, 예제파일에 미리 작성되어 있습니다. [확인]을 클릭하여 창을 닫습니다.

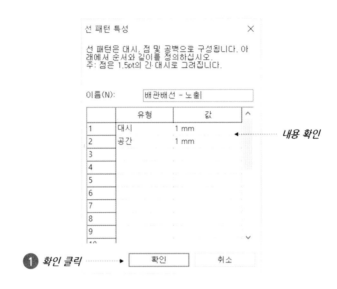

03

선 패턴은 대시, 공간, 도트를 사용할 수 있습니다. 각 유형의 종류와 값을 입력하여 새 패턴을 작성할 수 있습니다.

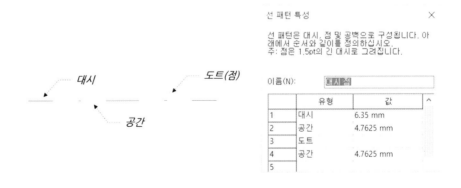

04

[새로 만들기 버튼]을 클릭합니다. 이름을 '배관배선–바닥은폐'로 입력합니다. 1번 열의
유형을 확장하여 대시, 도트, 공백으로 구성된 것을 확인합니다.

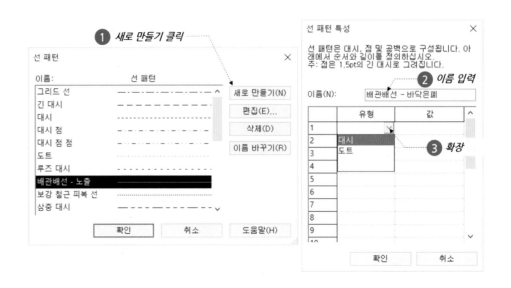

05

1번 열에서 유형을 '대시'로 선택하고, 값을 5로 입력합니다. 2번 열에서 **공간 1, 도트,
공간 1**을 차례로 입력합니다. 도트는 값을 가질 수 없습니다. [확인]을 클릭합니다.

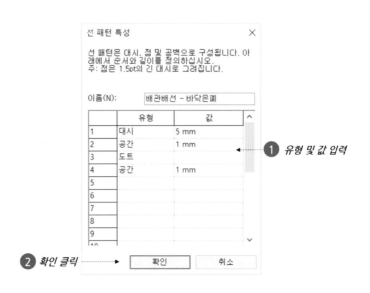

06

선 패턴 창에서 [확인]을 클릭하여 선 패턴 작성을 완료합니다.

선 스타일

새로운 선 스타일을 만들고, 작성한 선 패턴을 적용합니다.

01

메뉴에서 관리 탭의 추가 설정을 확장하여 [선 스타일]을 클릭합니다. 선 스타일 창에서
선을 확장하여 미리 작성되어 있는 내용을 확인합니다.

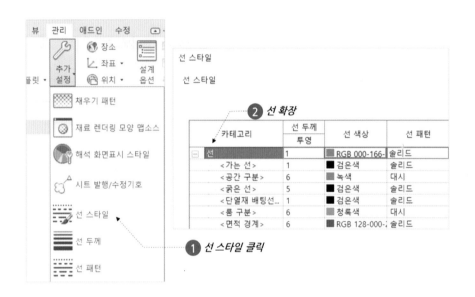

02

하위 카테고리 수정에서 [새로 만들기] 버튼을 클릭합니다. 이름을 '배관배선 – 바닥은폐'
로 입력하고, [확인]을 클릭합니다.

03

리스트에서 추가한 '배관배선 – 바닥은폐'를 선택하고, 선 패턴을 '배관배선 – 바닥은폐'로
선택합니다.

04

선 스타일 창에서 [확인]을 클릭하여 선 스타일 작성을 완료합니다.

뷰 적용

01

프로젝트 탐색기에서 '전열설비평면도-1층' 뷰를 엽니다. 메뉴에서 [가시성/그래픽]을 클릭합니다.

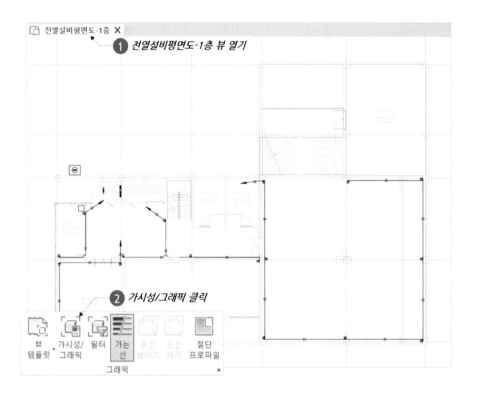

02

재지정 창에서 와이어를 선택하고 투영/표면의 선 [재지정] 버튼을 클릭합니다. 선 그래픽 창에서 패턴을 '배관배선 – 바닥은폐'로 선택하고 [확인]을 클릭합니다.

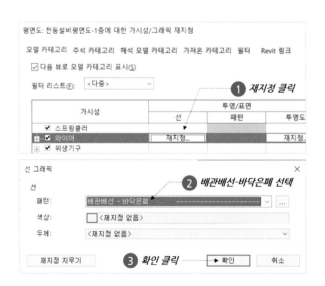

03

재지정 창도 [확인]을 클릭합니다. 뷰에서 와이어의 선 패턴을 확인합니다.

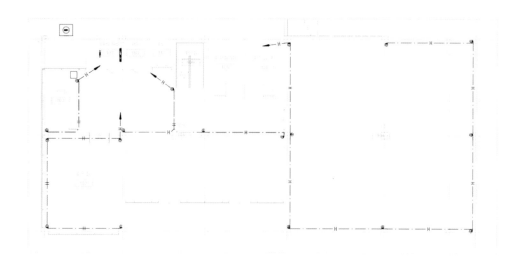

04

같은 방법으로 전열설비 2층 및 정보통신설비 평면도에서 적용합니다.

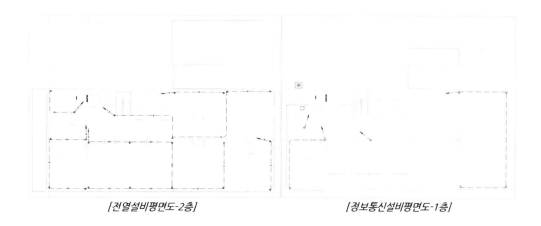

[전열설비평면도-2층]　　　　　　　　　[정보통신설비평면도-1층]

추가 설정

시트 발행/수정기호는 프로젝트에 대해 수정기호 정보를 지정합니다. 이 도구를 사용하여 수정기호에 대한 정보를 입력하거나 수정기호를 발행됨으로 표시합니다. 수정기호에 대해 번호 지정 스키마를 변경하고 도면의 각 수정기호에 대해 구름 및 태그의 가시성을 제어할 수도 있습니다.

채우기 패턴은 초안 패턴 및 모델 패턴을 작성하거나 수정합니다. 모델 패턴 및 초안 패턴을 평평한 표면, 원통형 표면 및 패밀리에 배치할 수 있습니다. 초안 패턴을 평면도 또는 구획도의 절단 구성요소 표면에 배치할 수도 있습니다.

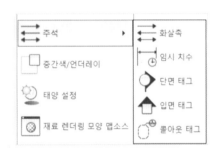

주석의 화살촉은 주석 화살표에 대해 선 두께, 채우기 및 스타일을 지정합니다. 태그 및 문자 참고 패밀리 유형에 사용할 화살표의 유형을 변경하려면 해당 유형 특성을 수정하고 지시선 화살표 매개변수를 사용합니다.

임시 치수는 배치 및 구성요소 참조를 지정합니다. 임시 치수는 가장 가까운 수직 구성요소에 대해 작성되며 스냅 증분에 지정된 증분 값만큼 증분됩니다.

단면 태그는 단면 태그의 머리와 꼬리 모양을 지정합니다. 세그먼트 단면의 선 패턴도 지정할 수 있습니다.

입면 태그는 입면 태그의 특성을 정의합니다. 특성에는 문자 글꼴 및 크기, 태그 모양, 화살표 각도와 선 두께, 색상 및 패턴이 포함됩니다.

콜아웃 태그는 콜아웃 헤드를 지정하고 콜아웃 버블의 반지름을 지정합니다. 선 두께, 색상 및 콜아웃 버블이나 지시선의 스타일을 지정하려면 객체 스타일 도구를 사용합니다.

중간색/언더레이는 뷰의 중간색 및 언더레이 요소를 사용자화합니다. 이러한 설정은 모든 언더레이 및 중간색 요소에 적용됩니다.

태양설정은 일조 연구, 보행 시선 및 렌더링된 이미지에 대한 태양의 위치를 지정합니다. 날짜, 시간 및 지리적 위치별로 태양의 위치를 정의하거나 방위각 및 고도 값을 입력하여 시간 및 장소와는 별개로 태양 위치에서 투사되는 그림자를 표시합니다.

재료 렌더링 모양 맵소스는 재료를 정의하는 렌더링 모양 맵소스를 수정합니다. 렌더링 모양 맵소스 편집기를 사용하여 프로젝트의 재료와 독립적으로 렌더링 모양 맵소스를 편집합니다.

해석 화면표시 스타일은 해석 결과 시각화를 위한 프리젠테이션 형식을 지정합니다. 유형, 색상 특성 및 범례를 설정하여 해석 화면표시 스타일을 정의할 수 있습니다. 저장한 후에는 이러한 스타일을 적용하여 다른 형식으로 같은 해석 결과를 볼 수 있습니다.

상세 수준은 기본적으로 각 뷰 축척에 적용되는 상세 수준(낮음, 중간 또는 높음)을 지정합니다. 뷰 조절 막대의 상세 수준 도구를 사용하여 특정 뷰에 대해 상세 수준을 재지정할 수 있습니다.

조합 코드는 조합 코드 파일의 위치를 지정하거나 현재 파일에서 조합 코드 테이블을 다시 로드합니다. 조합 코드 파일은 모델 요소의 조합 코드 특성에 통합식 코드를 지정할 때 사용됩니다.

다중 값 표시는 매개변수 값이 서로 다른 여러 요소를 선택한 경우 매개변수에 대해 표시되는 값을 지정합니다.

학습 완료

Chapter 10. 와이어 학습이 완료되었습니다. 열려 있는 모든 뷰를 닫아 프로젝트를 종료합니다. 필요시 파일을 다른 이름으로 저장합니다.

SECTION

01

전기실 도면

학습내용 | 확대평면도, 단면도, 3차원뷰

학습 결과물 예시

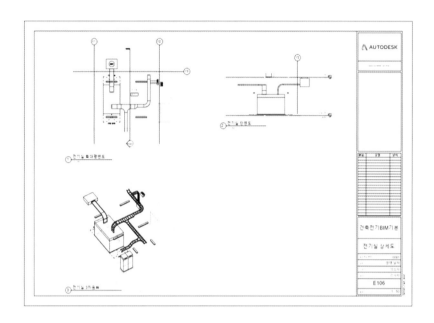

학습 시작

홈 화면에서 열기를 클릭하거나 또는 파일 탭의 열기를 클릭하고, 예제파일에서 'Chapter 11. 상세 및 일람표 시작' 파일을 엽니다.

확대평면도

확대평면도는 기존 평면도를 복사하여 뷰 범위를 조정하고, 축척을 높게하여 작성합니다.

01

프로젝트 탐색기에서 '지하1층' 평면도를 우클릭하고, [복제]를 클릭하여 뷰를 복사합니다.

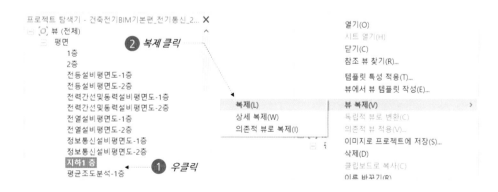

02

특성에서 축척을 1:50으로 변경하고, 이름을 '전기실 확대평면도'로 변경합니다.

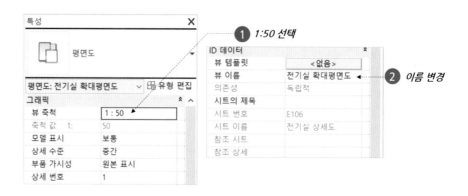

03

특성 창에서 뷰 범위의 [편집] 버튼을 클릭합니다. 뷰 범위 창에서 1차 범위의 상단을 위 레벨로 선택하고, 간격띄우기는 0을 입력합니다. [확인]을 클릭하여 창을 닫습니다.

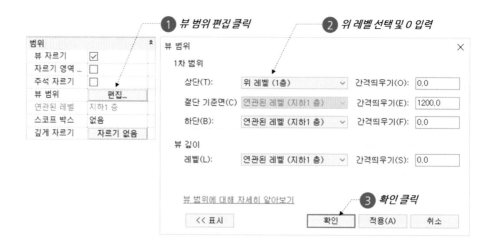

04

뷰 조절 막대에서 뷰 자르기 및 자르기 영역 표시를 차례로 클릭합니다. 뷰에서 전기실 주위만 보이도록 조정합니다. 다시 자르기 영역 숨기기(　)를 클릭합니다.

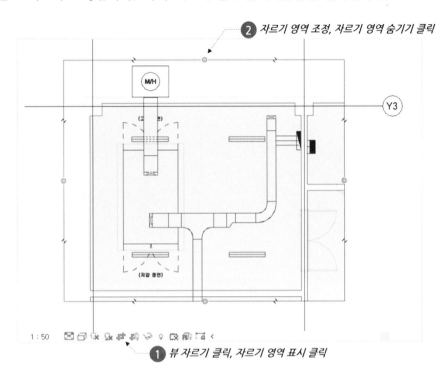

② 자르기 영역 조정, 자르기 영역 숨기기 클릭

① 뷰 자르기 클릭, 자르기 영역 표시 클릭

05

메뉴에서 [가시성/그래픽]을 클릭합니다. 재지정 창에서 공간을 확장하여 내부를 체크 해제하고 [확인]을 클릭합니다.

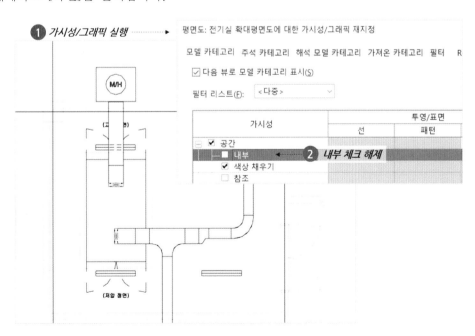

① 가시성/그래픽 실행

② 내부 체크 해제

06

메뉴에서 해석 탭의 [공간 태그]를 클릭합니다. 유형 선택기에서 공간 태그 패밀리의 공간 태그 유형을 선택합니다. 뷰에서 전기실 안쪽을 클릭하여 태그를 배치합니다. esc를 눌러 완료합니다.

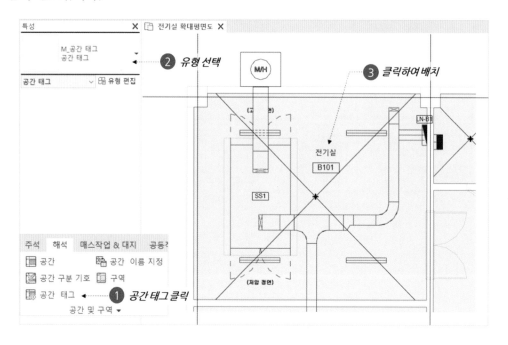

07

프로젝트 탐색기에서 [전기실 상세도] 시트를 더블 클릭하여 엽니다. 전기실 확대평면도를 드래그하여 배치합니다. 정확한 위치는 중요하지 않습니다.

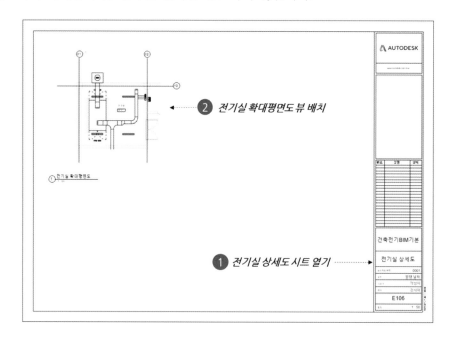

단면도

전기실 확대평면도에서 단면도를 작성하고, 상세 수준 가시성을 조정하여 전체 평면도에서는 표시되지 않도록 합니다.

01

전기실 확대평면도를 엽니다. 메뉴에서 뷰 탭의 [단면도]를 클릭하고, 유형 선택기를 확장합니다. 단면도는 건물 단면도, 벽 단면도, 상세 정보가 있습니다. 건물 단면도를 선택합니다.

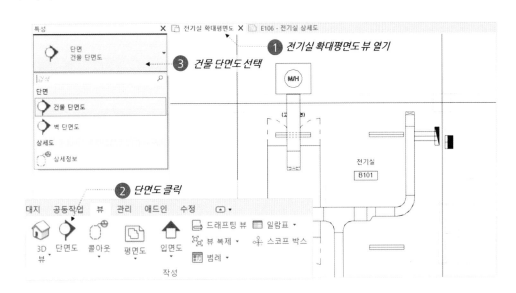

02

뷰에서 단면도의 시작점과 끝점을 차례로 클릭하여 작성합니다.

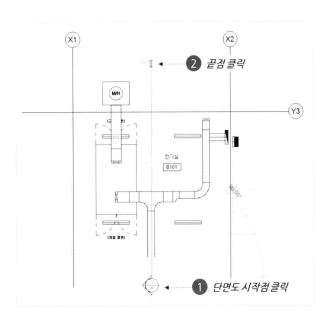

03

작성된 단면도의 반전 표시를 클릭합니다. 단면도의 방향이 반대로 변경됩니다. 다시
반전 표시를 클릭하여 원래의 위치로 변경합니다.

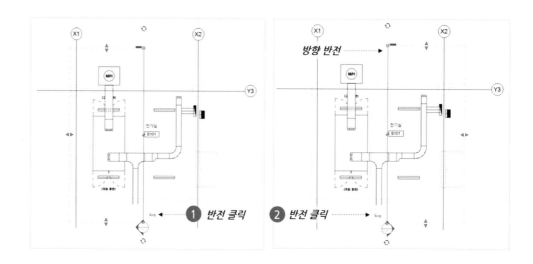

04

작성한 단면도는 프로젝트 탐색기에서 단면도 아래에 위치합니다. 뷰에서 단면도를 우
클릭하고 [뷰로 이동]을 클릭합니다. 프로젝트 탐색기를 이용하여 열 수도 있습니다.

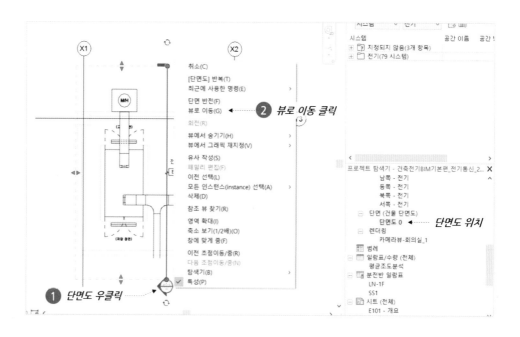

05

특성 창에서 이름을 '전기실 단면도'로 입력합니다. 뷰 조절 막대에서 상세 수준은 중간으로 설정합니다. 뷰에서 자르기의 범위를 전기실 주위로 조정하고, 자르기 영역 숨기기(📵)를 클릭합니다.

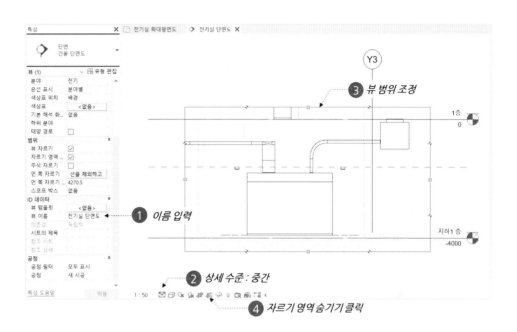

06

메뉴에서 [가시성/그래픽]을 클릭하고, 재지정 창에서 지형을 체크 해제합니다. [주석카테고리] 탭을 클릭하고 참조 평면을 체크 해제합니다. [확인]을 클릭합니다.

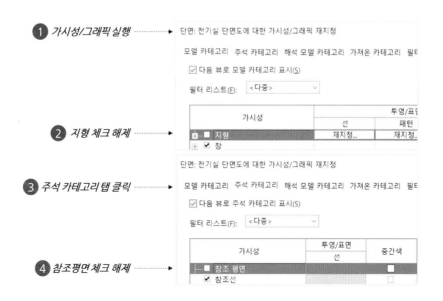

07

전기실 단면도와 전기실 확대평면도 외에 모든 뷰를 닫습니다. 메뉴에서 **[타일 뷰]**를 클릭하고, 뷰에서 [창에 맞게 전체 줌]을 클릭합니다. 전기실 확대평면도에서 단면도를 선택합니다.

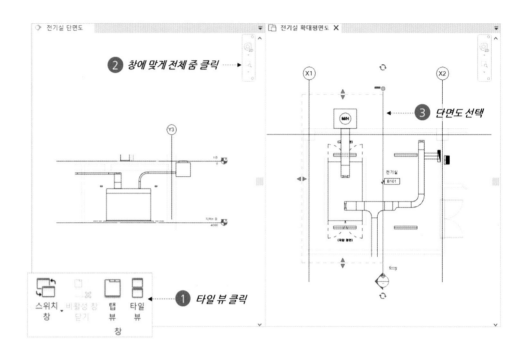

08

단면도의 끌기를 드래그하여 범위를 작게 변경합니다. 단면도 뷰에서 범위 밖에 위치한 수배전반 및 전력인입맨홀이 표시되지 않는 것을 확인합니다.

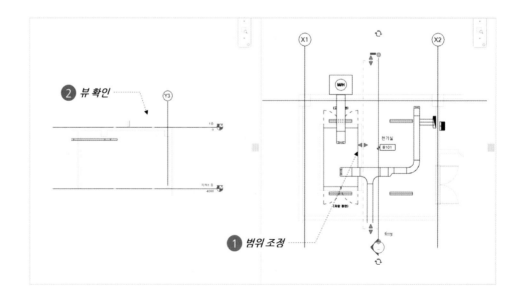

09

다시 단면도의 범위를 넓게 조정합니다. 단면도 뷰에서 수배전반 및 전력인입맨홀이 표시되는 것을 확인합니다. 단면도의 범위는 특성 창에서 **먼 쪽 자르기 간격띄우기** 값을 직접 입력할 수도 있습니다.

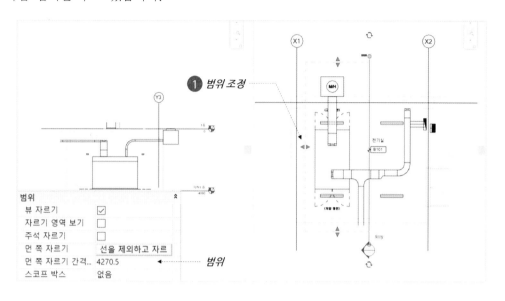

TIP

다음보다 낮은 축척에서 숨기기 기능은 도면 작업에서 자주 사용하는 편리한 기능이며, 기본값은 단면도를 작성한 평면도의 축척임

10

메뉴에서 뷰 탭의 [탭 뷰]를 클릭합니다. 단면도를 선택하고 특성 창에서 **다음보다 낮은 축척에서 숨기기**가 1:50으로 설정된 것을 확인합니다.

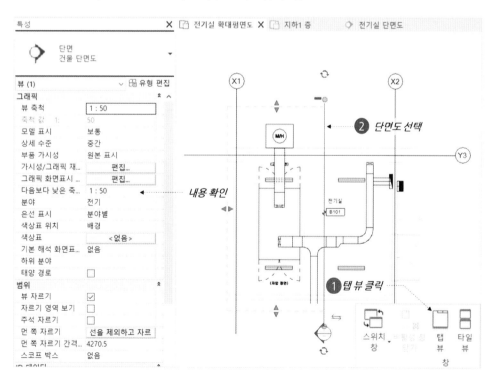

11

프로젝트 탐색기에서 지하1층 평면도를 엽니다. 지하1층 평면도의 축척이 1:100 인 것을
확인합니다. 뷰에서 전기실에 단면도가 표시되지 않는 것을 확인합니다. 단면도가 1:50
보다 축척이 큰 뷰에서는 표시되지 않도록 설정되어 있기 때문입니다.

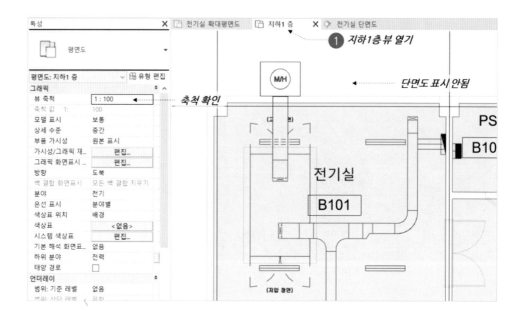

12

프로젝트 탐색기에서 **전기실 상세도 시트**를 엽니다. 프로젝트 탐색기에서 전기실 단면도를
드래그하여 배치합니다. 정확한 위치는 중요하지 않습니다.

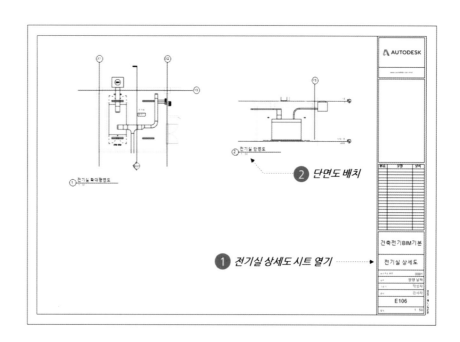

3차원뷰

전기실의 모습을 입체적으로 표현할 수 있는 3차원 뷰를 시트에 추가합니다.

01

프로젝트 탐색기에서 3차원 뷰를 우클릭하여 [복제]를 클릭하여, 뷰를 복사합니다.

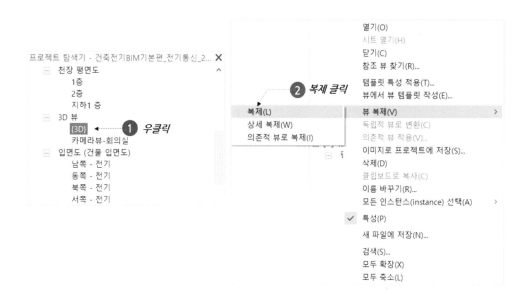

02

특성 창에서 뷰의 이름을 전기실 3차원뷰로 입력하고, 단면 상자를 체크합니다. 뷰에서 단면 상자의 범위를 전기실 주위로 조정합니다.

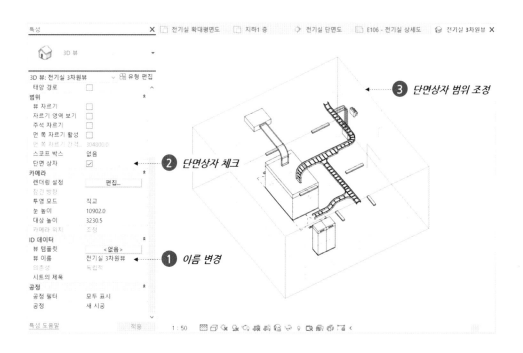

03

특성 창에서 뷰 축척을 1:50으로 변경합니다. 메뉴에서 [가시성/그래픽]을 클릭합니다. 재지정 창에서 [주석 카테고리] 탭을 클릭하고 단면 상자를 체크 해제합니다. [확인]을 클릭합니다.

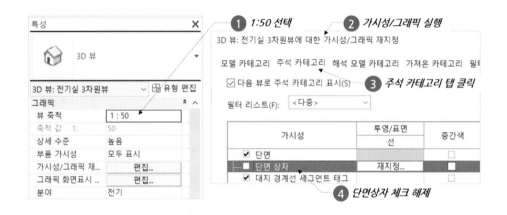

04

프로젝트 탐색기에서 전기실 상세도 시트를 엽니다. 프로젝트 탐색기에서 전기실 3차원 뷰를 드래그하여 배치합니다. 정확한 위치는 중요하지 않습니다.

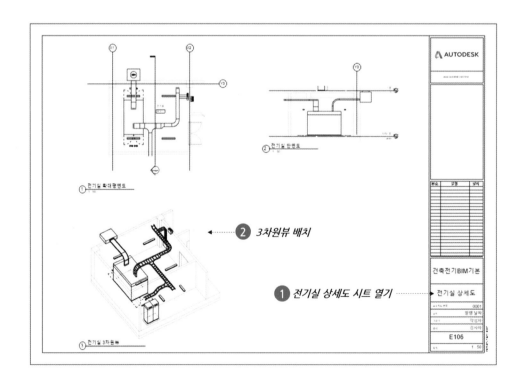

SECTION

02 상세도

학습내용 | 콜아웃, 채우기영역/마스킹영역, 상세선, 문자, 뷰 설정

학습 결과물 예시

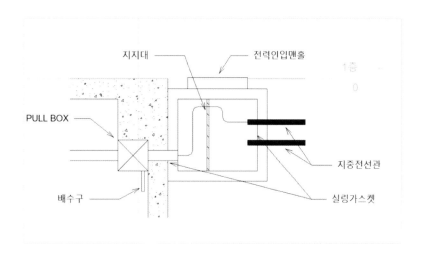

콜아웃

콜아웃은 뷰에서 특정 부분을 확대한 뷰입니다.

TIP

콜아웃은 평면뷰에서도 사용할 수 있으며, 확대 평면도 사용시 활용

01

전기실의 단면도를 엽니다. 전력인입맨홀 주위를 확대합니다. 메뉴에서 뷰 탭의 콜아웃을 확장하여 [직사각형]을 클릭합니다.

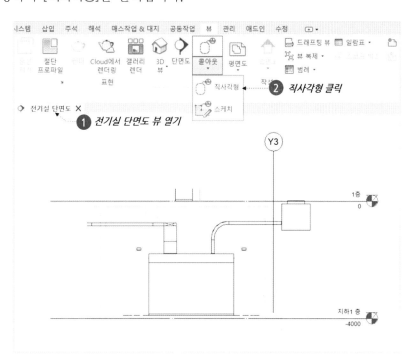

02

유형 선택기에서 상세도의 상세정보를 선택합니다. 뷰에서 시작점과 끝점을 차례로 클릭하여 콜아웃을 작성합니다.

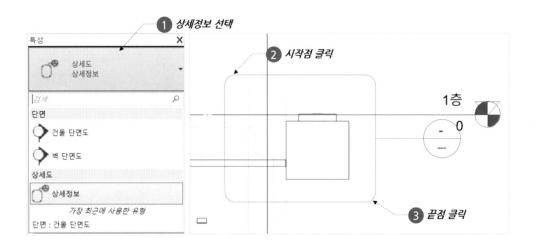

03

뷰에서 작성한 콜아웃을 선택합니다. 헤드 끌기를 드래그하여 헤드의 위치를 조정합니다. 콜아웃을 우클릭하고 [뷰로 이동]을 클릭합니다.

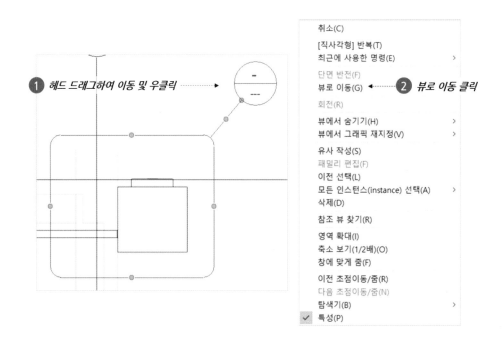

04

특성 창에서 뷰의 이름을 '전력인입 상세도'로 입력합니다. 작성한 콜아웃은 프로젝트
탐색기의 상세도에 배치됩니다.

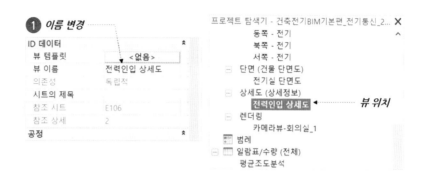

05

프로젝트 탐색기에서 전기실 상세도 시트를 열고, 작성한 콜아웃을 배치합니다. 콜아웃
뷰는 다시 수정할 것입니다.

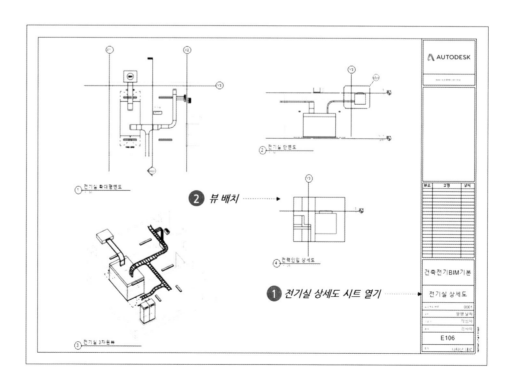

**채우기영역/
마스킹영역**

채우기 영역은 뷰에서 임의의 영역을 작성하여 패턴 또는 색상을 채우는 기능입니다.
마스킹영역은 임의의 영역을 작성하여 요소를 가리는 기능입니다. 채우기 영역 및 마스킹
영역은 작성한 뷰에만 표시되면, 다른 뷰에서는 표시되지 않습니다.

01

전력인입 상세도 뷰를 엽니다. 메뉴에서 주석 탭의 영역을 확장하여 [채우기 영역]을 클릭
합니다.

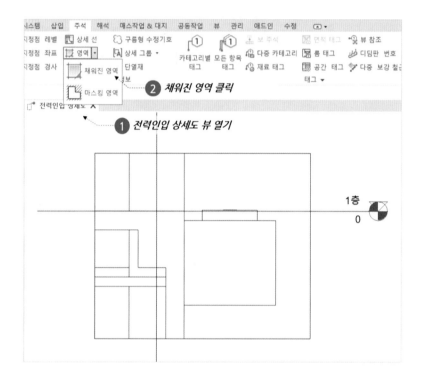

02

메뉴가 영역을 작성할 수 있는 스케치 모드로 변경됩니다. 수정 탭의 그리기 패널에서
선(✏)을 선택하고, 옵션바에서 체인을 체크합니다. 특성 창에서 [유형 편집]을 클릭합니다.

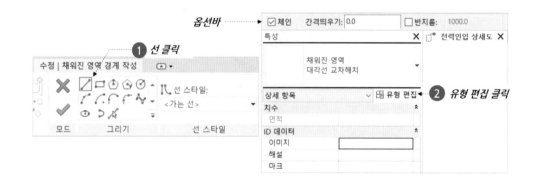

03

유형 특성 창에서 [복제]를 클릭합니다. 이름을 '지형'으로 입력하고 [확인]을 클릭합니다. 전경 채우기 패턴의 내용을 클릭하면 축소 버튼이 표시됩니다. 축소 버튼(⋯)을 클릭합니다.

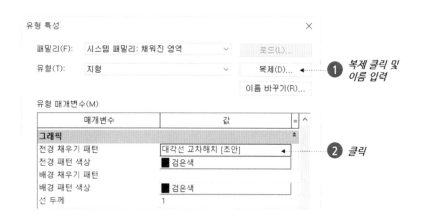

04

채우기 패턴 창의 리스트에서 흙을 선택하고 [확인]을 클릭합니다. 유형 특성 창에서 전경 패턴 색상 버튼을 클릭합니다. 색상 창에서 회색을 선택하고 [확인]을 클릭합니다. 유형 특성 창도 [확인]을 클릭합니다.

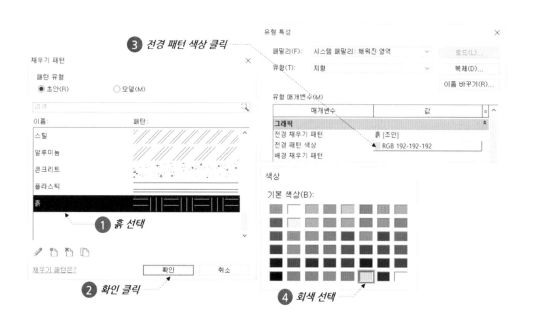

05

뷰에서 전력인입맨홀의 모서리를 시작점을 클릭하고, 맨홀 주위를 따라서 선을 작성합니다. 맨홀의 바깥쪽 선을 작성할 때 정확한 위치는 중요하지 않습니다.

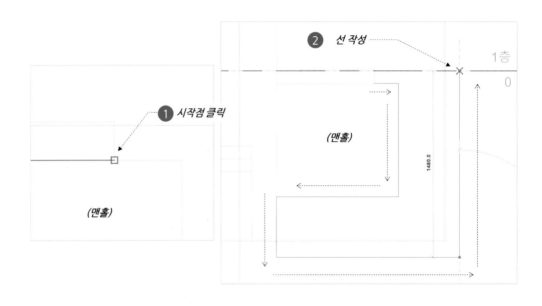

TIP

작성한 영역은 반드시
닫혀 있어여 하며, 선이
중복되어서는 안됨

06

계속해서 선을 작성하여 다시 시작점을 클릭하여 닫힌 영역을 완성합니다. 메뉴에서 [닫기]를 클릭하여 완료합니다.

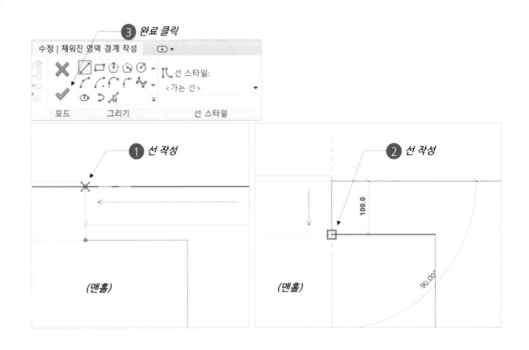

07

작성한 채우기 영역이 선택됩니다. 메뉴에서 경계 편집을 이용하여 채우기 영역의 경계선을 수정할 수 있습니다. 정렬의 맨 앞으로 가져오기 등을 이용하여 뷰에서 보이는 순서를 변경할 수 있습니다. 특성 창에서 영역의 면적을 확인할 수 있습니다.

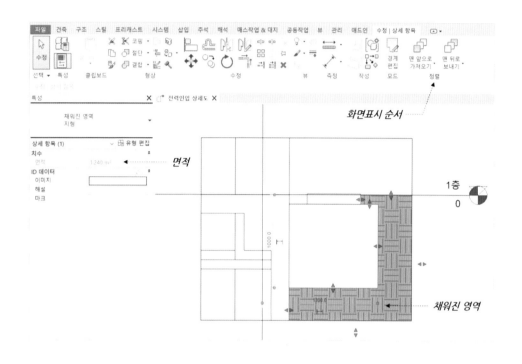

08

계속해서 채우기 영역을 작성하기 위해 작성한 채우기 영역을 선택하고 우클릭하여 [유사 작성]을 클릭합니다. 새로운 유형을 작성하기 위해 특성 창에서 [유형 편집]을 클릭합니다.

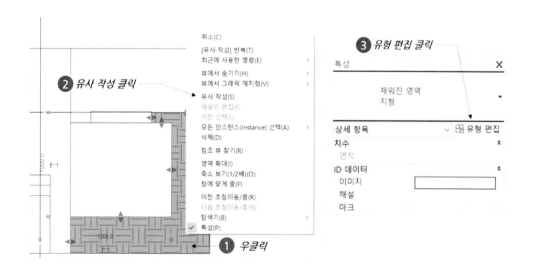

09

유형 특성 창에서 [복제]를 클릭하고 이름을 '콘크리트'로 변경합니다. 전경 채우기 패턴은 콘크리트, 전경 패턴 색상은 검은색으로 설정합니다.

10

뷰에서 건축/구조모델의 바닥, 보, 벽을 따라 경계선을 작성합니다. 정확한 위치는 중요하지 않습니다. 메뉴에서 [완료]를 클릭합니다.

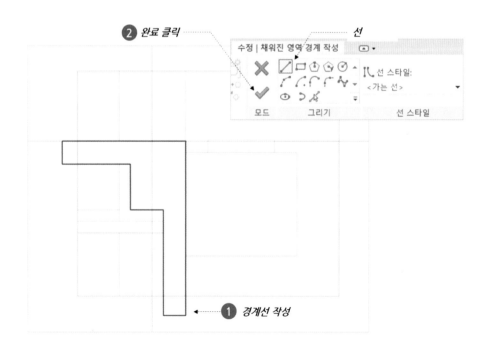

11

계속해서 같은 방법으로 **채워진 영역**을 작성합니다. 유형은 미리 작성되어 있는 솔리드 검은색으로 선택합니다. 메뉴에서 그리기 모드를 직사각형으로 선택하고, 뷰에서 임시 치수를 참고하여 경계선을 작성합니다.

12

메뉴에서 [완료]를 클릭합니다. 뷰에서 작성된 내용을 확인합니다.

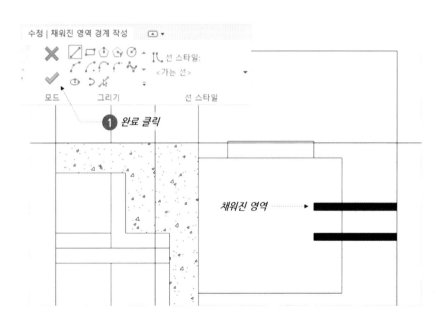

13

같은 방법으로 대각선으로 아래쪽 유형의 새로운 채우기 영역을 작성합니다.

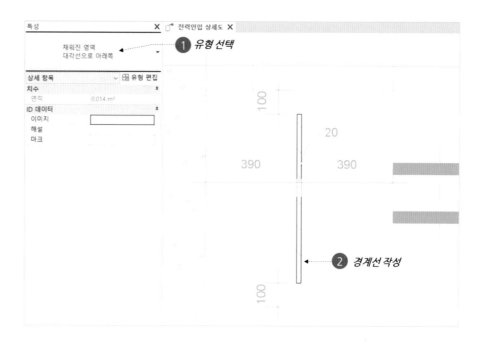

14

마스킹 영역을 작성하기 위해 메뉴에서 주석 탭의 영역을 확장하여 [마스킹 영역]을 클릭합니다. 메뉴에서 선 스타일은 〈가는 선〉, 그리기는 직사각형을 클릭합니다. 뷰에서 보와 벽 사이에 직사각형을 작성합니다.

15

뷰에서 작성한 직사각형의 아래 수평 선을 선택하고, 임시 치수를 조정 및 300을 입력합니다. 메뉴에서 [완료]를 클릭합니다.

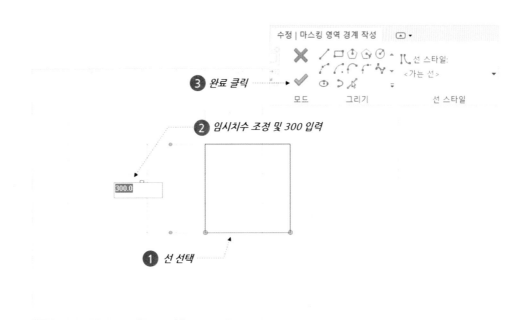

16

같은 방법으로 새로운 마스킹 영역을 작성합니다.

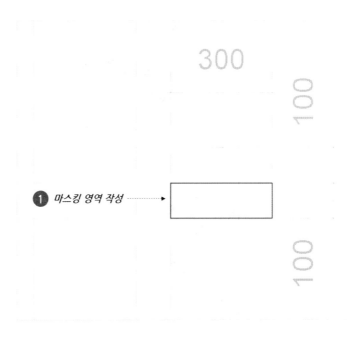

17

뷰에서 작성된 채우기 영역 및 마스킹 영역을 확인합니다.

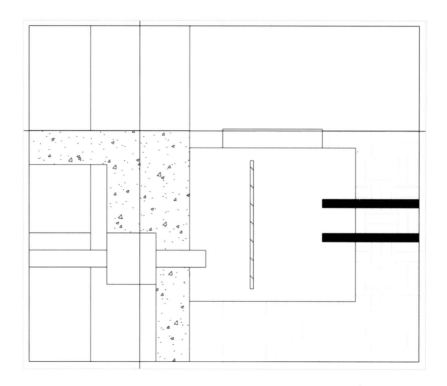

MEMO

상세선

뷰에서 직선, 직사각형, 호 등의 선을 작성합니다. 상세선은 작성한 뷰에서만 표시되며, 다른 뷰에서는 표시되지 않습니다.

01

전력인입 상세도 뷰를 엽니다. 메뉴에서 주석 탭의 [상세 선]을 클릭합니다. 메뉴에서 그리기는 직사각형, 선 스타일은 〈가는 선〉을 선택합니다. 뷰에서 맨홀 내부에 직사각형을 작성합니다. 정확한 위치는 중요하지 않습니다.

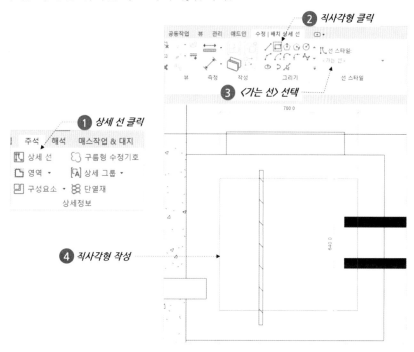

02

TIP

필요시 임시 치수의 치수 보조선 이동

작성한 직사각형의 수평 선을 차례로 선택하고, 임시 치수선 조정 및 100을 입력합니다.

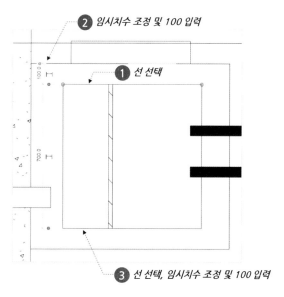

03

계속해서 수직 선을 차례로 선택하고, 임시 치수선 조정 및 100을 입력합니다.

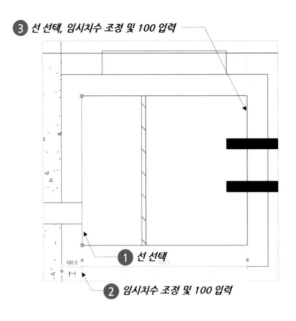

04

같은 방법으로 상세 선을 작성합니다. 정확한 위치는 중요하지 않습니다.

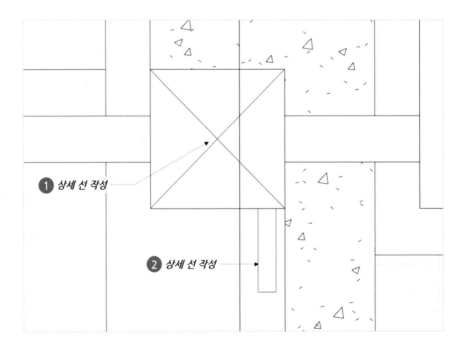

05

같은 방법으로 상세 선을 작성합니다.

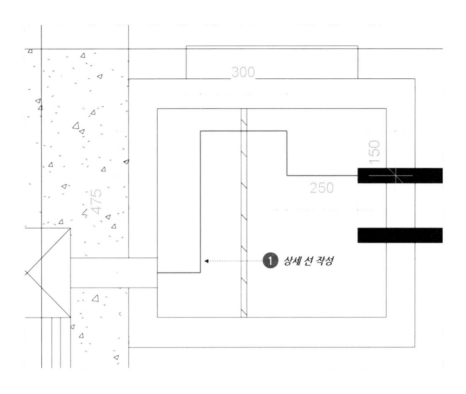

06

작성한 상세 선을 편집하기 위해 메뉴에서 [상세 선]을 클릭합니다. 메뉴에서 그리기의 모깎기 호(⌒)를 클릭합니다.

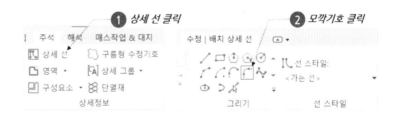

07

옵션바에서 반지름을 체크하고 50을 입력합니다. 뷰에서 두 선을 차례로 클릭합니다.
두 선 사이에 호가 작성된 것을 확인합니다.

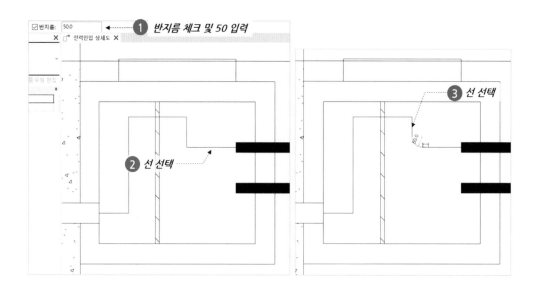

08

계속해서 뷰에서 차례로 상세 선을 클릭하여 모깎기 호를 작성합니다. 작성된 내용을
확인합니다.

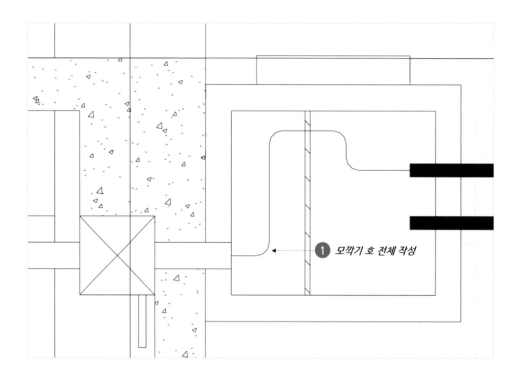

문자

뷰에 문자 주석을 추가합니다. 작성한 문자는 현재 뷰에서만 표시되고, 다른 뷰에서는 표시되지 않습니다.

01

전력인입 상세도 뷰를 엽니다. 뷰에서 뷰 **자르기 영역**을 선택합니다. 상세도의 뷰 자르기 영역은 모델 자르기 영역과 주석 자르기 영역이 있습니다.

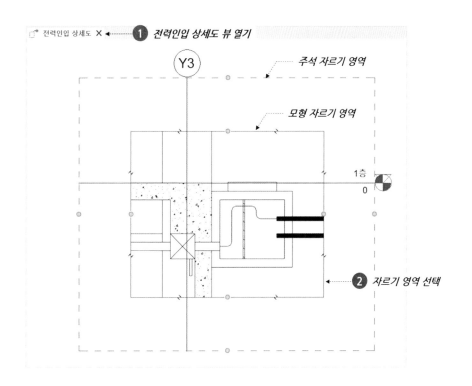

02

메뉴에서 주석 탭의 [문자]를 클릭합니다. 메뉴에서 지시선 옵션에서 2개의 세그먼트를 선택합니다. 유형 선택기에서 '2.5mm Arial'을 선택합니다.

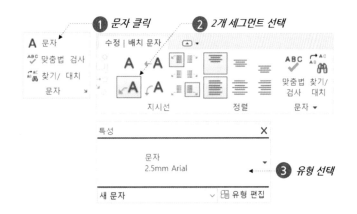

뷰에서 문자 지시선의 위치를 차례로 2곳 클릭합니다. 계속해서 문자를 배치할 위치를 클릭하고, 문자의 내용에 '지중전선관'을 입력합니다. 메뉴에서 [닫기]를 클릭하여 완료합니다.

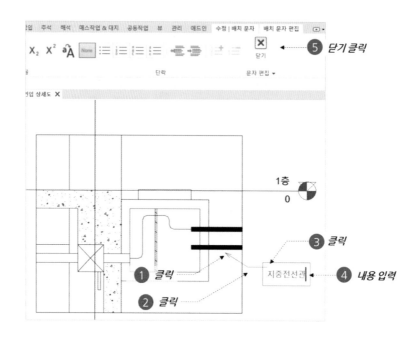

만약 문자의 위치가 뷰 자르기 영역을 벗어난 경우 화면 오른쪽 아래에 **경고** 창이 표시됩니다. 경고 창의 [닫기]를 클릭하고, 뷰에서 뷰 자르기 영역을 선택하고, 주석의 범위를 조정합니다.

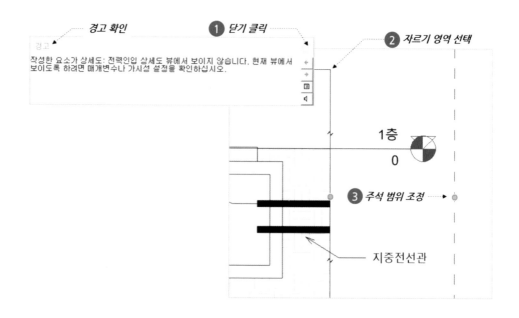

05

뷰에서 작성한 문자를 선택합니다. 특성 창에서 내용을 확인합니다. 메뉴에서 지시선 및 정렬 옵션을 확인합니다.

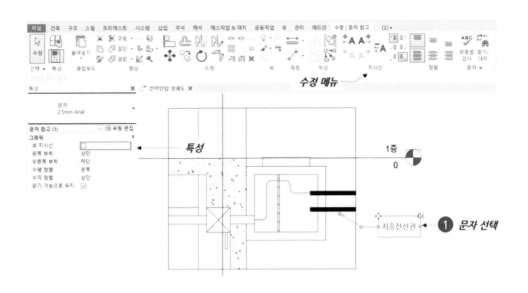

06

지시선을 추가하기 위해 메뉴에서 수정 탭의 지시선 패널에서 왼쪽 지시선 추가($^+$A)를 클릭합니다. 뷰에서 끌기를 드래그하여 지시선의 위치를 조정합니다.

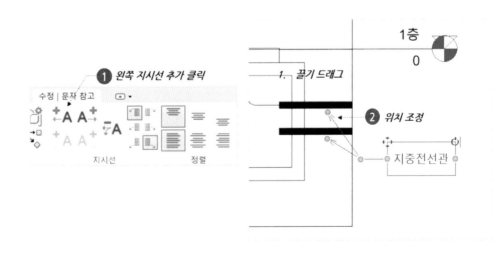

07

같은 방법으로 전력인입맨홀, 지지대, PULL BOX, 배수구, 실링가스켓 문자 및 지시선을
작성합니다.

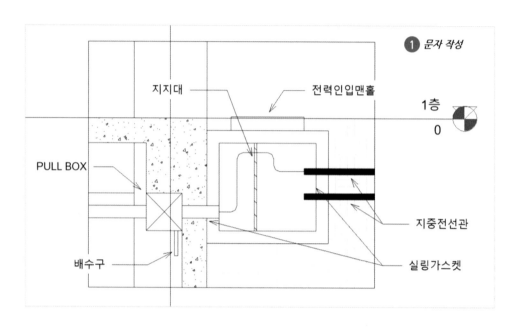

뷰 설정

뷰에서 그리드 및 레벨들의 가시성과 먼쪽 자르기를 설정합니다.

01

전력인입 상세도 뷰에서 [그래픽/가시성]을 실행합니다. 재지정 창에서 [주석 카테고리]탭을
클릭합니다. 그리드와 레벨들을 선택하고 중간색을 체크합니다. [확인]을 클릭하여 재지정
창을 닫습니다.

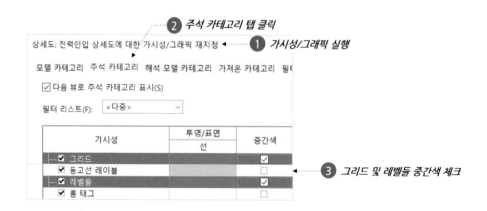

TIP

맨홀 선이 잘 보이지 않을 경우 2500 등 값을 더 크게 입력. 이는 앞서 작성한 전기실 단면도의 위치가 다르기 때문임

02

뷰 조절 막대에서 뷰 자르기 영역 숨기기(🔲)를 클릭합니다. 특성 창에서 먼 쪽 자르기 설정은 독립적, 먼 쪽 자르기 간격띄우기는 2000으로 입력합니다.

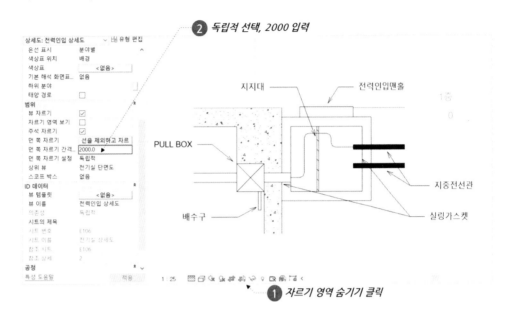

② 독립적 선택, 2000 입력

① 자르기 영역 숨기기 클릭

03

프로젝트 탐색기에서 전기실 상세도 시트를 엽니다. 전력인입 상세도 뷰가 업데이트 된 것을 확인합니다.

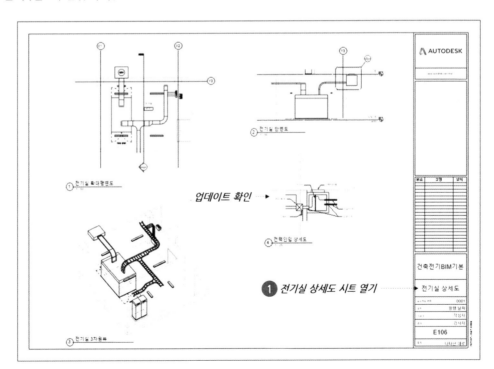

업데이트 확인 ▶

① 전기실 상세도 시트 열기

학습내용 | 일람표 개요, 기구 일람표, 조명설비회로 일람표, 전력간선회로 일람표, 일람표
　　　　　내보내기

학습 결과물 예시

A	B	C	D	E
패널	회로 번호	부하 분류	길이	요소 수
LN-1F	L1	조명	16071	3
LN-1F	L2	조명	27000	28
LN-1F	L3	조명	22350	20
LN-1F	L4	조명	12700	3
LN-1F	L5	조명	44200	7
LN-1F	L6	조명	47000	33
LN-1F	L7	조명	16300	3
LN-1F	LE1	조명 - 비상	19150	3
LN-1F	LE2	조명 - 비상	3800	1
LN-1F	LE3	조명 - 비상	2000	1
LN-1F	LE4	조명 - 비상	41997	6
LN-1F	LE5	조명 - 비상	45098	8
총계: 12			297666	116

<조명 설비 회로 일람표 - 1층>

일람표 개요

일람표는 요소가 가지고 있는 정보를 리스트로 표현하는 뷰입니다. 일람표/수량, 재료
견적, 시트 리스트 등의 종류가 있습니다. 일람표/수량은 요소의 수량과 정보를 표현하는
일람표로 일반적으로 많이 사용하는 일람표입니다. 재료견적은 재료의 정보를 표현하기
위한 일람표이며, 시트 리스트는 프로젝트에 있는 모든 시트를 표현하는 일람표입니다.
일람표는 카테고리별로 요소를 표현하고, 필터, 정렬, 모양 등의 기능을 사용할 수 있
습니다. 작성한 일람표는 CSV 포맷으로 내보내서 엑셀 프로그램에서 사용할 수 있습
니다. 기구 일람표, 조명설비회로 일람표, 전력간선회로 일람표, 일람표 내보내기를 학습
합니다.

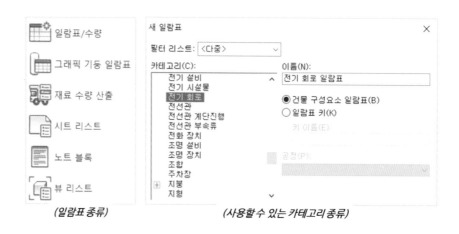

(일람표 종류)　　　　　　　　　　　　　　　(사용할 수 있는 카테고리 종류)

기구 일람표

조명 설비, 콘센트, 정보통신 등의 기구에 대한 일람표를 작성하여 시트에 배치합니다.

01

메뉴에서 뷰 탭의 일람표를 확장하여 [일람표/수량]을 클릭합니다. 일람표는 어느 뷰에서든 작성할 수 있습니다.

① *일람표/수량 클릭*

02

새 일람표 창의 카테고리에서 '조명 설비'를 선택합니다. 이름은 '조명설비 일람표 – 1층'으로 입력합니다. 공정은 별도 설정 없이 그대로 사용합니다. [확인]을 클릭합니다.

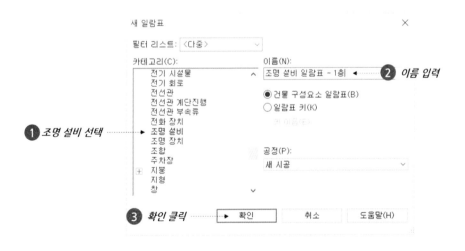

① *조명 설비 선택*

② *이름 입력*

③ *확인 클릭*

03

일람표 필드에 레벨, 패밀리, 유형, 외견 부하, 패널, 개수를 차례로 추가합니다.

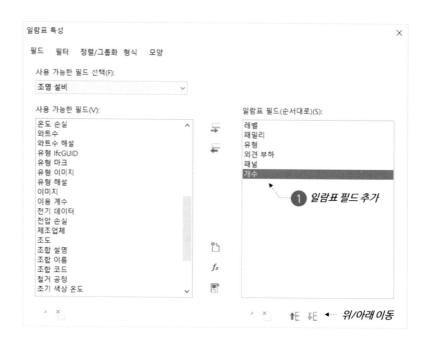

TIP

공간은 작성한 요소가
배치된 공간 정보를
표시할 수 있는 편리
하고 유용한 기능

04

사용 가능한 필드 선택을 '공간'으로 선택하고, 사용 가능한 필드에서 '공간 : 이름'을
추가합니다. 위/아래 이동 버튼(↑E ↓E)을 이용하여 위에 두 번째에 위치합니다.

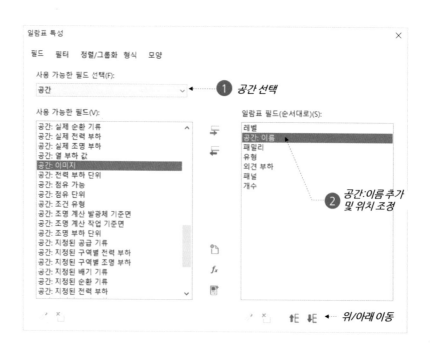

05

[필터] 탭을 클릭합니다. 필터 기준은 레벨, 조건은 같음, 내용은 1층을 선택합니다.

06

[정렬/그룹화] 탭을 클릭합니다. 정렬 기준을 레벨, 공간:이름, 패밀리, 유형을 차례로 선택합니다. 총계를 체크하고, 모든 인스턴스 항목화는 체크 해제합니다.

07

[형식] 탭을 클릭합니다. 필드에서 '개수'를 선택하고 총합 계산을 선택합니다.

08

[모양] 탭을 클릭합니다. 그래픽의 데이터 앞에 빈 행을 체크 해제하고, [확인]을 클릭
합니다.

09

작성한 일람표 뷰가 열립니다. 뷰에서 작성된 일람표 내용을 확인합니다.

전력인입 상세도	E106 - 전기실 상세도	조명 설비 일람표 - 1층 X				

<조명 설비 일람표 - 1층>

A	B	C	D	E	F	G
	공간 이름	패밀리	유형	외간 부하	패널	개수
1층	EPS/TPS	벽부형 비상용 조명	벽부형_비상등	50 VA	LN-1F	1
1층	PS	벽부형 비상용 조명	벽부형_비상등	50 VA	LN-1F	1
1층	강당	노출형 원형 조명	LED8W 200mm (비	50 VA	LN-1F	2
1층	강당	매입형 원형 조명	LED40W 250mm	50 VA	LN-1F	32
1층	로비	노출형 원형 조명	LED8W 200mm (비	50 VA	LN-1F	2
1층	로비	매입형 원형 조명	LED40W 250mm	50 VA	LN-1F	27
1층	사무실	노출형 원형 조명	LED8W 200mm (비	50 VA	LN-1F	1
1층	사무실	매입형 사각 조명	LED50W - 600x600	50 VA	LN-1F	2
1층	외부창고	펜던트형 사각 조명	파이프펜던트 LED40	50 VA	LN-1F	6
1층	화장실(남)	매입형 원형 조명	LED40W 250mm	50 VA	LN-1F	2
1층	화장실(여)	매입형 원형 조명	LED40W 250mm	50 VA	LN-1F	2
1층	회의실	노출형 원형 조명	LED8W 200mm (비	50 VA	LN-1F	1
1층	회의실	매입형 원형 조명	LED40W 250mm	50 VA	LN-1F	19
총계: 98						98

10

일람표 뷰가 활성화되면 메뉴에서 일람표를 수정할 수 있는 메뉴가 표시됩니다. 특성 창에서는 필드, 필터 등의 편집 버튼을 클릭하여 수정할 수 있습니다. 작성된 일람표는 프로젝트 탐색기의 일람표/수량에서 확인할 수 있습니다.

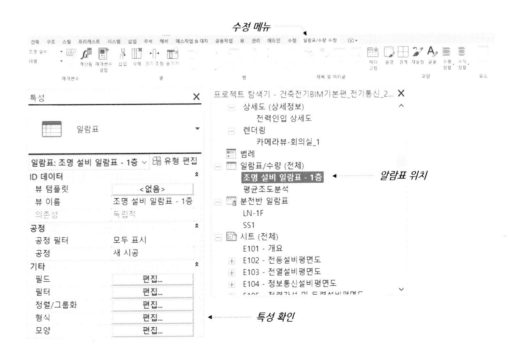

11

프로젝트 탐색기에서 전등설비평면도 시트를 열고, 작성한 '조명설비일람표 – 1층'을 드래그하여 배치합니다. 일람표의 컨트롤을 드래그하여 열의 폭을 조정합니다.

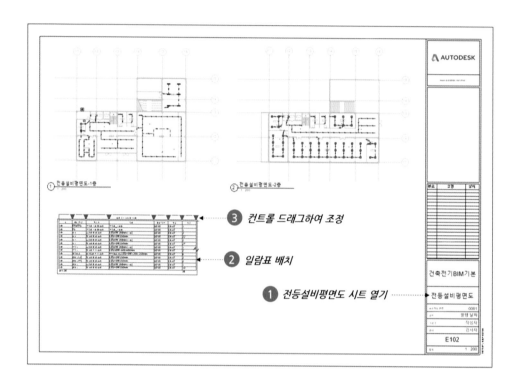

③ 컨트롤 드래그하여 조정

② 일람표 배치

① 전등설비평면도 시트 열기

TIP

일람표의 복사는 비슷한 일람표를 편리하게 작성할 수 있는 기능

12

같은 방법으로 2층의 조명 설비 일람표를 작성하기 위해 프로젝트 탐색기에서 '조명 설비 일람표 – 1층'을 우클릭합니다. 메뉴에서 뷰 복제의 [복제]를 클릭합니다.

② 복제 클릭

① 우클릭

13

복제한 일람표 뷰가 열리면 특성 창에서 이름을 '조명 설비 일람표 – 2층'으로 변경합니다. 특성에서 필터의 [편집] 버튼을 클릭합니다. 특성 창에서 1층을 2층으로 변경하고 [확인]을 클릭합니다.

14

프로젝트 탐색기에서 전등설비평면도 시트를 엽니다. 작성한 조명설비 일람표 – 2층을 시트에 배치합니다. 정확한 위치는 중요하지 않습니다.

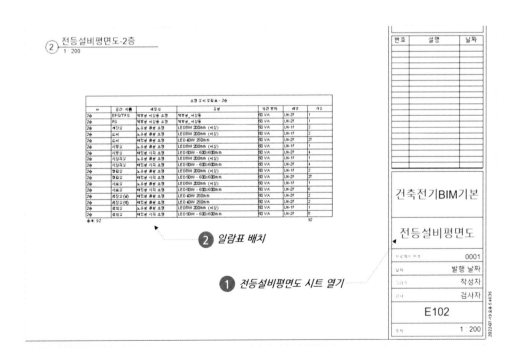

조명설비회로 일람표

회로 이름, 부하, 길이 등을 표현하는 조명설비회로 일람표를 작성하여 시트에 배치합니다.

01

메뉴에서 뷰 탭의 일람표를 확장하여 [일람표/수량]을 클릭합니다.

02

새 일람표 창에서 '전기 회로'를 선택합니다. 이름을 '조명설비회로일람표 – 1층'으로 입력하고 [확인]을 클릭합니다.

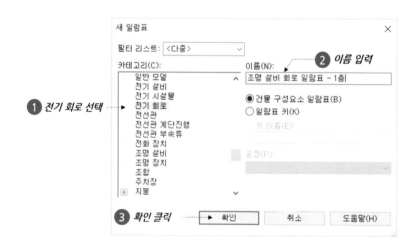

03

일람표 필드에서 패널, 회로 번호, 부하 분류, 길이, 요소 수를 차례로 추가합니다.

TIP

필터가 2개 이상일 경우 모든 기준을 만족하는 내용이 표시됨

04

[필터] 탭을 클릭합니다. 첫 번째 필터 기준은 패널, 조건은 같음, 내용은 LN-1F를 설정합니다. 두 번째 필터 기준은 부하 분류, 조건은 시작 문자, 내용은 조명을 설정합니다.

TIP

총계는 일람표의 맨
아래 행에 표시됨

05

[정렬/그룹화] 탭을 클릭합니다. 정렬 기준을 패널, 회로 번호, 부하 분류를 차례로 선택합니다. 총계를 체크합니다.

06

[형식] 탭을 클릭합니다. 필드에서 길이와 요소 수를 선택하고 총합 계산을 선택합니다.

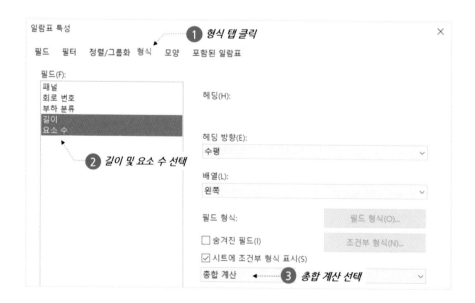

07

[모양] 탭을 클릭합니다. 그래픽의 데이터 앞에 빈 행을 체크 해제합니다. [확인]을 클릭하여 일람표 특성 창을 닫습니다.

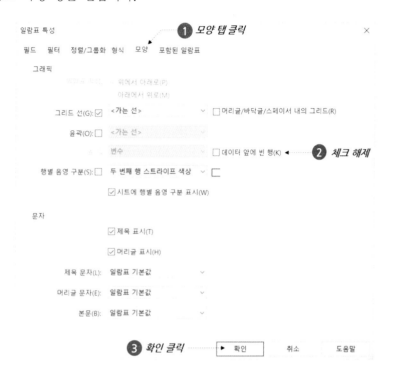

08

작성된 일람표 뷰를 확인합니다. 회로의 길이 단위는 프로젝트 단위에서 설정할 수 있습니다. 메뉴에서 관리 탭의 [프로젝트 단위]를 클릭합니다.

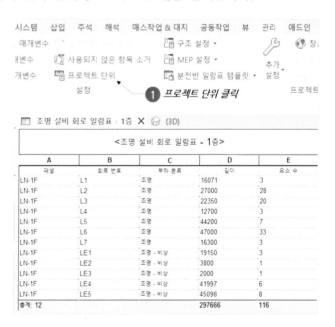

<조명 설비 회로 일람표 - 1층>

A	B	C	D	E
패널	회로 번호	부하 분류	길이	요소 수
LN-1F	L1	조명	16071	3
LN-1F	L2	조명	27000	28
LN-1F	L3	조명	22350	20
LN-1F	L4	조명	12700	3
LN-1F	L5	조명	44200	7
LN-1F	L6	조명	47000	33
LN-1F	L7	조명	16300	3
LN-1F	LE1	조명 - 비상	19150	3
LN-1F	LE2	조명 - 비상	3800	1
LN-1F	LE3	조명 - 비상	2000	1
LN-1F	LE4	조명 - 비상	41997	6
LN-1F	LE5	조명 - 비상	45098	8
총계: 12			297666	116

09

프로젝트 단위 창에서 길이의 형식 버튼을 클릭합니다. 형식 창에서 단위, 올림, 기호 등을 설정할 수 있습니다. [확인]을 클릭합니다. 프로젝트 단위 창도 [확인]을 클릭합니다.

10

프로젝트 탐색기에서 전등설비평면도 시트를 엽니다. 프로젝트 탐색기에서 작성한 전등 설비회로일람표 – 1층 뷰를 배치합니다. 같은 방법으로 전등설비회로일람표 – 2층을 작성 및 배치합니다.

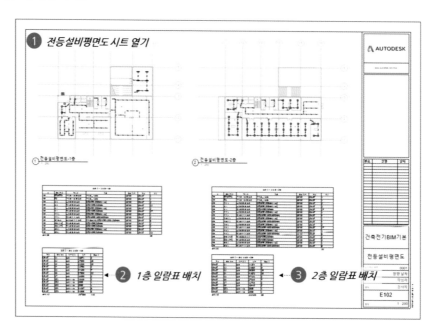

**전력간선회로
일람표**

전력간선회로 일람표를 작성하고, 각 회로의 From, To, 회로 길이 등의 정보를 표현합니다.

01

메뉴에서 뷰 탭의 일람표를 확장하여 [일람표/수량]을 클릭합니다.

❶ *일람표/수량 클릭*

02

새 일람표 창에서 '전기 회로'를 선택합니다. 이름을 '전력간선회로'로 입력하고 [확인]을 클릭합니다.

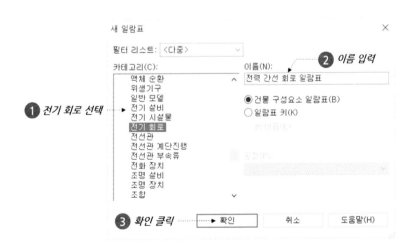

❶ *전기 회로 선택*

❷ *이름 입력*

❸ *확인 클릭*

03

일람표 특성 창의 사용 가능한 필드에서 회로 번호, 패널, 부하 이름, 전압, 극 수, 외견 부하, 외견 전류, 길이를 순서대로 추가합니다.

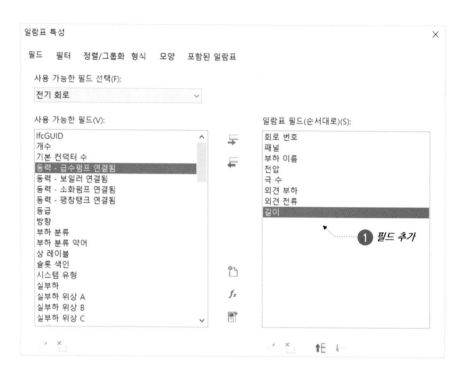

04

[필터] 탭을 클릭합니다. 필터 기준은 패널, 조건은 같음, 내용은 SS1을 선택합니다.

05

[정렬/그룹화] 탭을 클릭합니다. 정렬 기준으로 회로 번호, 패널, 부하 이름을 차례로 선택합니다. 총합 계산을 체크합니다.

06

[형식] 탭에서 길이를 선택하고 총합 계산으로 선택합니다.

07

[모양] 탭을 클릭합니다. 데이터 앞에 빈 행을 체크 해제합니다. [확인]을 클릭합니다.

08

작성된 일람표 내용을 확인합니다. 열의 이름을 변경하기 위해 패널을 클릭하고 이름을 From으로 입력합니다. 같은 방법으로 부하 이름을 To로 변경합니다.

① 열 이름 클릭 및 내용 변경

📋 전력 간선 회로 일람표 ✕

<전력 간선 회로 일람표>

A	B	C	D	E	F	G	H
회로 번호	From	To	전압	극 수	외견 부하	외견 전류	길이
1	SS1	MCC-NE1	380 V	3	2500 VA	4 A	10900
2	SS1	MCC-NE2	380 V	3	600 VA	1 A	10300
3	SS1	LN-B1	380 V	3	2320 VA	4 A	12500
4	SS1	LN-1F	380 V	3	7070 VA	11 A	16500
5	SS1	P-1F	380 V	3	4500 VA	7 A	15900
6	SS1	LN-2F	380 V	3	6080 VA	9 A	21000
7	SS1	P-2F	380 V	3	4000 VA	6 A	20400
출계: 7							107500

09

프로젝트 탐색기에서 전기실 상세도 시트를 엽니다. 작성한 전력 간선 일람표를 배치합니다.

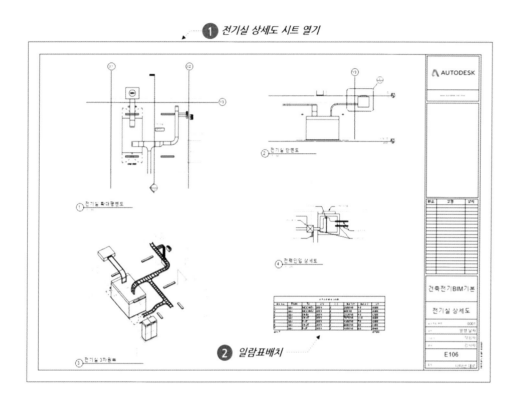

1 전기실 상세도 시트 열기

2 일람표배치

MEMO

일람표 내보내기

일람표는 텍스트 파일로 내보내기 하여 엑셀 프로그램에서 열어서 활용할 수 있습니다.

01

조명설비 일람표 뷰를 활성화합니다. 일람표를 내보내기 위해서는 일람표 뷰가 활성화되어 있어야 합니다.

① *조명 설비 일람표-1층 뷰 열기*

조명 설비 일람표 - 1층

<조명 설비 일람표 - 1층>

A	B	C	D		E	F	G
레벨	공간: 이름	패밀리	유형		외견 부하	패널	개수
1층	EPS/TPS	벽부형 비상용 조명	벽부형_비상등		50 VA	LN-1F	1
1층	PS	벽부형 비상용 조명	벽부형_비상등		50 VA	LN-1F	1
1층	강당	노출형 원형 조명	LED8W 200mm (비상)		50 VA	LN-1F	2
1층	강당	매입형 원형 조명	LED40W 250mm		50 VA	LN-1F	32
1층	로비	노출형 원형 조명	LED8W 200mm (비상)		50 VA	LN-1F	2
1층	로비	매입형 원형 조명	LED40W 250mm		50 VA	LN-1F	27
1층	사무실	노출형 원형 조명	LED8W 200mm (비상)		50 VA	LN-1F	1
1층	사무실	매입형 사각 조명	LED50W - 600x600mm		50 VA	LN-1F	2
1층	외부창고	펜던트형 사각 조명	파이프팬던트 LED40W 1200x250mm		50 VA	LN-1F	6
1층	화장실(남)	매입형 원형 조명	LED40W 250mm		50 VA	LN-1F	2
1층	화장실(여)	매입형 원형 조명	LED40W 250mm		50 VA	LN-1F	2
1층	회의실	노출형 원형 조명	LED8W 200mm (비상)		50 VA	LN-1F	1
1층	회의실	매입형 원형 조명	LED40W 250mm		50 VA	LN-1F	19
총계: 98							98

TIP

일람표 뷰가 아닌 평면도 등의 뷰에서 내보내기 할 경우 일람표 비활성화됨

02

메뉴에서 파일을 확장하여 내보내기의 보고서를 확장하여 [일람표]를 클릭합니다.

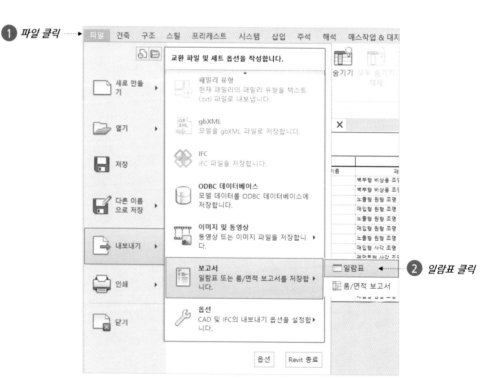

① *파일 클릭*

② *일람표 클릭*

03

일람표 내보내기 창에서 저장할 위치를 선택합니다. 이름 입력 및 파일 형식을 txt 파일로 선택하고, [저장]을 클릭합니다.

04

일람표 내보내기 창에서 기본 설정을 그대로 사용합니다. [확인]을 클릭합니다.

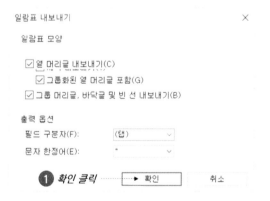

05

엑셀 프로그램을 실행합니다. 메뉴에서 데이터 탭을 클릭하고 [텍스트]를 클릭합니다.

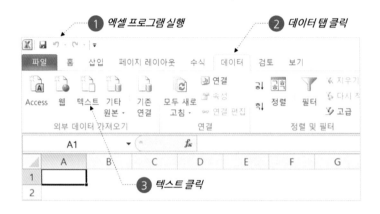

06

텍스트 파일 가져오기 창에서 내보낸 텍스트 파일을 선택하고 [가져오기]를 클릭합니다.

07

텍스트 마법사 창에서 [마침]을 클릭합니다. 기본 설정을 그대로 사용합니다.

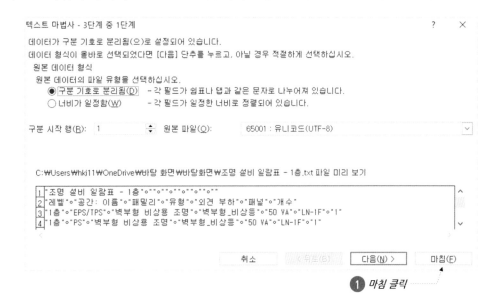

❶ 마침 클릭

08

데이터 가져오기 창에서 [확인]을 클릭합니다. 레빗의 일람표와 같은 내용이 표시됩니다.

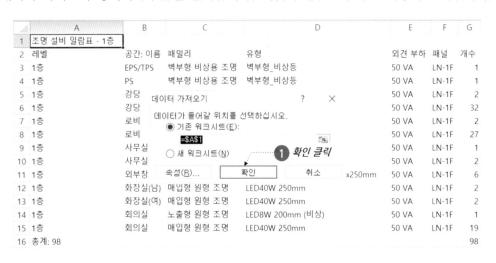

학습 완료

Chapter 11. 상세 및 일람표 학습을 완료하였습니다. 열려 있는 모든 뷰를 닫아 프로젝트를 종료합니다. 필요시 파일을 다른 이름으로 저장합니다.

SECTION

01 태그

학습내용 | 전기 시설물 태그, 와이어 태그, 케이블트레이 태그, 링크 요소 태그, 태그 종류

학습 결과물 예시

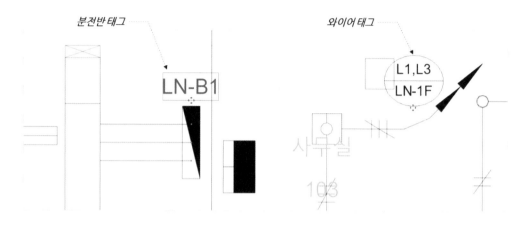

학습 시작

홈 화면에서 [열기]를 클릭하거나 또는 파일 탭의 [열기]를 클릭하고, 예제파일의 'Chapter 12. 주석 시작' 파일을 엽니다.

전기 시설물 태그

작성한 전기 시설물 요소에 패널 이름을 표현하는 태그를 작성합니다. 태그는 작성한 뷰에만 표시되고, 다른 뷰에는 표시되지 않습니다.

01

프로젝트 탐색기에서 전기실 확대평면도를 엽니다.

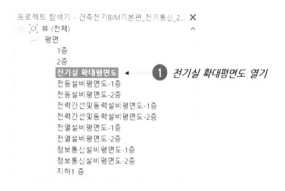

TIP

파일 이름앞에 붙은
M은 Metric의 약자임

02

태그를 작성하기 위해 프로젝트 탐색기에서 패밀리의 주석 기호를 확장하여 'M_전기 시설물 태그'를 우클릭하고 [편집]을 클릭합니다.

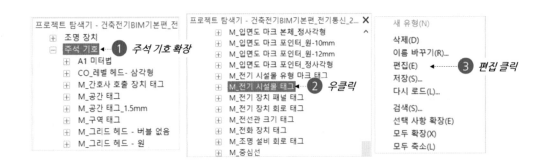

03

패밀리 편집 모드로 변경됩니다. 뷰에서 레이블을 선택합니다. 메뉴에서 [레이블 편집]을 클릭합니다.

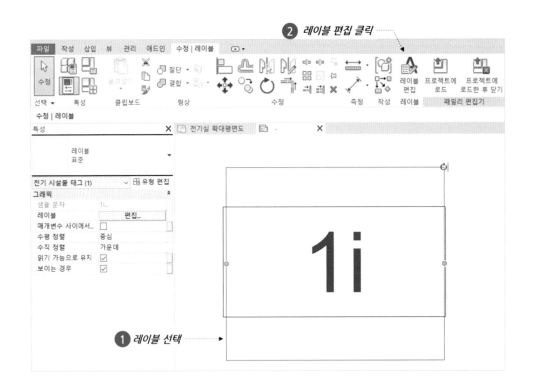

04

레이블 편집 창에서 유형 마크를 제거합니다. 패널 이름을 추가하고, [확인]을 클릭합니다.

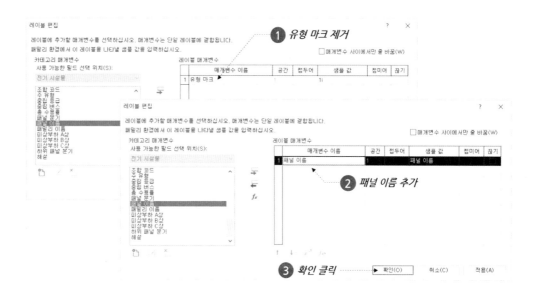

05

레이블의 끌기를 드래그하여 범위를 조정합니다. 메뉴에서 [프로젝트에 로드한 후 닫기]를 클릭합니다.

TIP

기존 버전 덮어쓰기는
변경 사항을 반영하
지만 매개변수에 입력
된 값은 프로젝트에서
입력한 값 사용, 기존
버전과 해당 매개변수
값 덮어쓰기는 변경
사항과 매개변수 값을
모두 반영

06

파일 저장 창에서 [아니요]를 클릭합니다. 패밀리가 이미 있음 창에서 [기존 버전 덮어
쓰기]를 클릭합니다.

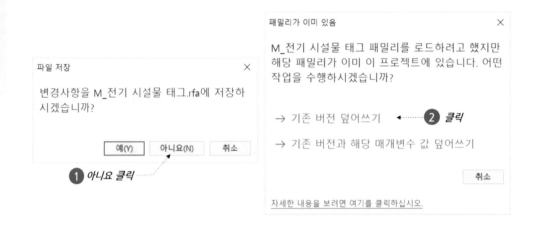

07

메뉴에서 주석 탭의 [모든 항목 태그]를 클릭합니다. 태그 창에서 전기 시설물 태그를
체크합니다. 수정한 전기 시설물 태그의 네모 칸 안에 채워짐을 선택하고 [확인]을 클릭
합니다.

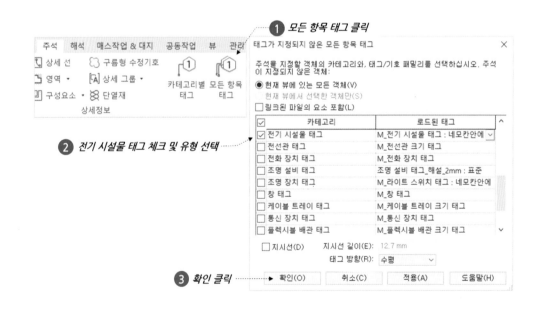

08

뷰에서 작성된 태그를 확인합니다.

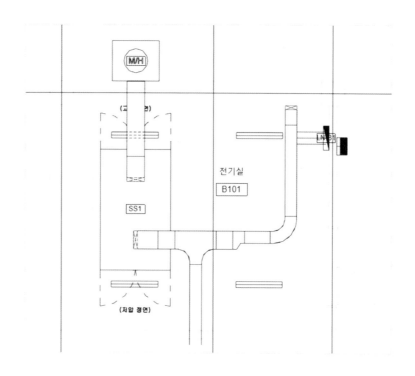

09

전력인입맨홀에 작성된 태그를 선택하고 삭제합니다. 태그에 ?가 표시되는 것은 요소의 패널 이름에 값이 없기 때문입니다. 분전반에 작성된 태그를 드래그하여 위치를 이동합니다.

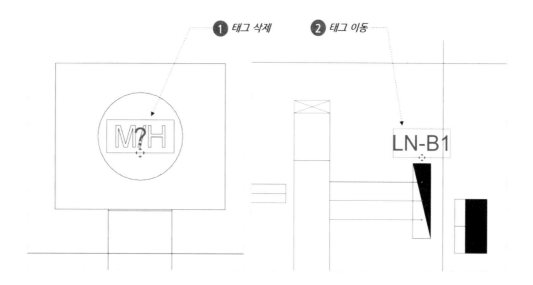

와이어 태그

조명설비 평면도, 전열설비 평면도 등 각 평면도의 와이어에 회로 번호를 표시하는 태그를 작성합니다.

01

프로젝트 탐색기에서 '전등설비평면도-1층'을 엽니다. 메뉴에서 삽입 탭의 [패밀리 로드]를 클릭합니다.

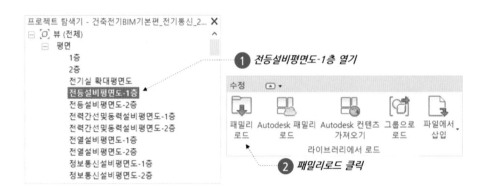

02

패밀리 로드 창에서 예제파일 폴더의 모든 파일을 선택하고 [열기]를 클릭합니다.

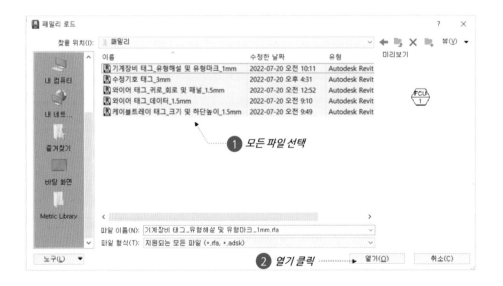

03

메뉴에서 주석 탭의 [카테고리별 태그]를 클릭합니다. 옵션바에서 태그 버튼을 클릭합니다.

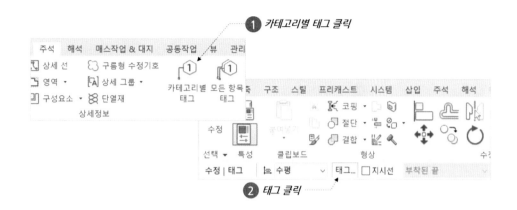

04

로드된 태그 및 기호 창에서 와이어의 태그 종류를 '와이어 태그_귀로_회로 및 패널
_1.5mm'를 선택합니다. [확인]을 클릭합니다.

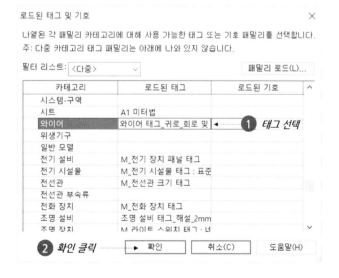

05

뷰에서 **와이어**의 **귀로** 부분에 마우스를 위치합니다. 미리보기를 참고하여 클릭하여 태그를 배치합니다. 배치한 태그의 끌기를 드래그하여 위치를 이동합니다.

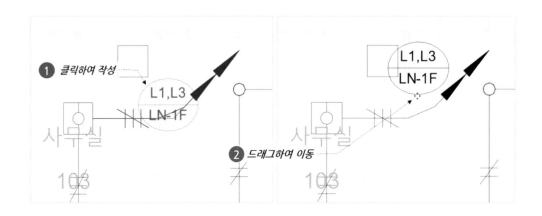

06

같은 방법으로 뷰에서 모든 귀로 와이어에 태그를 작성합니다.

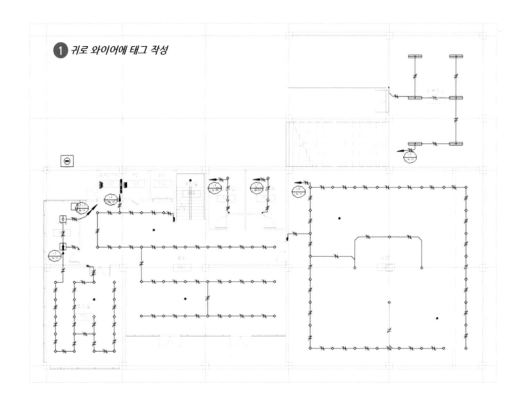

07

정보통신 회로의 와이어 태그를 작성하기 위해 프로젝트 탐색기에서 '정보통신설비평면도
-1층' 뷰를 엽니다. 메뉴에서 주석 탭의 [모든 항목 태그]를 클릭합니다.

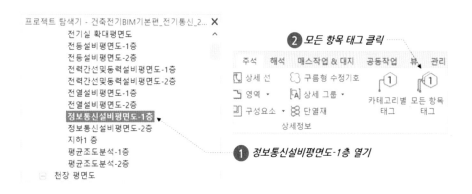

08

태그 창에서 와이어 태그를 체크하고, 로드한 '와이어 태그_데이터_1.5mm'를 선택합니다.
[확인]을 클릭합니다.

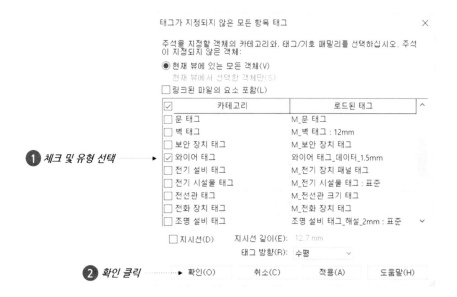

09

뷰에서 모든 와이어에 태그가 작성된 것을 확인합니다.

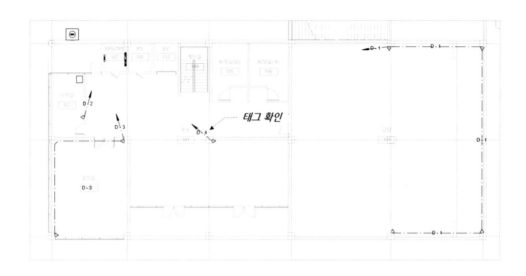

10

뷰에서 회의실 부분을 확대하여 와이어 태그를 선택하고, 끌기를 드래그하여 위치를 이동합니다.

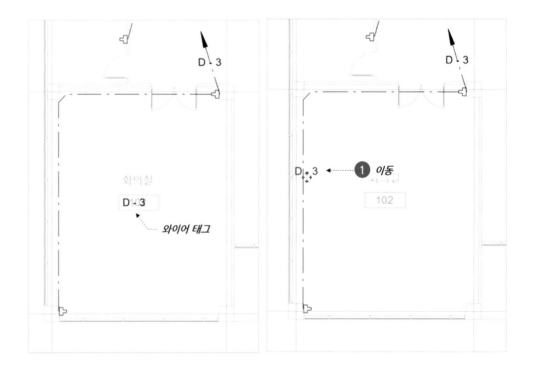

11

와이어 태그의 D는 데이터, 3은 회로 번호를 말합니다. D는 와이어 태그 패밀리에서
접두어로 미리 입력한 내용입니다.

**케이블트레이
태그**

전력간선 평면도에서 케이블트레이에 규격, 높이를 표시하는 태그를 작성합니다.

01

프로젝트 탐색기에서 '전력간선및동력설비평면도-1층' 뷰를 엽니다. 메뉴에서 주석 탭의
[모든 항목 태그]를 클릭합니다.

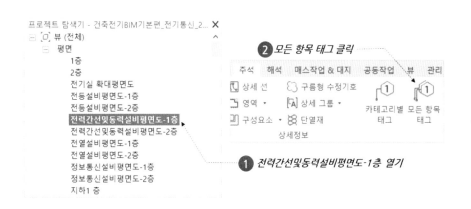

02

태그가 지정되지 않은 모든 항목 태그 창에서 케이블 트레이 태그를 체크합니다. 유형을 '케이블트레이 태그_크기 및 하단높이_1.5mm'로 선택하고, [확인]을 클릭합니다.

03

뷰에서 수직 케이블 트레이에 작성된 태그는 삭제하고, 수평 케이블 트레이에 대한 태그의 위치를 이동합니다. 괄호 안의 값은 레벨로부터 케이블트레이 하단까지의 높이입니다.

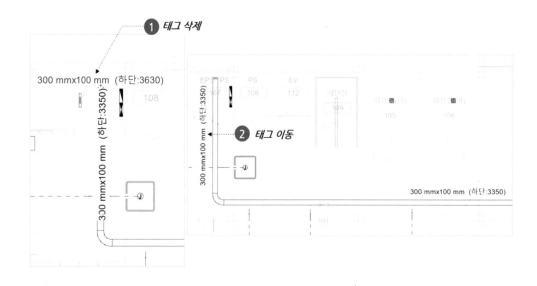

04

케이블 트레이 크기의 단위를 변경하기 위해 메뉴에서 관리 탭의 [프로젝트 단위]를 클릭합니다. 단위 창에서 분야를 전기로 선택하고, 케이블 트레이 크기의 형식 버튼을 클릭합니다.

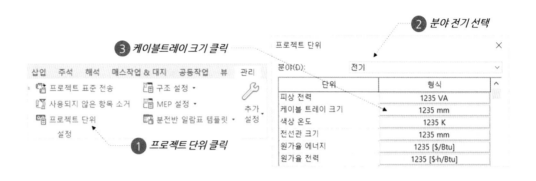

05

형식 창에서 단위 기호를 없음으로 선택하고 [확인]을 클릭합니다. 프로젝트 단위 창도 [확인]을 클릭하고, 뷰에서 변경된 내용을 확인합니다.

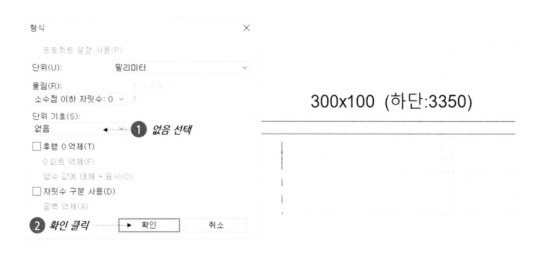

링크 요소 태그

링크된 기계 모델의 기계 장비 요소에 태그를 작성합니다. 태그는 링크된 요소에도 작성할 수 있습니다.

01

프로젝트 탐색기에서 '전력간선및동력설비평면도-1층' 뷰를 엽니다. 메뉴에서 주석 탭의 [모든 항목 태그]를 클릭합니다.

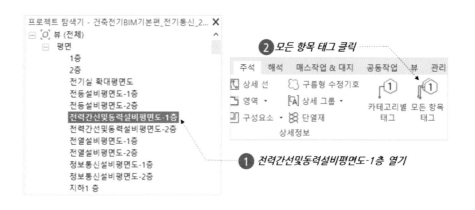

02

태그 창에서 링크된 파일의 요소 포함을 체크합니다. 기계 장비 태그를 체크하고 '기계 장비 태그_유형해설 및 유형마크_1mm : 표준'을 선택합니다. [확인]을 클릭합니다.

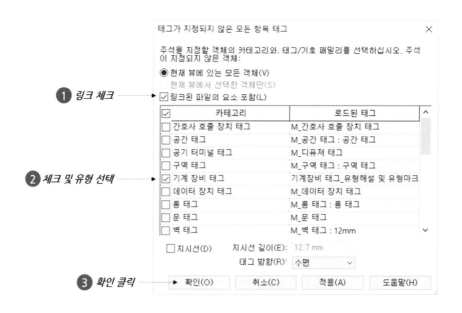

03

뷰에서 작성된 태그를 확인합니다.

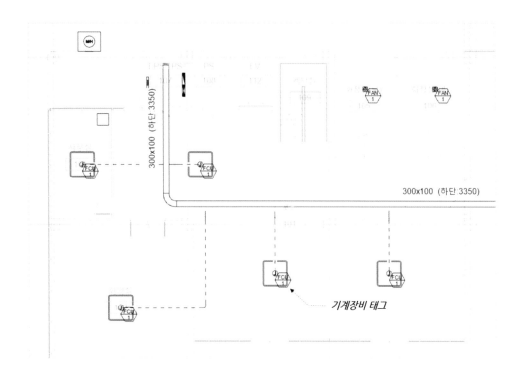

기계장비 태그

MEMO

태그 종류

카테고리별 태그는 요소 카테고리를 기준으로 요소에 태그를 부착합니다. 태그 도구를 사용하기 전에 원하는 태그를 프로젝트에 로드합니다.

태그가 지정되지 않은 모든 항목 태그는 한 번에 여러 요소에 태그를 추가합니다. 모든 항목 태그 도구를 사용하기 전에 프로젝트에 원하는 태그 패밀리를 로드합니다. 그런 다음 2D 뷰를 엽니다. 태그를 지정할 요소 카테고리, 각 카테고리에 사용할 태그 또는 구조 기호 패밀리, 그리고 태그를 모든 요소에 지정할지 선택한 요소에만 지정할지를 선택할 수 있습니다. 벽과 같은 일부 요소는 태그를 별도로 지정해야 합니다.

다중 카테고리 태그는 공유 매개변수를 기준으로 다중 카테고리 요소에 태그를 부착합니다. 이 도구를 사용하려면 먼저 다중 카테고리 태그를 작성하여 프로젝트에 로드해야 합니다. 태그를 지정할 요소 카테고리는 다중 카테고리 태그에서 사용되는 공유 매개변수가 포함되어야 합니다.

재료 태그는 재료에 대해 지정된 설명을 사용하여 선택한 요소에 태그를 지정합니다. 태그에 표시된 재료는 재료 대화상자의 ID 탭에 있는 설명 필드 값을 기준으로 합니다. 물음표(?)가 재료 태그에 표시되는 경우 두 번 클릭하여 값을 입력합니다. 설명 필드가 이 값으로 업데이트 됩니다.

면적 태그는 선택한 면적에 태그를 지정합니다. 면적 평면도에서 이 도구를 사용하여 아직 태그가 지정되지 않은 면적에 태그를 추가하거나 모든 항목 태그 도구를 사용합니다. 유형 선택기에서 태그 패밀리를 선택합니다.

룸 태그는 선택한 룸에 태그를 지정합니다. 평면도에서 이 도구를 사용하여 아직 태그가 지정되지 않은 선택한 룸에 태그를 추가하거나 모든 항목 태그 도구를 사용합니다. 유형 선택기에서 태그 패밀리를 선택합니다.

공간 태그는 프로젝트의 공간에 레이블을 지정합니다. 공간 태그에서 이름을 두 번 클릭하여 이름을 바꿉니다. 공간 태그의 유형 특성에서 태그에 표시할 룸 이름, 영역 및 체적 정보를 지정할 수 있습니다. 태그 위치를 변경하려면 태그를 클릭하여 새 위치로 끕니다. 옵션 막대에서 태그의 지시선을 지정할 수 있습니다.

뷰 참조는 선택한 뷰에 대해 시트 번호 및 상세 번호를 나타내는 주석을 추가합니다. 의존적 뷰의 경우 매치 라인은 뷰가 분할된 위치를 나타내고, 뷰 참조는 의존적 뷰의 시트 번호와 상세 번호를 나타냅니다.

로드된 태그 및 기호는 각 요소 카테고리에 사용될 태그 및 기호를 나열합니다. 로드된 태그 및 기호 대화상자에서 각 요소 카테고리에 대해 드롭다운 리스트를 사용하여 태그 및 기호 도구와 함께 사용할 태그 패밀리를 선택합니다. 패밀리 로드를 클릭하여 추가 태그 또는 기호 패밀리를 로드합니다.

MEMO

학습 결과물 예시

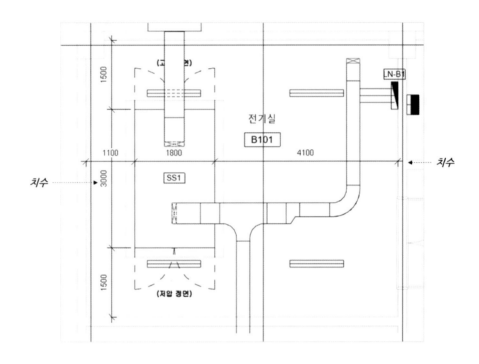

치수 종류

정렬 치수는 평행 참조 사이 또는 여러 점 사이에 치수를 배치합니다. 도면 영역 위로 커서를 이동하면 치수에 사용할 수 있는 참조점이 하이라이트됩니다. [tab] 키를 눌러 서로 가까이 있는 요소의 여러 참조점을 순환합니다.

선형 치수는 참조점 사이의 거리를 측정하는 수평 또는 수직 치수를 배치합니다. 치수는 뷰의 수평 또는 수직 축에 맞춰 정렬됩니다.

각도 치수는 공통 교차를 공유하는 참조점 사이의 각도를 측정하는 치수를 배치합니다. 치수에 대한 여러 참조점을 선택할 수 있습니다. 각 요소는 공통점을 통과해야 합니다. 예를 들어 네 개의 벽에 대해 다중 참조 각도 치수를 작성하려면 네 개의 벽이 공통점을 통과해야 합니다.

반지름 치수는 내부 곡선 또는 모깎기의 반지름을 측정하는 치수를 배치합니다. 벽 면과 벽 중심선 간에 치수 참조점을 전환하려면 tab 키를 누릅니다.

지름 치수는 호 또는 원의 지름을 측정하는 치수를 배치합니다. 벽 면과 벽 중심선 간에 치수 참조점을 전환하려면 tab 키를 누릅니다.

호 길이 치수는 곡선 벽 또는 기타 요소의 길이를 측정하는 치수를 배치합니다. 치수가 벽 면, 벽 중심선, 구조체 면 또는 구조체 중심의 호 길이를 측정하는지 여부를 지정할 수 있습니다.

지정점 레벨은 선택한 점의 입면을 표시합니다. 평면도, 입면도 및 3D 뷰에 지정점 높이를 배치할 수 있습니다. 일반적으로 지정점 높이는 경사로, 도로, 지형면 및 계단참에 대한 고도 점을 구하기 위해 사용됩니다.

지정점 좌표는 프로젝트에 있는 점의 북쪽/남쪽 및 동쪽/서쪽 좌표를 표시합니다. 지정점 좌표를 바닥, 벽, 지형면 및 경계선에 배치할 수 있습니다. 수평이 아닌 표면 및 평평하지 않은 모서리에 지정점 좌표를 배치할 수도 있습니다.

지정점 경사는 모델 요소의 면 또는 모서리에 있는 특정 점에 경사를 표시합니다. 지정점 경사를 평면도, 입면도 및 구획도에 배치할 수 있습니다.

치수 유형은 각 치수의 속성을 정의합니다. 눈금 마크 스타일, 선 두께, 치수 보조선 간격, 색상, 문자 특성 등을 변경할 수 있습니다.

치수 작성

전기실의 장비 주위에 정렬 치수를 작성합니다.

01

프로젝트 탐색기에서 '전기실 확대평면도'를 엽니다. 메뉴에서 주석 탭의 치수 패널에서 [정렬]을 클릭합니다.

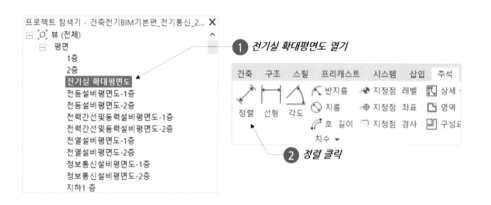

02

유형 선택기에서 선형 치수 스타일 패밀리의 대각선 – 2.5mm Arial 유형을 선택합니다. 뷰에서 수배전반의 위쪽 벽의 안쪽 선을 tab키를 이용하여 클릭합니다.

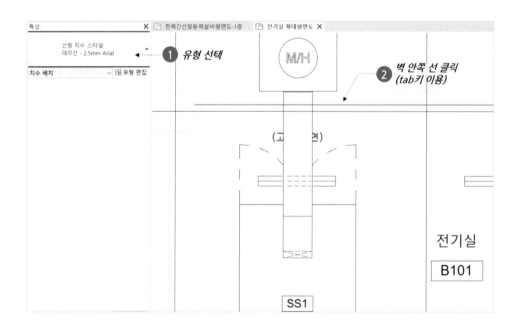

03

계속해서 치수를 배치할 수배전반의 위쪽 모서리와 아래쪽 모서리를 차례로 클릭합니다.

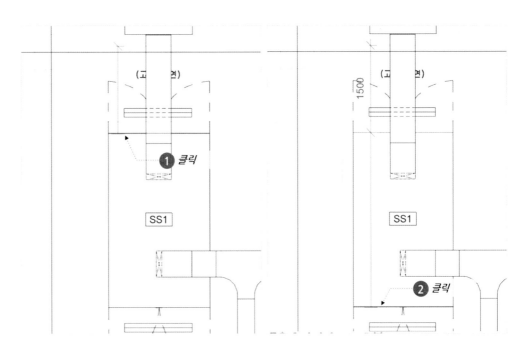

04

치수를 배치할 위치를 수배전반의 왼쪽 빈 곳을 클릭하여 배치합니다. esc를 눌러 완료합니다.

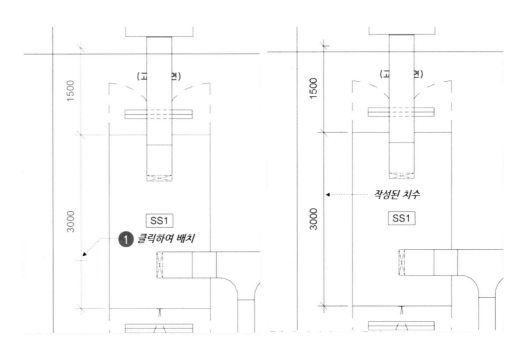

05

작성한 치수를 선택합니다. EQ는 두 치수 이상을 균등하게 하는 기능입니다. 자물쇠는 요소의 위치가 움직이지 않도록 고정하는 기능입니다.

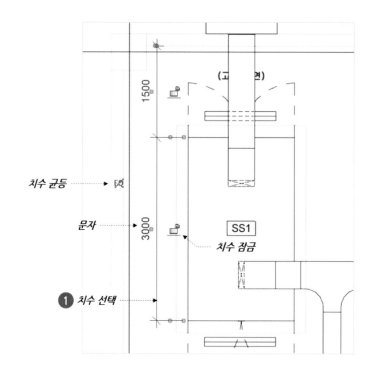

06

치수의 문자를 클릭합니다. 치수 문자 창에서 치수 값의 표현, 문자 필드의 접두어/접미어, 위/아래 내용을 추가할 수 있습니다. [확인]을 클릭합니다.

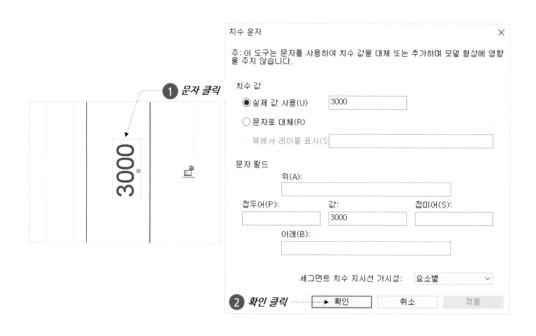

07

치수 문자 아래의 문자 끌기를 드래그하여 치수의 위치를 변경합니다. 실행 취소를 누릅니다.

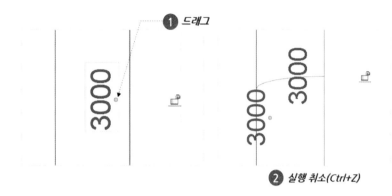

08

치수 보조선의 끝점을 드래그하여 위치를 이동합니다. 실행 취소를 누릅니다.

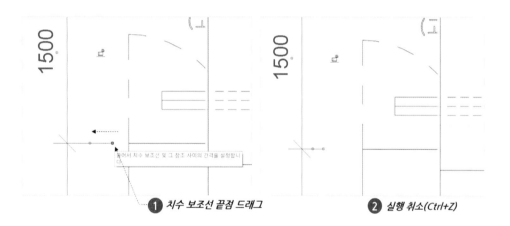

09

치수 보조선 이동을 드래그하여 치수 보조선의 위치를 변경합니다. 치수 값이 업데이트되는 것을 확인합니다. 실행을 취소합니다.

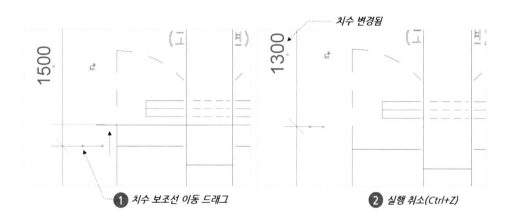

TIP

치수 보조선 편집은
이미 작성된 치수의
일부를 삭제할 수도
있음

10

치수를 선택하고, 메뉴에서 [치수 보조선 편집]을 누릅니다. 뷰에서 수배전반 아래의 벽 안쪽 면을 [tab]키를 눌러 선택합니다. 치수를 배치할 위치를 클릭합니다.

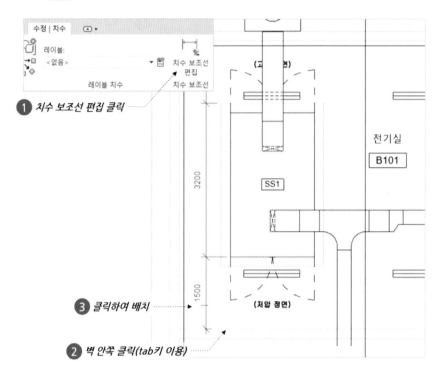

11

같은 방법으로 수평 치수를 작성합니다.

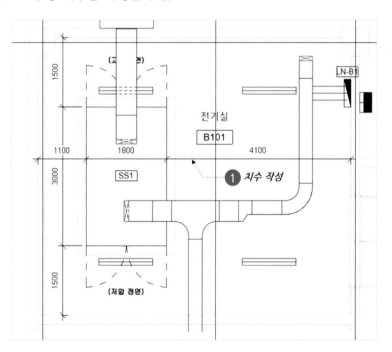

03 범례

학습내용 | 조명 설비 범례 작성, 범례 종류

학습 결과물 예시

기 호	타 입	상세도
	배선기구일체형 LED40W 1200x150mm	A
	파이프펜던트 LED40W 1200x250mm	B
	LED50W - 600x600mm	C
	LED40W 250mm	D
	LED8W 200mm (비상)	E
	벽부형_비상등	F

(조명설비 범례)

조명 설비 범례 작성

조명 설비의 기호, 타입, 상세도를 나타내는 범례를 작성하여 시트에 배치합니다.

01

메뉴에서 뷰 탭의 범례를 확장하여 [범례]를 클릭합니다. 새 일람표 창에서 이름은 '조명 설비 범례', 축척은 '1:50'으로 선택하고 [확인]을 클릭합니다.

02

빈 뷰가 열립니다. 작성한 뷰는 프로젝트 탐색기에서 범례의 아래에 추가됩니다.

03

TIP

상세 구성 요소 패밀리
는 예제파일에 미리
로드되어 있으며, 조명
설비 패밀리에서 사
용한 기호과 같음

메뉴에서 주석 탭의 구성요소를 확장하여 [상세 구성요소]를 클릭합니다. 유형 선택기
에서 조명 설비의 노출형 사각 조명 : 배선기구일체형 LED40W 1200x150mm 유형을
선택합니다.

04

뷰에서 미리보기를 참고하여 요소를 클릭하여 배치합니다. 스페이스바를 누르면 요소를 회전할 수 있습니다. 같은 방법으로 옵션바에서 유형을 변경하여 모든 조명 설비 유형을 배치합니다. 정확한 위치는 중요하지 않습니다.

노출형 사각 조명 : 배선기구일체형 LED40W 1200x150mm

펜던트형 사각 조명 : 파이프펜던트 LED40W 1200x250mm

매입형 사각 조명 : LED50W - 600x600mm

매입형 원형 조명 : LED40W 250mm

노출형 원형 조명 : LED8W 200mm (비상)

벽부형 비상용 조명 : 벽부형_비상등

05

범례 뷰의 축척 및 크기를 확인하기 위해 프로젝트 탐색기에서 전등설비평면도 시트를 엽니다. 작성한 범례 뷰를 배치합니다.

1 전등설비평면도 시트 열기

전등설비평면도

프로젝트 번호	0001
날짜	발행 날짜
그리기	작성자
검사	검사자

E102

| 축척 | 나타난 대로 |

조명 설비 범례
1 : 50

2 범례 배치

2022-08-21 오후 5:05:34

06

조명 설비 범례 뷰를 활성화하고, 메뉴에서 주석 탭의 [상세 선]을 클릭합니다. 뷰에서
상세 선을 작성합니다.

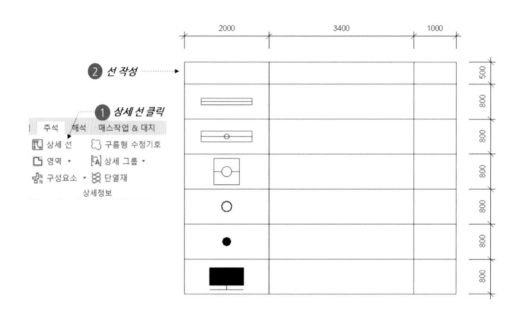

07

메뉴에서 [문자]를 클릭합니다. 메뉴의 지시선 옵션에서 지시선 없음(A)을 선택합니다.
유형 선택기에서 '2.5mm Arial'을 선택합니다.

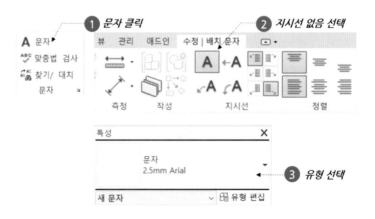

08

뷰에서 문자를 작성합니다.

① 문자 작성

기 호	타 입	상세도
▭	배선기구일체형 LED40W 1200x150mm	A
▭⊖	파이프펜던트 LED40W 1200x250mm	B
▢◯	LED50W - 600x600mm	C
◯	LED40W 250mm	D
●	LED8W 200mm (비상)	E
▮	벽부형_비상등	F

09

다시 전등설비평면도 시트를 열고, 범례 뷰를 선택합니다. 유형 선택기에서 '제목 없음'을 선택하고, 뷰의 위치를 조정합니다.

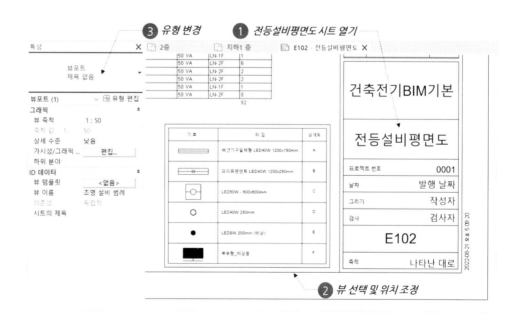

범례 종류

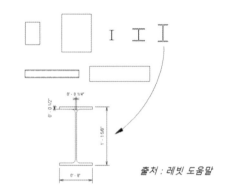

출처 : 레빗 도움말

범례 뷰는 프로젝트에 사용된 모델 구성요소 및 주석을 나열합니다. 일반적인 범례로 다음과 같은 범례가 있습니다.

주석 범례는 단면 헤드, 레벨 표식기, 지정점 높이 표시, 입면도 기호, 키노트 기호, 수정기호 태그, 요소 태그, 모델 객체를 나타내지 않는 기타 기호 등의 시트 주석을 표시합니다. 각 기호에는 연관된 설명 문자가 있습니다. 모든 기호는 인쇄되는 크기로 표시됩니다.

모델 기호 범례는 모델 객체의 기호 표현을 약간의 설명 문자와 함께 표시합니다. 일반적인 요소로는 전기 설비, 배관 설비, 기계 장비 및 대지 객체를 들 수 있습니다.

선 스타일 범례는 선택한 선 스타일의 선과 도면에서 해당 선 스타일이 표시하는 대상을 식별하는 문자를 표시합니다.
방화 등급선, 대지 경계선, 셋백선, 전기 배선, 배관, 유틸리티, 중심선 등을 예로 들 수 있습니다.

재료 범례는 절단 또는 표면 패턴의 샘플 및 해당 패턴과 연관된 재료를 식별하는 문자를 표시합니다.

공정은 선택한 그래픽 재지정으로 그린 벽의 구획과 식별 문자를 표시합니다.

범례는 여러 시트에 추가할 수 있습니다. 상세 선, 문자, 치수, 채워진 영역과 같이 드래프팅 뷰에 배치 가능한 요소는 범례에 배치할 수 있습니다.

범례 뷰는 각 프로젝트별로 고유하므로 프로젝트 간에 전송할 수 없습니다.

범례 뷰를 그래픽 팔레트로 사용할 수 있는데, 이것은 범례 뷰에서 구성요소를 선택하고 유사 작성 또는 일치 유형 도구를 사용하여 구성요소를 다른 뷰에 배치할 수 있음을 의미합니다.

범례에 배치된 구성요소는 Revit 건물 모델에서 구성요소의 추가 인스턴스(instance)로 계산되지 않으므로 일람표나 노트 블록에 나열된 해당 구성요소의 인스턴스(instance) 수에 추가되지 않습니다.

MEMO

학습내용 | 조명 설비 노트 작성, 드래프팅뷰

학습 결과물 예시

2. 전등용 배관 배선

——— ⫶⫶ ——— : HFIX 2-2.5sq, E-2.5sq (16C)
——— ⫶⫶⫶ ——— : HFIX 3-2.5sq, E-2.5sq (16C)
——— ⫶⫶⫶⫶ ——— : HFIX 4-2.5sq, E-2.5sq (22C)
——— ⫶⫶⫶⫶⫶ ——— : HFIX 5-2.5sq, E-2.5sq (22C)

3. 전등 스위치용 배관 배선

——— ⫶⫶ ——— : HFIX 2-2.5sq (16C)
——— ⫶⫶⫶ ——— : HFIX 3-2.5sq (16C)
——— ⫶⫶⫶⫶ ——— : HFIX 4-2.5sq (22C)
——— ⫶⫶⫶⫶⫶ ——— : HFIX 5-2.5sq (22C)

(조명설비 노트)

조명 설비 노트 작성

배관 배선의 표기별 종류, 주의 사항 등을 나타내는 노트를 작성합니다.

TIP

드래프팅 뷰는 모델과 연관되지 않은 상세도를 작성하는데도 사용함

01

메뉴에서 뷰 탭의 [드래프팅 뷰]를 클릭합니다. 새 드래프팅 뷰에서 이름을 '조명 설비 노트'를 입력하고 [확인]을 클릭합니다.

02

비어 있는 드래프팅 뷰가 열립니다. 작성한 뷰는 프로젝트 탐색기에서 드래프팅 뷰 아래에 배치됩니다.

뷰 위치

03

TIP

예제 파일에서 문자
의 내용을 복사하여
사용함

메뉴에서 주석 탭의 [문자]를 클릭합니다. 유형 선택기에서 '2.5mm Arial'을 선택합니다. 뷰에서 문자를 작성합니다. 정확한 위치는 중요하지 않습니다. 특성 창에서 [유형 편집]을 클릭합니다.

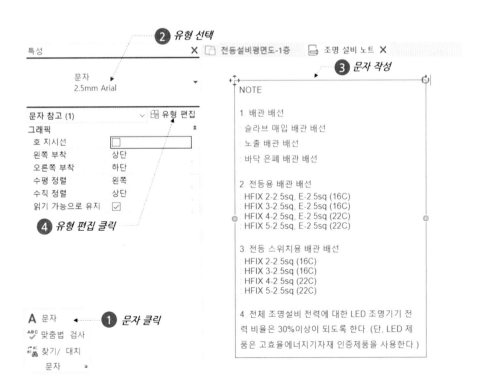

① 문자 클릭
② 유형 선택
③ 문자 작성
④ 유형 편집 클릭

04

유형 특성 창에서 배경의 불투명을 투명으로 변경합니다. [확인]을 클릭합니다.

05

작성한 문자의 내용을 선택하고 메뉴에서 들여쓰기(⫸)를 2번 클릭합니다.

06

메뉴에서 주석 탭의 [상세 선]을 클릭합니다. 메뉴에서 선 스타일을 〈가는 선〉으로 선택합니다. 뷰에서 선을 작성합니다.

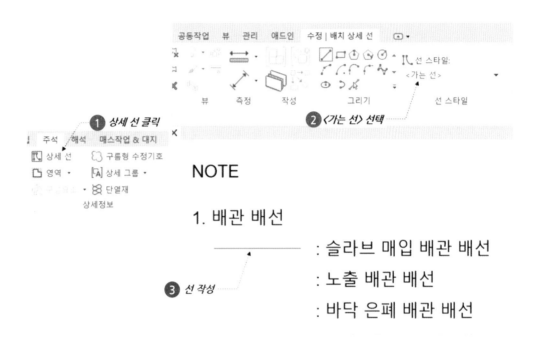

07

같은 방법으로 메뉴에서 선 스타일을 변경하여 노출 배관 배선과 바닥 은폐 배관 배선 선을 작성합니다.

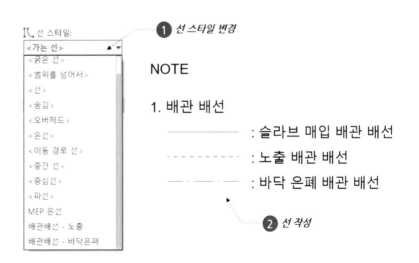

08

같은 방법으로 배선 종류를 나타내는 상세 선을 작성합니다.

① *상세 선 작성*

2. 전등용 배관 배선

———— ╫ ———— : HFIX 2-2.5sq, E-2.5sq (16C)
———— ╫ ———— : HFIX 3-2.5sq, E-2.5sq (16C)
———— ╫╫ ———— : HFIX 4-2.5sq, E-2.5sq (22C)
———— ╫╫╫ ———— : HFIX 5-2.5sq, E-2.5sq (22C)

3. 전등 스위치용 배관 배선

———— ╫ ———— : HFIX 2-2.5sq (16C)
———— ╫╫ ———— : HFIX 3-2.5sq (16C)
———— ╫╫╫ ———— : HFIX 4-2.5sq (22C)
———— ╫╫╫╫ ———— : HFIX 5-2.5sq (22C)

09

프로젝트 탐색기에서 전등설비평면도 시트를 엽니다. 작성한 노트를 시트에 배치합니다. 뷰의 유형을 '제목 없음'으로 선택합니다.

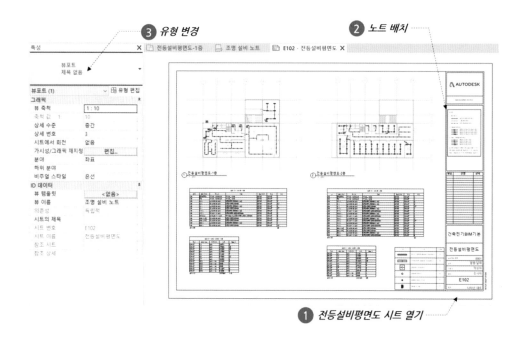

드래프팅뷰

■ 범례

범례	내용
Ⓖ	디지털 가스미터
Ⓦ	디지털 수도미터
(T)	온도조절기용 전원박스
①	UTP CAT-5e 4P-0.5mm x 1 (16C)

■ 주기 사항

1 가스 검침 및 수도 검침은 홈네트워크에서 검침할 수 있다
2 전력, 가스 등 세대 내 사용하는 소비량을 구분하여 모니터링 한다

출처 : 레빗 도움말

건물 모델과 직접 연관되지 않은 상세정보를 뷰에 표시할 때 드래프팅 뷰를 작성합니다. 드래프팅 뷰를 사용하여 모델링된 설계의 부분이 아닌 연관되지 않은 뷰별 상세정보를 작성합니다.

콜아웃을 작성한 다음 상세정보를 추가하는 대신, 예를 들어 카펫이 타일로 전환되는 위치를 알려주는 카펫 전환 상세나 지붕의 콜아웃을 기반으로 하지 않는 지붕 배수 상세와 같은 모델이 필요하지 않은 상세 조건을 작성할 수 있습니다. 이 용도로 드래프팅 뷰를 작성합니다.

드래프팅 뷰에서는 낮음, 중간 또는 높음의 여러 뷰 축척으로 상세정보를 작성하며 상세 선, 상세 영역, 상세 구성요소, 단열재, 참조 평면, 치수, 기호 및 문자와 같은 2D 상세 도구를 사용합니다. 이는 상세 뷰를 작성하는 데 사용되는 것과 같은 도구입니다. 그러나 드래프팅 뷰에는 모델 요소가 표시되지 않습니다. 프로젝트에서 드래프팅 뷰를 작성할 때 해당 뷰는 프로젝트와 함께 저장됩니다.

드래프팅 뷰를 사용하는 경우 다음을 고려합니다. 다른 뷰와 마찬가지로 드래프팅 뷰는 프로젝트 탐색기의 드래프팅 뷰 아래에 나열됩니다. 상세도에 사용되는 모든 상세 도구는 드래프팅 뷰에서 사용할 수 있습니다. 드래프팅 뷰에 위치한 콜아웃은 참조 콜아웃이어야 합니다. 모델과 연관되어 있지 않더라도, 여전히 탐색기에서 도면 시트로 드래프팅 뷰를 끌 수 있습니다.

SECTION

05 수정 기호

학습내용 | 구름형 수정기호, 수정 기호 관리 및 작성

학습 결과물 예시

수정 기호 및 태그 ·······▷

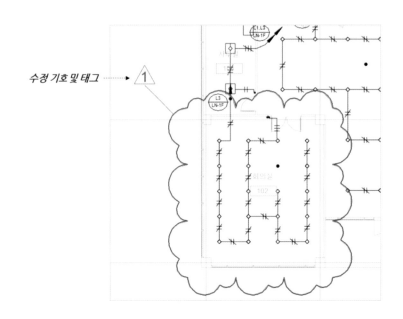

구름형 수정기호

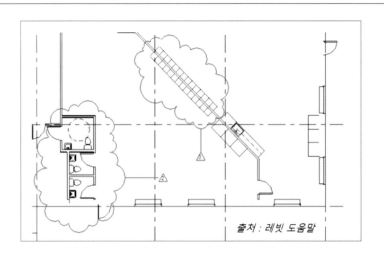

출처 : 레빗 도움말

수정기호 추적은 시트가 발행된 후에 건물 모델에 변경한 사항을 기록하는 과정입니다. 구름형 수정기호, 태그 및 일람표를 사용하여 수정기호를 추적합니다. 수정기호 일람표를 포함하는 제목 블록을 사용하여 시트에 수정기호 일람표를 표시합니다.

시트의 대부분 제목 블록에는 수정기호 일람표가 포함되어 있습니다. 시트에 뷰를 배치하고 뷰에 구름형 수정기호가 포함된 경우, 수정기호 일람표에서 해당 수정기호에 대한 정보를 자동으로 표시합니다. 원하는 경우 뷰에서 구름형 수정기호로 표시되지 않는 다른 수정기호가 수정기호 일람표에 표시되도록 지정할 수 있습니다.

시트에 수정기호 일람표를 표시하려면 수정기호 일람표를 포함하는 제목 블록을 사용합니다. 수정기호 일람표를 설계할 때 해당 형식, 페이지에서의 방향, 표시되는 정보 및 정렬 순서를 지정할 수 있습니다. 제목 블록 패밀리를 수정하여 수정기호 일람표의 이런 속성을 제어합니다.

수정 기호 관리 및 작성

수정기호를 발행하고, 뷰에 구름형 수정기호 및 태그를 작성합니다.

01

메뉴에서 뷰 탭의 [수정기호]를 클릭합니다. 시트 발행/수정기호 창에서 수정 기호의 추가, 삭제 등을 할 수 있습니다. 시퀀스 1의 날짜와 설명을 입력하고 [확인]을 클릭합니다.

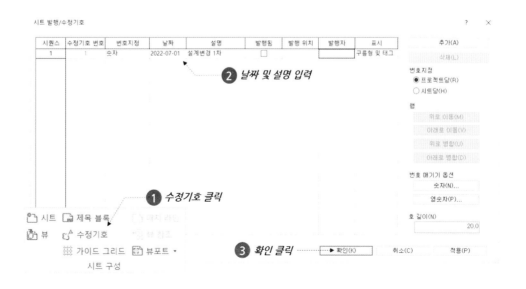

02

프로젝트 탐색기에서 '전등설비평면도-1층' 뷰를 엽니다. 메뉴에서 주석 탭의 [**구름형 수정기호**]를 클릭합니다. 메뉴에서 그리기의 **직사각형(□)**을 선택합니다. 특성 창에서 수정기호의 설계변경 1차를 선택합니다.

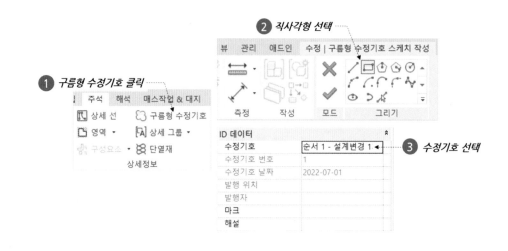

03

TIP

호의 길이는 시트 발행/수정기호 창의 호 길이에서 수정 가능

뷰에서 시작점과 끝점을 클릭하여 구름형 수정기호를 작성합니다. 메뉴에서 [완료]를 클릭합니다.

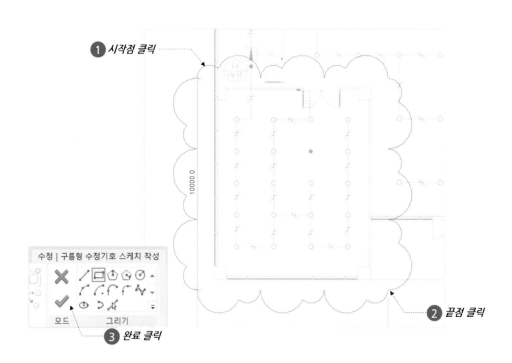

04

작성한 구름형 수정기호를 선택합니다. 메뉴에서 스케치 편집을 이용하여 형태를 수정할 수 있습니다. 특성 창에서 수정기호의 종류를 변경할 수 있습니다.

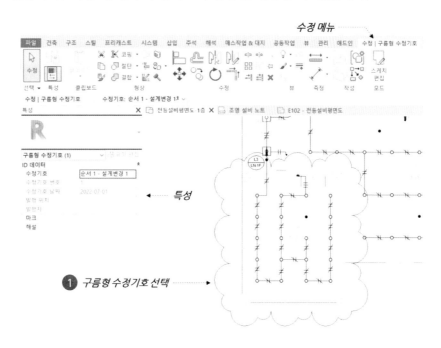

05

메뉴에서 주석 탭의 [카테고리별 태그]를 클릭합니다. 옵션바에서 지시선을 체크하고, 뷰에서 구름형 수정기호를 클릭하여 태그를 배치합니다. esc를 눌러 완료합니다.

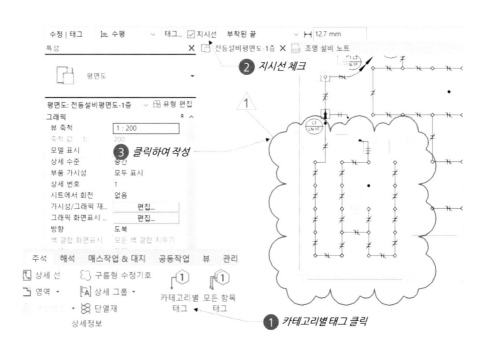

06

프로젝트 탐색기에서 전등설비평면도 시트를 엽니다. 시트의 수정기호 리스트에 작성한 수정기호가 반영된 것을 확인합니다.

학습 완료

Chapter 12. 주석 학습이 완료되었습니다. 열려 있는 모든 뷰를 닫아 프로젝트를 종료합니다. 필요시 파일을 다른 이름으로 저장합니다.

MEMO

PART

04

부록

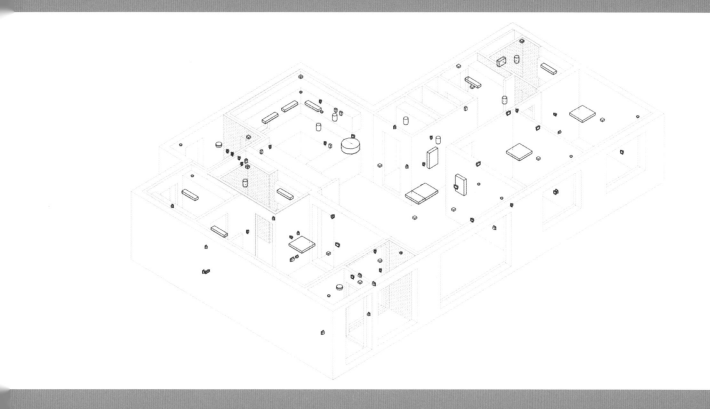

공동주택 단위세대 설계

공동주택 단위세대 설계

예제파일 사용

예제파일에서 부록 폴더의 공동주택 단위세대 시작 파일을 엽니다. 시작 파일에는 건축
/구조 모델이 링크되어 있으며, 레벨이 미리 작성되어 있습니다. 또한 전압, 와이어 등
각종 전기 설정이 미리세팅되어 있고, 필요한 모든 패밀리가 로드되어 있습니다.

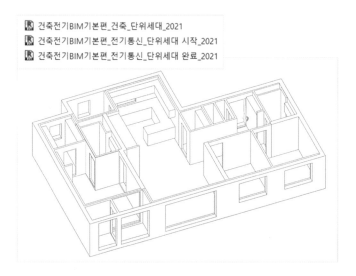

회로 작성

단위세대 설계는 전등설비, 전열설비, 통신설비, 홈네트워크설비, 원격검침설비로 구성
됩니다. 회로작성 시 전등 설비및 전열 설비는 전력, 통신설비는 통신, 홈네트워크설비는
보안, 원격검침설비는 컨트롤을 선택하여 작성합니다.

단위세대에 사용하는 통합수구, 네트워크 스위치 등의 기구는 전등설비, 전열설비 등 여러 회로에 동시에 사용됩니다. 따라서 기구에 여러 개의 커넥터가 작성되어 있습니다. 와이어 작성시 해당 커넥터를 선택하여 작성합니다.

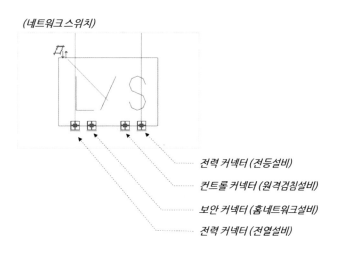

(네트워크스위치)

전력 커넥터 (전등설비)

컨트롤 커넥터 (원격검침설비)

보안 커넥터 (홈네트워크설비)

전력 커넥터 (전열설비)

뷰 설정

네트워크 스위치, 통합 수구 등은 여러 설비에 사용되기 때문에 뷰에서 가시성을 조정 해야 합니다. 이를 위해 기구의 유형 특성에서 해당 설비의 정보가 입력되어 있습니다.

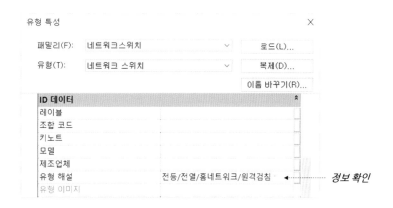

정보 확인

이러한 정보를 이용한 뷰 필터를 적용하여 뷰에서 가시성을 설정합니다. 필터 규칙에서 해당 설비의 정보가 포함되지 않은 필터를 만들고, 해당 필터의 가시성을 체크 해제합니다.

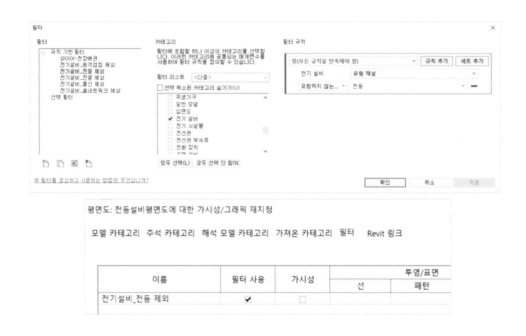

평면도: 전등설비평면도에 대한 가시성/그래픽 재지정

모델 카테고리   주석 카테고리   해석 모델 카테고리   가져온 카테고리   필터   Revit 링크

이름	필터 사용	가시성	투영/표면	
			선	패턴
전기설비_전등 제외	✔	☐		

범례 작성

범례 작성은 본문과 같이 상세 구성요소를 사용합니다. 상세 구성요소는 전등, 콘센트 등의 패밀리에 사용된 기호 패밀리입니다.

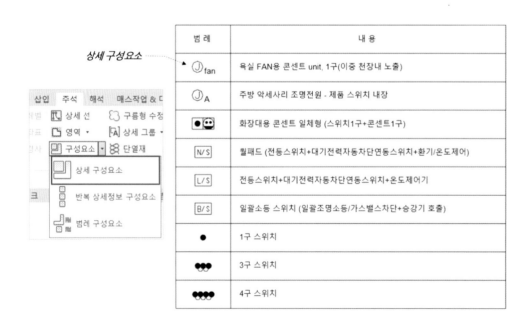

범 례	내 용
Ⓙfan	욕실 FAN용 콘센트 unit, 1구(이중 천장내 노출)
ⒿA	주방 악세사리 조명전원 - 제품 스위치 내장
●❘⦿	화장대용 콘센트 일체형 (스위치1구+콘센트1구)
N/S	월패드 (전등스위치+대기전력자동차단연동스위치+환기/온도제어)
L/S	전동스위치+대기전력자동차단연동스위치+온도제어기
B/S	일괄소등 스위치 (일괄조명소등/가스밸브차단+승강기 호출)
●	1구 스위치
●●●	3구 스위치
●●●●	4구 스위치

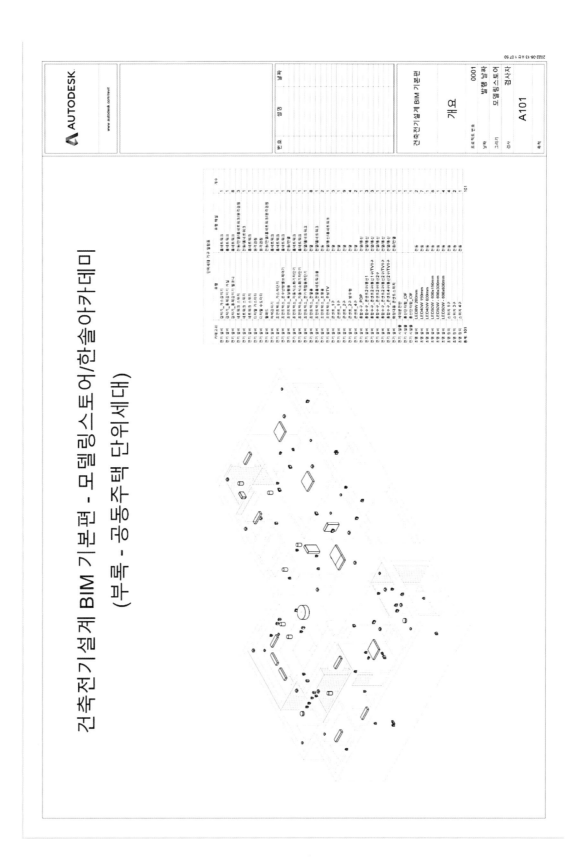

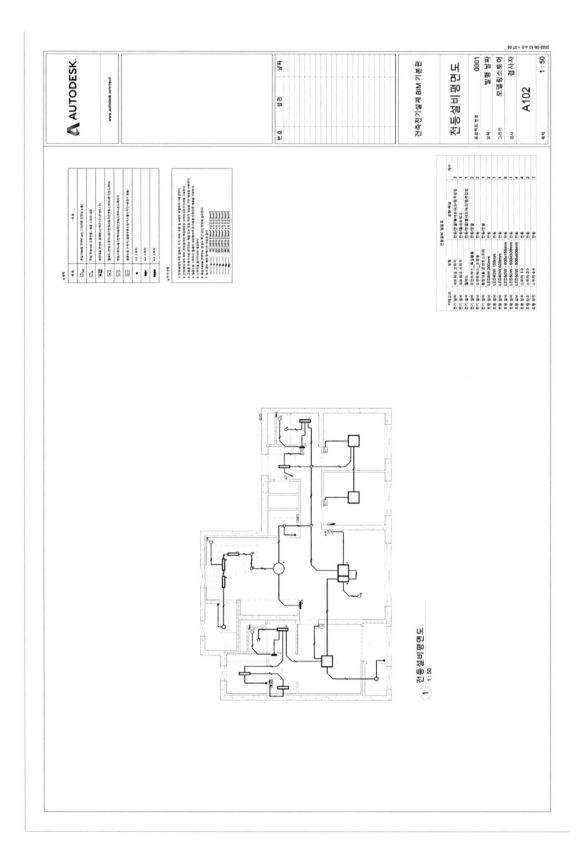

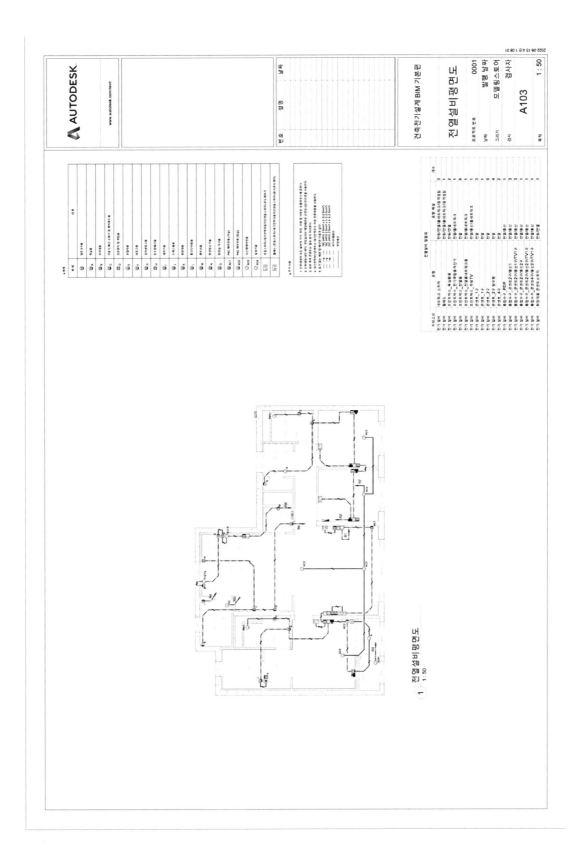

통신설비
평면도

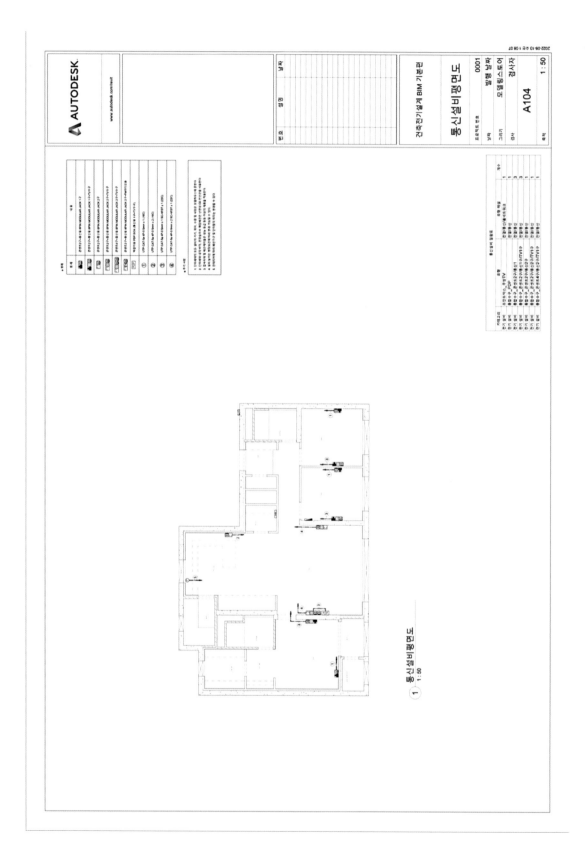

홈네트워크
설비 평면도

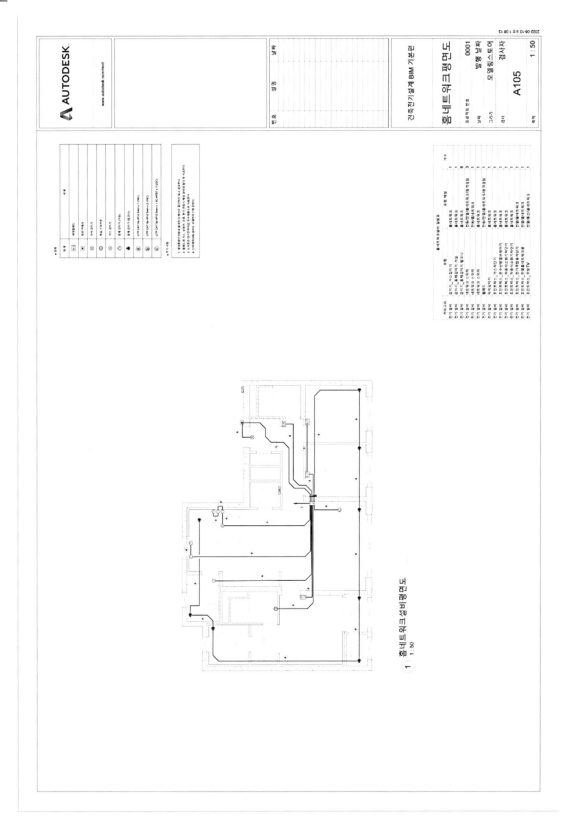

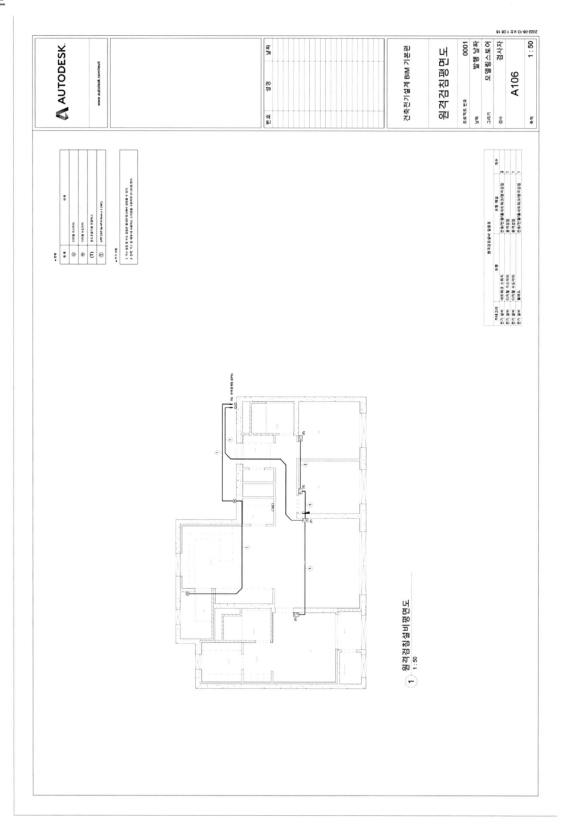

BIM 실무프로젝트 따라하기

BIM 건축전기설비설계

초판인쇄 2023년 8월 24일
초판발행 2023년 8월 31일

발행처 (주)한솔아카데미
지은이 모델링스토어, 함남혁
발행인 이종권

홈페이지 www.inup.co.kr / www.bestbook.co.kr
대표전화 02)575-6144
주소 서울시 서초구 마방로10길 25 A동 20층 2002호
등록 1998년 2월 19일(제16-1608호)

ISBN 979-11-6654-365-4 13540
정가 32,000원